Richard Uhrig

Elastostatik und Elastokinetik in Matrizenschreibweise

Das Verfahren der Übertragungsmatrizen

Springer-Verlag
Berlin Heidelberg GmbH 1973

Privatdozent Dr.-Ing. RICHARD UHRIG
Wissenschaftlicher Rat
am Institut für Leichtbau und Flugzeugbau
der Technischen Universität München

Mit 66 Abbildungen

ISBN 978-3-540-05975-2 ISBN 978-3-662-11636-4 (eBook)
DOI 10.1007/978-3-662-11636-4

Ursprünglich erschienen bei Springer-Verlag Berlin Heidelberg New York 1973

Library of Congress Catalog Card Number 72-88925

Vorwort

Der Entwurf moderner technischer Geräte stellt den Ingenieur vor die oft schwierige Aufgabe, Gebilde zu entwerfen, die bei möglichst niedrigem Konstruktionsgewicht in der Lage sind, hohe Beanspruchungen infolge statischer oder zeitlich veränderlicher Kräfte zu ertragen.

Um diese Aufgabe lösen zu können, ist es notwendig, bereits im Projektstadium die Beanspruchungen, insbesondere ihre Spitzen, in den einzelnen Bauteilen möglichst genau zu kennen. Voraussetzung dazu sind Berechnungsmethoden, die eine Vorausberechnung sicher gestatten.

Mit der Entwicklung automatischer Rechenanlagen, die heute fast jedem technischen Büro zur Verfügung stehen, richtete sich das Interesse des Ingenieurs vornehmlich auf die matriziell aufbereiteten Berechnungsverfahren, da es sich zeigte, daß die Matrizenformulierung dem Rechner "auf den Leib geschrieben" ist. Durch die Einführung dieser Schreibweise erhielten die seit langer Zeit erprobten Berechnungsverfahren der Bauingenieure neue Impulse. Andere Berechnungsmethoden, die früher nur als Tabellenmethoden stiefmütterlich betrachtet wurden, standen mit dem Erscheinen des automatischen Rechners plötzlich im Mittelpunkt des Interesses.

Mit dem vorliegenden Werk will der Verfasser den Studierenden des Maschinenbaus und des Bauingenieurwesens sowie den sich im Selbststudium weiterbildenden, bereits in der Praxis tätigen Ingenieuren eine Hilfe in die Hand geben, mit der sie sich in diese neueren Berechnungsverfahren rasch einarbeiten und zugleich einen Überblick über den in vielen Einzeldarstellungen verstreut niedergelegten Wissensstand gewinnen können.

Das in jüngster Vergangenheit entwickelte Verfahren der Übertragungsmatrizen und die mit ihm verbundenen Besonderheiten, Vor- und Nachteile stehen im Mittelpunkt. Den "roten Faden" bildet eine gemeinsam mit meinem früheren Lehrer und wissenschaftlichen Vater, Herrn Professor Dr.-Ing. K. Marguerre, verfaßte Veröffentlichung [20]. Es ist mir daher ein aufrichtiges Bedürfnis, ihm an dieser Stelle meinen Dank für die mir in langjähriger Zusammenarbeit vermittelten Kenntnisse und Hilfen auch nach meinem Ausscheiden aus seinem Institut auszusprechen.

Wir werden im folgenden den Weg vom Einfachen zum Schwierigen gehen, also den historischen Lernprozeß wiederholen. Wir beginnen unsere Betrachtung mit dem einfachen, stabförmigen Gebilde, für das wir die Grundgleichungen ausführlich herleiten. Die sich aus einer Reduktion der Zahl der Unbekannten ergebenden Gleichungen werden wir dann vornehmlich mit Hilfe der Matrizenschreibweise darstellen. Die hierfür notwendige Kenntnis an Matrizenmathematik haben wir in drei Kapiteln in einem Anhang zusammengestellt, wobei auf die Spezialliteratur verwiesen wird.

Im Anschluß an die Stabwerke betrachten wir ausführlich Balkentragwerke. Zu ihnen kehren wir zurück, wenn wir Besonderheiten der matriziell aufbereiteten Berechnungsverfahren schildern. Denn der Balken bietet gerade so viel Schwierigkeiten, daß man sie erkennt, ohne von ihnen "erdrückt" zu werden.

Der Weg vom Balken zu flächenhaften Gebilden - Scheiben, Platten und Rotationsschalen - ist nicht weit. Wir werden die bei der Berechnung dieser Gebilde inzwischen gewonnenen Erkenntnisse insbesondere bei der Scheibe schildern und damit den jungen Ingenieur bis an die "Front der Forschung" führen.

Dem Leiter des Institutes für Leichtbau und Flugzeugbau der Technischen Universität München, Herrn Professor Dr.-Ing. G. Czerwenka, schulde ich Dank für seine Unterstützung bei der Niederschrift. Dank gilt auch seinen Mitarbeitern und meinen Hörern, deren kritische Fragen Anlaß zu mehreren textlichen Verbesserungen gaben.

Nicht zuletzt danke ich dem Springer-Verlag und seinen Mitarbeitern für die mir bei der Gestaltung gegebenen Hilfestellungen und Ratschläge. Der Verlag hat die mühevolle Arbeit der Reinschrift übernommen, wofür ich mich ebenfalls bestens bedanken möchte.

München, im Herbst 1972

Richard Uhrig

Inhaltsverzeichnis

1. Übersicht, Definitionen

1.1 Übersicht

Die Elastostatik und -kinetik beschreibt das Verhalten elastischer Gebilde unter statischen oder zeitlich veränderlichen Kräften. Wir haben das heute allgemein verwendete Wort Kinetik an die Stelle des früher vielfach dafür gebrauchten Wortes Dynamik gesetzt. Die Kinetik betrachten wir als die Zusammenfassung der Teilgebiete Kinematik, die die geometrischen Beziehungen für den Verschiebungs- oder Bewegungsablauf bei einem elastischen Gebilde liefert, und der Dynamik, die in dem hier gebrauchten Sinn nur die Kräftebeziehungen anschreibt.

Ein großer Teil der heute von dem Berechnungsingenieur zu lösenden Aufgaben aus dem Gebiet der Elastostatik und -kinetik läßt die Annahme kleiner Verrückungen - Verrückung steht als Oberbegriff für Verschiebung und Verdrehung - und die eines linearen Materialgesetzes zu. Unter diesen Annahmen werden die Beziehungen linear. Man spricht in der Elastostatik von einer linearen Elastizitätstheorie, in der Elastokinetik von der Theorie kleiner Schwingungen.

Innerhalb des sehr weitgespannten Gebietes kleiner Schwingungen, in das wir den Grenzfall der Statik als Schwingung mit der Frequenz Null einordnen können, wollen wir nur denjenigen Teil ins Auge fassen, der sich in jüngster Vergangenheit bei der Berechnung vielgliedriger Gebilde besonders weiterentwickelt hat.

Es sind dies die matriziell aufbereiteten Berechnungsverfahren, die bereits bei der Aufstellung der Endgleichungen spezielle Matrizen verwenden. Dazu zählen wir die von der Matrixschreibweise Gebrauch machende Kraftgrößenmethode, die in den Gleichungen nur Kraftgrößen als Unbekannte aufnimmt, die Verschiebungsgrößenmethode, die nur Verschiebungen und Verdrehungen als Unbekannte mitnimmt, und das Verfahren der Übertragungsmatrizen, das beide Größenarten nebeneinander mitführt.

1.2 Definitionen

Der Verschiebungszustand eines Punktes im Raume läßt sich durch drei aufeinander senkrecht stehende Vektorkomponenten u, v, w in einem x, y, z-Koordinatensystem und durch die Drehungen um diese Achsen Ψ_x, Ψ_y, Ψ_z beschreiben. Diese und verschiedentlich ihre zeitlichen und örtlichen Ableitungen bezeichnet man mit Zustandsgrößen und faßt sie zu einem matriziellen Vektor (Kap.10) - Zustandsvektor genannt - zusammen. Ist keine Zeitabhängigkeit erkennbar, so spricht man von statischen Zustandsgrößen.

Ist der zeitliche Verlauf einer Zustandsgröße solcher Natur, daß sie nach einer bestimmten Zeit - der Periode - wiederkehrt, so spricht man von einer periodischen Bewegung. In diesem Falle versehen wir die Zustandsgrößen mit einer darübergesetzten Tilde, d.h. $\tilde{u}$, $\tilde{v}$, $\tilde{w}$,...

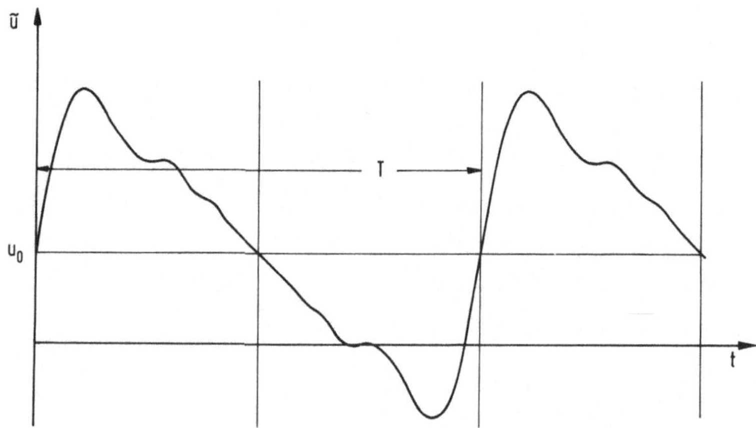

Abb.1.1. Periodische Bewegung im Zeit-Weg-Diagramm

Einen Mittelwert der in dem Zeit-Weg-Diagramm der Abb.1.1 dargestellten periodischen Zustandsgröße $\tilde{u}$ erhält man aus dem Integral über einer Periode

$$u_0 = \frac{1}{T} \int_t^{t+T} \tilde{u}\, dt \,. \tag{1.1}$$

Man nennt u_0 den Gleichwert der Bewegung.

Jede periodische Bewegung läßt sich aufgrund des Fourierschen Lehrsatzes in eine Summe von sinus- und cosinusförmigen Bewegungen - auch harmonische Schwingungen genannt - zerlegen:

$$\tilde{u} = u_0 + \sum_{j=1}^{\infty} a_j \cos j\omega t + \sum_{j=1}^{\infty} b_j \sin j\omega t \, . \tag{1.2}$$

Die Amplituden a_j, b_j der harmonischen Schwingungen ergeben sich aus

$$a_j = \frac{2}{T} \int_0^T \tilde{u} \cos j\omega t \, dt, \quad b_j = \frac{2}{T} \int_0^T \tilde{u} \sin j\omega t \, dt \, . \tag{1.2'}$$

$$\omega = 2\pi/T \tag{1.3}$$

heißt Kreisfrequenz. Der Name weist auf die Zeigerdarstellung einer Sinusschwingung hin, bei der ω die Winkelgeschwindigkeit ist, mit der der Zeiger umläuft (Abb.1.2).

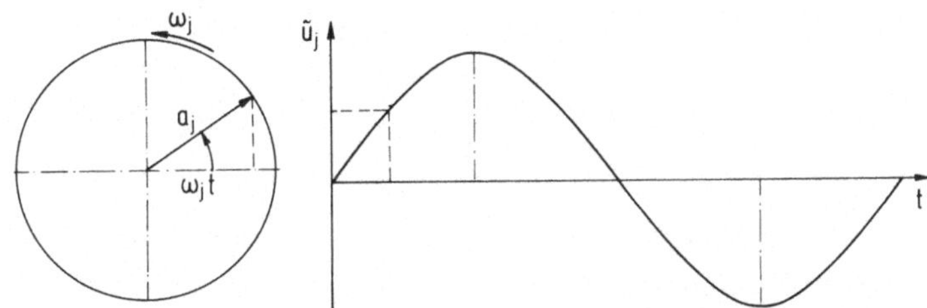

Abb.1.2. Zeigerdarstellung einer Sinusschwingung

Die Fourierreihenentwicklung - die natürlich auch bei statischen Problemen in vielen Fällen eine entscheidende Vereinfachung der Aufgabe bringt (Kap.7), führt zu einer Anzahl orthogonaler, d.h. sich gegenseitig nicht beeinflussender Funktionen. Man kann daher jede harmonische Bewegung für sich betrachten und findet das Gesamtergebnis aus der Addition der Einzelergebnisse.

Wir betrachten daher, wenn sich die Zustandsgrößen periodisch verändern, jeweils nur die j-te harmonische Schwingung. Für sie schreiben wir anstelle des j-ten Reihengliedes in (1.2)

$$\tilde{u}_j = U_j \sin(\omega_j t + \varphi_j) \, . \tag{1.4}$$

Darin ist U_j die Amplitude, die in der Zeigerdarstellung (Abb.1.2) als Länge des umlaufenden Vektors erscheint; ω_j ist die j-te Kreisfrequenz und φ_j ist der Phasenwinkel, genauer Phasenverschiebungswinkel. Er gibt an, ob eine Kombination aus Sinus- und Cosinusschwingung vorliegt.

Durch zeitliche Ableitung der Zustandsgröße $\tilde{u}_j$ ergeben sich die Geschwindigkeit

$$d\tilde{u}_j/dt = \dot{\tilde{u}}_j = \omega_j U_j \cos(\omega_j t + \varphi_j) \tag{1.5}$$

und die Beschleunigung

$$d\dot{\tilde{u}}_j/dt = d^2\tilde{u}_j/dt^2 = \ddot{\tilde{u}}_j = -\omega_j^2 U_j \sin(\omega_j t + \varphi_j) \ . \tag{1.6}$$

Jeder Körper der Masse m_k setzt einer harmonischen Bewegung die nach d'Alembert benannte Trägheitskraft

$$\tilde{X}_k = -m_k \ddot{\tilde{u}}_k \tag{1.7}$$

entgegen. Mit der Vorzeichenfestsetzung der Verschiebung $\tilde{u}_k$ und der Trägheitskraft $\tilde{X}_k$ nach Abb.1.3 lautet die Amplitudenbeziehung

$$X_k = \omega^2 m_k U_k \ . \tag{1.8}$$

Die Größen sind ohne Tilde geschrieben, da jetzt nur die Amplituden der harmonisch veränderlichen Größen in Beziehung zueinander stehen.

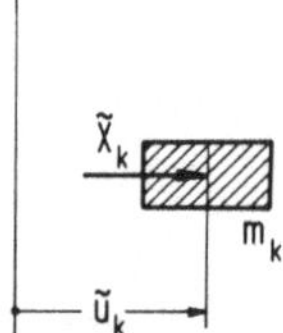

Abb.1.3. Positive Verschiebung und positive Trägheitskraft

Das Verhältnis U_k/X_k nennt man im angelsächsischen Sprachbereich Mobility. Ein deutsches Wort hat sich nicht eingebürgert. Wir nennen diese Größe Massenbeweglichkeit und bezeichnen sie mit b_k [22], d.h.

$$b_k = 1/(\omega^2 m_k) \ . \tag{1.9}$$

Gleichgebaute Ausdrücke erhalten wir bei dem Vorhandensein einer Drehmasse $\widehat{m}$, die einer Drehbeschleunigung $\ddot{\tilde{\Psi}}_x$ eine Drehträgheitskraft $\tilde{\tilde{X}}$ entgegensetzt.

Jedes schwingungsfähige Gebilde besitzt nicht nur mit Masse behaftete Bauglieder, sondern auch mindestens ein Federglied in Form einer Spiral-, Blatt-, Flüssigkeits- oder Luftfeder. Die Kraft, die eine Feder einer Randpunktverschiebung $U = 1$ entgegensetzt, nennt man Federsteifigkeit und bezeichnet sie mit c (Abb. 1.4). Der Reziprokwert, der der Randpunktverschiebung infolge einer Kraft P = 1 entspricht (Abb. 1.4), heißt Federnachgiebigkeit. Man bezeichnet sie mit h, d.h. h = 1/c.

Die auf eine Spiralfeder wirkende äußere Kraftgröße nennen wir Drehkraft. Die Drehfedersteifigkeit $\hat{c}$ dieser Drehfeder erhält man als Drehkraft pro Winkelverdrehung und die zugehörige Drehfedernachgiebigkeit $\hat{h}$ als Winkelverdrehung pro Drehkraft.

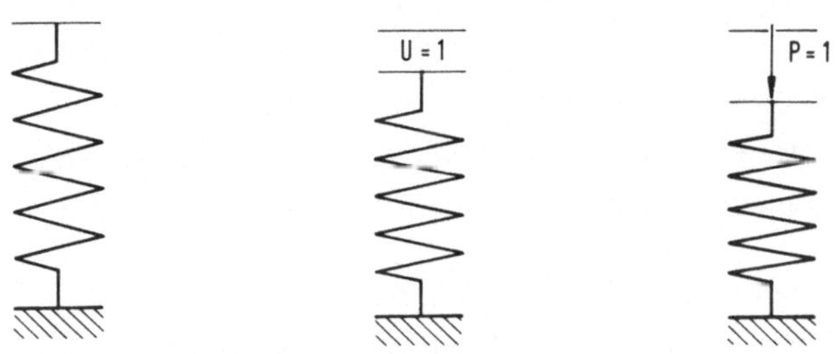

Abb. 1.4. Federglied, Randverrückung = 1, Randkraft = 1

In der Feder entsteht bei einer Relativverschiebung ihrer Randpunkte eine innere Kraft. Um sie sichtbar zu machen, muß man die Feder aufschneiden und an den Schnittufern äußere, paarweise gleiche Kräfte anbringen (Abb. 1.5). Diese äußeren Kräfte sind mit den inneren Kräften der Feder identisch. Wir nennen dieses Kräftepaar Schnittkraft und bezeichnen es mit N.

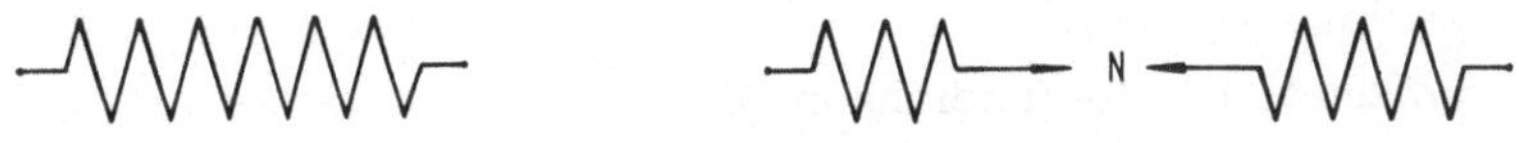

Abb. 1.5. Feder und Schnittkraft

In einer Drehfeder entsteht bei einer Relativverdrehung der Randpunkte ein Schnittmoment, das wir mit M bezeichnen.

Mit dieser recht knapp gehaltenen Zusammenstellung der wichtigsten Begriffe wollen wir die Grundgleichungen zur Beschreibung des elastokinetischen Verhaltens eines vielgliedrigen Stabschwingers herleiten. Für eine Vertiefung in die Theorie kleiner Schwingungen sei auf [2]-[14] hingewiesen.

2. Stabschwinger

2.1 Gleichgewicht, Verträglichkeit, Trägheits- und Elastizitätsgesetz

Ein Gebilde, das Schwingungen in seiner Längsrichtung ausführen kann, bildet man für die Berechnung seines Schwingungsverhaltens vielfach auf die Stabkette als berechenbares Ersatzsystem ab (Abb.2.1). Ein solches Ersatzsystem verwendet man z.B. für eine Rakete auf der Startrampe, für einen Straßenbahnzug (Kap.3) oder auch für das Drehschwingungen ausführende Wellensystem einer Dampfturbine.

Wir wollen zunächst vereinfachend annehmen, daß innere und äußere Dämpfungskräfte fehlen. Erst in Abschnitt 2.7 wollen wir den Einfluß dieser Größen diskutieren.

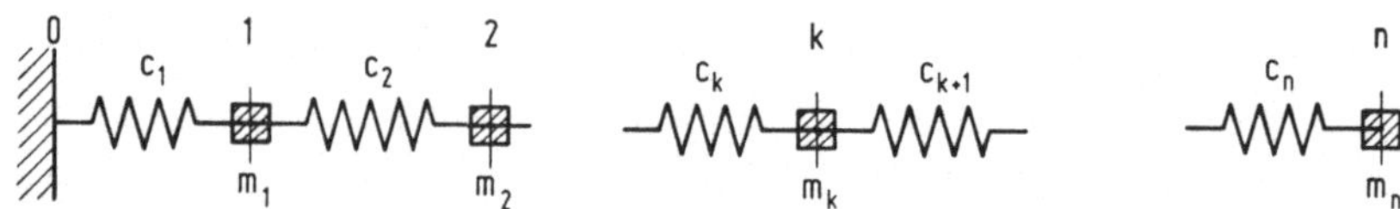

Abb.2.1. Stabkette mit Bezeichnung der Federn und Punktmassen

Das Wort Stabkette deutet an, daß die Teilgebilde - Feder und Punktmasse - hintereinander angeordnet sind, wobei sich Feder und Masse stets abwechseln. Die Stabkette besitzt als Verbindungsstellen der Federn Knotenpunkte. In ihnen sind die Punktmassen angeordnet. Die Kennzeichnung der Knotenpunkte beginnt am linken Rande des Gebildes mit 0. Die Punktmasse erhält die Bezeichnung des Knotens, an dem sie angeordnet ist. Die Feder erhält den Namen des rechts von ihr befindlichen Knotens.

Die hier dargestellte Stabkette ist "links" am Knotenpunkt 0 gefesselt, am rechten Rande frei. Für das Herleiten der grundlegenden Beziehungen betrachten wir die k-te Masse dieser Stabkette und die beiden benachbarten Federn, deren Steifigkeiten c_k und c_{k+1} sind.

Der Knoten k verschiebt sich um $\tilde{u}_k$; der benachbarte Knoten k-1 um $\tilde{u}_{k-1}$ (Abb.2.2). Wir haben bereits von dem Fourierschen Satz Gebrauch gemacht und nur die j-te harmonische Bewegung des Gesamtgebildes herausgegriffen; d.h. jede Größe ändert sich mit derselben Frequenz ω_j. Wir können daher im Folgenden den Faktor $\sin\omega_j t$ überall weglassen und nur die Amplituden der Zustandsgrößen anschreiben.

Infolge der Randverschiebung U_{k-1} und U_k (hier sind nur die Amplituden angegeben) verlängert sich die k-te Feder um f_k. Die verlängerte Feder ist in Abb.2.2 aus Darstellungsgründen gegen die unverformte schräg versetzt gezeichnet. Infolge der Verlängerung der Feder entsteht in ihr die Schnittkraft N_k. Die Verschiebung der Masse führt zu der Trägheitskraft X_k.

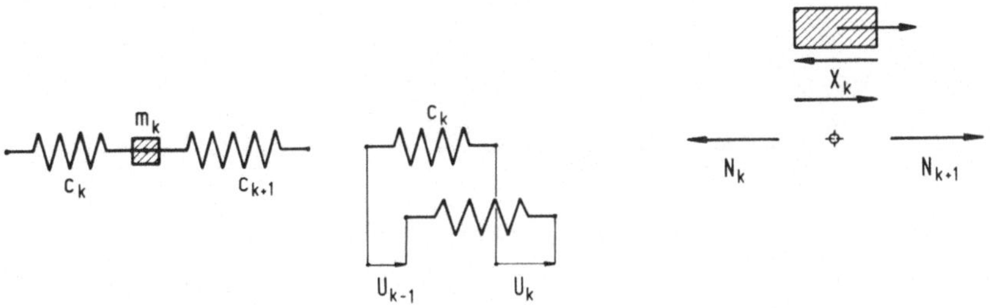

Abb.2.2. k-te Masse mit benachbarten Federn, Verschiebungen und Kräften

Für den k-ten Knotenpunkt erhalten wir zur Beschreibung der freien Schwingungen des Gebildes die folgenden vier Gleichungen:

$$\left.\begin{array}{ll} \text{Gleichgewichtsaussage} & X_k = N_k - N_{k+1}, \\ \text{Kinematische Beziehung} & f_k = U_k - U_{k-1}, \\ \text{Elastizitätsgesetz} & f_k = h_k N_k, \\ \text{Trägheitsgesetz} & X_k = \omega^2 m_k U_k \,. \end{array}\right\} \quad (2.1)$$

Das Trägheitsgesetz wird aus dem Grunde nicht sofort in die Gleichgewichtsbeziehung eingearbeitet, weil die Ausdrücke für die X_k bei Zentripedalbeschleunigungen, Auftreten von Kreiselwirkungen usw. verschieden aussehen und ein spezielles Trägheitsgesetz gerechtfertigt ist.

Diesen Satz von Gleichungen kann man für jede Masse und die benachbarten Federn anschreiben. Er ist homogen, da keine äußeren Kräfte wirksam sind, und linear, da das Elastizitätsgesetz von linear-elastischem Material ausgeht.

Alle Methoden zur Bestimmung des Schwingungsverhaltens eines vielgliedrigen Gebildes haben ihren Ausgangspunkt in einem Gleichungssystem vom Typ (2.1). Welches Aussehen die Gleichungssysteme im einzelnen besitzen, hängt ausschließlich davon ab, welche Größen man eliminiert hat.

Wir wollen daher die Möglichkeiten der Reduktion der Unbekanntenzahl untersuchen und folgen dabei einer Arbeit von H.-Th. Woernle [16], deren Inhalt auch seinen Niederschlag in [6] gefunden hat.

2.2 Reduktion der Zahl der Unbekannten

2.2.1 Elimination zweier Größen-Arten

In (2.1) kommen die Größen X und f je einmal vor. Sie zu eliminieren ist daher besonders leicht. Die beiden verbleibenden Gleichungen für die Unbekannten U und N lauten

$$\omega^2 m_k U_k = N_k - N_{k+1}, \quad h_k N_k = U_k - U_{k-1} . \tag{2.2}$$

Schreibt man für jeden Knoten und die benachbarte Feder diese Gleichungspaare an, so ergibt sich

$$\left.\begin{array}{ccccccc|l}
N_1 & U_1 & N_2 & U_2 & N_3 & \dots & U_n & \\
\hline
h_1 & -1 & & & & & & = 0 \\
1 & -\omega^2 m_1 & -1 & & & & & = 0 \\
 & 1 & h_2 & -1 & & & & = 0 \\
 & & 1 & -\omega^2 m_2 & -1 & & & = 0 \\
 & & & & \cdot & & & \;\cdot \\
 & & & & & \cdot & & \;\cdot \\
 & & & & & & \cdot & \;\cdot \\
 & & & & & & -\omega^2 m_n & = 0 .
\end{array}\right\} \tag{2.3}$$

Die Koeffizientenmatrix dieses Gleichungssystems ist bandförmig und besitzt pro Zeile nur drei um die Hauptdiagonale angeordnete, von Null verschiedene Elemente. Eine solche Matrix nennt man Tridiagonalmatrix. Sie ist hier zur Hauptdiagonalen antimetrisch. Man erkennt, daß sich Kräftebeziehungen und die mit Hilfe des Elastizitätsgesetzes angeschriebenen kinematischen Beziehungen abwechseln.

Bevor wir zu diesem Gleichungssystem zurückkehren, wollen wir noch andere Eliminationsmöglichkeiten kennenlernen.

2.2.2 Elimination dreier Größenarten

c_{ik}-Gleichungen

Eliminiert man aus der zweiten und dritten Gleichung von (2.1) f_k, so findet man

$$N_k = c_k \,(U_k - U_{k-1}) .$$

Einsetzen dieses Ausdruckes zusammen mit dem, dessen Index um 1 erhöht ist, in die erste Gleichung von (2.1) liefert

$$X_k = c_k\,(U_k - U_{k-1}) - c_{k+1}\,(U_{k+1} - U_k)\;. \tag{2.4}$$

Zusammen mit dem Trägheitsgesetz findet man

$$\left.\begin{array}{ccccccc}
U_1 & U_2 & U_3 \ldots U_{k-1} & U_k & U_{k+1}\ldots & & \\
\hline
[(c_1+c_2)-\omega^2 m_1] & -c_2 & & & & = 0 \\
-c_2 & [(c_2+c_3)-\omega^2 m_2] & -c_3 & & & = 0 \\
 & & \ddots & & & \vdots \\
 & & -c_k & [(c_k+c_{k+1})-\omega^2 m_k] & -c_{k+1} & = 0 \\
 & & & & \ddots & \vdots
\end{array}\right\} \tag{2.5}$$

Die Matrix der Koeffizienten dieses auch c_{ik}-Gleichungen genannten Systems ist symmetrisch. In Matrixschreibweise hat es das Aussehen (Abschnitt 10.1)

$$[\mathbf{C} - \omega^2 \mathbf{A}]\mathbf{u} = 0\;, \tag{2.5'}$$

worin **C** die aus den Federsteifigkeiten folgenden Koeffizienten c_{ik} enthält. Die aus den Trägheitskräften folgenden Koeffizientenanteile sind in der Trägheitsmatrix **A** zusammengefaßt, mit

$$\mathbf{C} = \begin{bmatrix} c_{11} & c_{12} & & & \\ c_{21} & c_{22} & c_{23} & & \\ & c_{32} & c_{33} & c_{34} & \\ & & & \ddots & \\ & & & c_{n\,n-1} & c_{nn} \end{bmatrix} \quad \text{und} \quad \mathbf{A} = \begin{bmatrix} m_1 & & & & \\ & m_2 & & & \\ & & m_3 & & \\ & & & \ddots & \\ & & & & m_n \end{bmatrix}. \tag{2.5''}$$

u ist der matrizielle Vektor der Verschiebungen U_k.

Die **C**-Matrix ist aufgrund der speziellen Kettenstruktur des Gebildes bandförmig. Bei einem mehrfach vermaschten Gebilde kann sie vollbesetzt sein. Sie hat die Eigenschaft, daß ihre Determinante stets größer bis gleich Null ist (positiv bis semidefinite Matrix).

Um die physikalische Bedeutung der Koeffizienten c_{ik} zu erkennen, führen wir an allen Knoten *Zwangskräfte* Z_k als äußere Kräfte ein und fragen: Welche dieser

Kräfte werden geweckt, wenn eine und nur diese Verrückung $U_k = 1$ und alle übrigen Null gesetzt werden? Aus Abb.2.3 erkennt man, daß die Zwangskräfte

$$Z_{k-1k} = -c_k, \quad Z_{kk} = c_k + c_{k+1}, \quad Z_{k+1k} = -c_{k+1} \tag{2.6}$$

diesen Verschiebungszustand aufrechterhalten. Aus dem Vergleich mit (2.5) und (2.5'') folgt: c_{ik} ist die an der Stelle i durch eine Verrückung 1 an der Stelle k geweckte Zwangskraft, wenn alle Verrückungen $i \neq k$ Null sind.

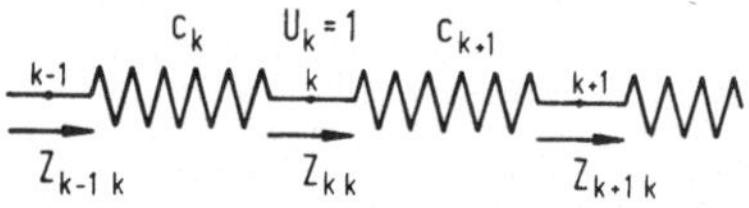

Abb.2.3. Zwangskräfte an den Knoten der Stabkette

Da die c_{ik} Kräfte infolge von Verrückungen angeben, nennt man die Matrix **C** *Krafteinflußmatrix*. Das Verfahren, das als Unbekannte die Verschiebungen der Knotenpunkte einführt, heißt *Verschiebungsgrößenverfahren*.

b_{ik}-Gleichungen

Läßt man in (2.1) nicht die U und X, sondern die N und f stehen, so erhält man mit der Beweglichkeit b_k

$$U_k = b_k X_k = + b_k (N_k - N_{k+1}) .$$

Einsetzen in die zweite Gleichung von (2.1) liefert

$$f_k = + b_k (N_k - N_{k+1}) - b_{k-1} (N_{k-1} - N_k) . \tag{2.7}$$

Ersetzt man noch f_k mit Hilfe des Elastizitätsgesetzes durch die Schnittkraft, so folgt für die Schnittkräfte

$$\left.\begin{array}{cccccc|c}
N_1 & N_2 & N_3 \ldots N_{k-1} & N_k & N_{k+1} \ldots N_n & & \\
\hline
(-h_1+b_1) & -b_1 & & & & = 0 \\
-b_1 & (-h_2+b_1+b_2) & -b_2 & & & = 0 \\
 & & \ddots & & & \vdots \\
 & & -b_{k-1} & (-h_k+b_k+b_{k-1}) & -b_k & = 0 \\
 & & & & \ddots & \vdots \\
 & & & & \ldots(-h_n+b_{n-1}+b_n) & = 0
\end{array}\right\} \tag{2.8}$$

Dieses auch b_{ik}-Gleichungen genannte System schreibt sich kürzer

$$[\mathbf{B} - \mathbf{H}_D]\mathbf{n} = 0 \; , \tag{2.8'}$$

wenn man die b_{ik} in die Matrix

$$\mathbf{B} = \begin{bmatrix} b_{11} & b_{12} & & & \\ b_{21} & b_{22} & b_{23} & & \\ & b_{32} & b_{33} & b_{34} & \\ & & & \ddots & \\ & & & b_{n,n-1} & b_{nn} \end{bmatrix} \tag{2.8''}$$

und die Federnachgiebigkeiten der Verbindungsfedern in die Diagonalmatrix

$$\mathbf{H}_D = \begin{bmatrix} h_1 & & & & \\ & h_2 & & & \\ & & h_3 & & \\ & & & \ddots & \\ & & & & h_n \end{bmatrix} \tag{2.8'''}$$

einschreibt. **n** ist der Vektor der Schnittkräfte.

Wieder stellen wir die Frage nach der physikalischen Bedeutung der Koeffizienten b_{ik}. Zu ihrer Beantwortung schneiden wir das kettenförmige Gebilde in der Weise auf, daß jeweils eine Masse mit der benachbarten Feder verbunden bleibt (Abb.2.4).

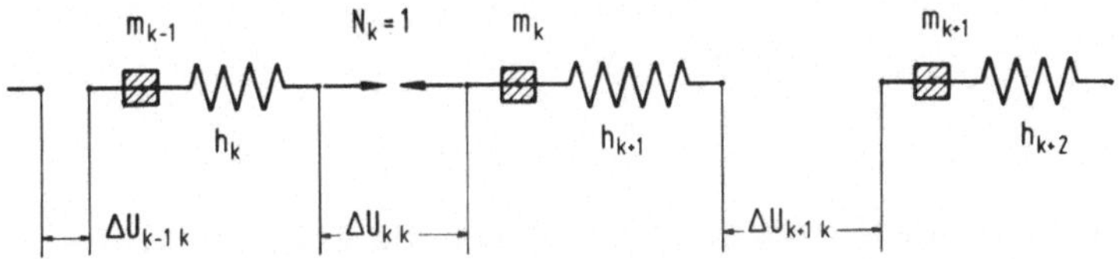

Abb.2.4. Physikalische Bedeutung der b_{ik}

An den Schnittstellen greifen die Schnittkräfte an. (Alle Schnittkräfte müssen selbstverständlich pulsierend angreifen, da sonst keine Gleichgewichtslage möglich ist). Läßt man nun an der Schnittstelle k die Schnittkraft $N_k = 1$ wirken und setzt alle übrigen Schnittkräfte Null, so verschieben sich die Schnittufer gegeneinander. Nennt man die Relativverschiebung der Schnittufer ΔU_{ik}, wobei der zweite Index den Ort des Schnittkraftangriffs, der erste den Ort der Relativverschiebung angibt, so erhalten wir infolge von $N_k = 1$

$$\left.\begin{aligned} \Delta U_{k-1\,k} &= -b_{k-1} && \text{(Übereinanderschiebung)},\\ \Delta U_{k\,k} &= -h_k + b_{k-1} + b_\kappa && \text{(Klaffung)},\\ \Delta U_{k+1\,k} &= -b_k && \text{(Übereinanderschiebung)}. \end{aligned}\right\} \tag{2.9}$$

Die ΔU_{ik} sind aber gerade die in der k-ten Spalte des Gleichungssystems (2.8) auftretenden Koeffizienten. Man nennt die b_{ik} in Anlehnung an die Massenbeweglichkeit auch Beweglichkeitseinflußzahlen. Eine Entsprechung in der Statik gibt es nicht.

Summenformeln

Summiert man die Gleichgewichtsbeziehungen, die in (2.1) für den k-ten Knoten angegeben ist, beginnend vom freien Rande der Stabkette, so erhält man die Federkraft

$$N_k = \sum_{\nu=k}^{n} X_\nu \,. \tag{2.10}$$

Eine gleich gebaute Summenbeziehung erhält man für die Knotenpunktverschiebung U_k, wenn man die kinematischen Beziehungen - allerdings jetzt vom linken Rande der Stabkette beginnend - summiert:

$$U_k = \sum_{\rho=1}^{k} f_\rho \tag{2.11}$$

Mit dem Elastizitätsgesetz für die $f_\rho = h_\rho N_\rho$ folgt

$$U_k = \sum_{\rho=1}^{k} h_\rho N_\rho \,. \tag{2.12}$$

Wenn man noch die N_ρ mit Hilfe von (2.10) durch die Trägheitskräfte ausdrückt, findet man in ausführlicher Schreibweise:

$$U_k = h_1\left(X_1+X_2+\ldots X_n\right) + h_2\left(X_2+X_3+\ldots X_n\right) + \ldots + h_k\left(X_k+\ldots X_n\right) \,. \tag{2.13}$$

Umordnung liefert

$$U_k = h_1 X_1 + \left(h_1+h_2\right)X_2 + \left(h_2+h_2+h_3\right)X_3 + \ldots + \left(h_1+h_2+\ldots h_k\right)X_n \,. \tag{2.13'}$$

Nennt man

$$h_1 = h_{k1}, \quad h_1 + h_2 = h_{k2}, \quad h_1 + h_2 + h_3 = h_{k3}, \tag{2.14}$$

usw., so können wir für (2.13') kürzer

$$U_k = h_{k1} X_1 + h_{k2} X_2 + h_{k3} X_3 + \dots + h_{kk} X_k + \dots + h_{kn} X_n \tag{2.15}$$

und noch kürzer

$$U_k = \sum_{i=1}^{n} h_{ki} X_i \tag{2.15'}$$

schreiben. Ersetzt man noch die X_i mit Hilfe der Trägheitsaussage durch $\omega^2 m_i U_i$, so ergibt sich

$$U_k = \sum_{i=1}^{n} h_{ki} (\omega^2 m_i U_i) . \tag{2.15''}$$

Ein Gleichungssystem für das Gesamtgebilde erhält man durch Anschreiben dieser Beziehung für jeden Knotenpunkt:

$$\left.\begin{array}{cccccc}
U_1 & U_2 & U_3 & \dots & U_n & \\
\hline
\left(h_{11}\omega^2 m_1 - 1\right) & + h_{12}\omega^2 m_2 & + h_{12}\omega^2 m_3 & + \dots + & h_{1n}\omega^2 m_n & = 0 \\
h_{21}\omega^2 m_1 & + \left(h_{22}\omega^2 m_2 - 1\right) & + h_{23}\omega^2 m_3 & + \dots + & h_{2n}\omega^2 m_n & = 0 \\
\vdots & \vdots & \vdots & & \vdots & \vdots \\
h_{n1}\omega^2 m_1 & + h_{n2}\omega^2 m_2 & + h_{n3}\omega^2 m_3 & + \dots + & \left(h_{nn}\omega^2 m_n - 1\right) & = 0 .
\end{array}\right\} \tag{2.16}$$

Dieses Gleichungssystem ist in der Regel vollbesetzt. Man kann es in eine kürzere Form bringen, wenn man die h_{ik} in der Matrix

$$\mathbf{H} = \begin{bmatrix} h_{11} & h_{12} & h_{13} & \dots & h_{1n} \\ h_{21} & h_{22} & h_{23} & \dots & h_{2n} \\ \vdots & \vdots & \vdots & & \vdots \\ h_{n1} & h_{n2} & h_{n3} & \dots & h_{nn} \end{bmatrix} \tag{2.17}$$

zusammenfaßt und das Gleichungssystem zeilenweise durch ω^2 dividiert. Mit der kurz zuvor eingeführten Trägheitsmatrix **A** und der Einheitsmatrix **E** (Kap.10) erhalten wir für (2.16) kürzer

$$\left[\mathbf{HA} - \mathbf{E}/\omega^2\right]\mathbf{u} = 0. \tag{2.18}$$

Die in der Matrix **H** zusammengefaßten h_{ik} sind die Verschiebungseinflußzahlen. Man erhält sie aus einer statischen Betrachtung, indem man im Knotenpunkt i die Einheitskraft P = 1 anbringt und fragt: Welche Verschiebung erleidet der Knotenpunkt k infolge dieser Einheitskraft? In unserem speziellen Fall der Stabkette sind die Verschiebungseinflußzahlen einfach die Summen der Federnachgiebigkeiten (Hintereinanderschaltung von Federn, Abb.2.5).

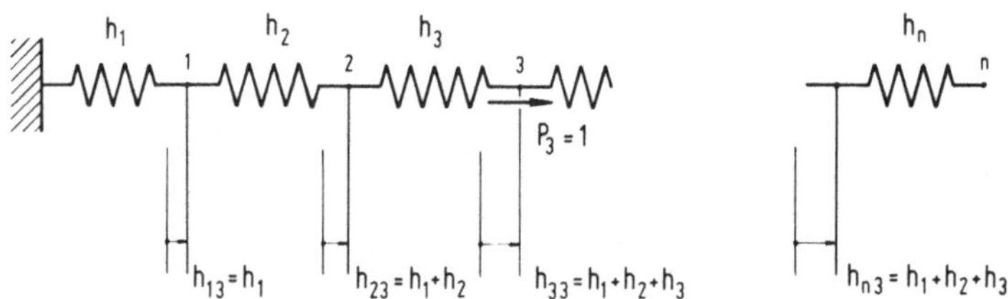

Abb.2.5. Bedeutung der Verschiebungseinflußzahlen

Aufgrund des Maxwellschen Vertauschungssatzes ist die Matrix **H** symmetrisch zur Hauptdiagonalen. Die Berechnung der h_{ik} ist nicht mehr möglich, wenn das Gebilde ungefesselt ist, denn dann werden die Verschiebungen infolge einer statischen Last unendlich groß.

Durch eine andere Elimination von Größenarten kann man andere Formen von Restgleichungssystemen finden [16]. Es haben sich jedoch nur die hier gezeigten Formen bei der Anwendung auf Probleme der Praxis als handlich erwiesen.

Die Gleichungssysteme (2.3), (2.5), (2.8) und (2.16) beschreiben das Verhalten des frei schwingenden Vielmassenschwingers. Unbekannt sind die Amplituden der mit einer bestimmten Kreisfrequenz auftretenden Kräfte und Verschiebungen. Da alle bis jetzt hergeleiteten Gleichungssysteme homogen sind, ist eine von Null verschiedene Lösung nur möglich, wenn die Determinante der entsprechenden Koeffizientenmatrix verschwindet. Die Nullstellen der Determinante liefern die Eigenwerte, hier die Eigenfrequenzen, mit denen freie Schwingungen des Gesamtgebildes auftreten können. In der Eigenfrequenz stehen die Amplituden der Größen in einem speziellen Verhältnis zueinander. Dieses Zahlenverhältnis gibt die zu einem Eigenwert gehörige Eigenform an.

Die Bestimmung der Eigenfrequenzen und Eigenformen eines Gebildes gehört zu den zentralen Aufgabenstellungen einer kinetischen Untersuchung. Vielfach ist sie der Ausgangspunkt weiterführender Betrachtungen über das Schwingungsverhalten bei erzwungenen oder statistisch angeregten Schwingungen. Wir wollen deshalb die Berechnung der Eigenfrequenzen mit den zugehörigen Schwingungsformen in den Vordergrund der folgenden Betrachtungen setzen.

2.3 Das Eliminationsproblem: Elimination vom linken Rande, Elimination der Zwischengrößen

Für die Berechnung der Determinante der Koeffizientenmatrix oder der Antwort des Gebildes auf eine äußere Erregung läßt sich das dreigliedrige Gleichungssystem in den N und U (2.3) prinzipiell auf zwei Wegen reduzieren.

2.3.1 Fortgesetzte Elimination "von links" (Gaußscher Algorithmus)

Bei dieser Eliminationsart werden die am linken Rande des Gleichungssystems stehenden Größen ausgedrückt durch die benachbarten, rechts davon stehenden. Aus der ersten Zeile von (2.3) folgt auf diesem Wege

$$N_1 = c_1 U_1 \,. \tag{2.19}$$

Einsetzen von (2.19) in die zweite Gleichung von (2.3) führt zu

$$N_2 = -\omega^2 m_1 U_1 + N_1 = \left(-\omega^2 m_1 + c_1\right) U_1 \,. \tag{2.20}$$

Daraus folgt

$$U_1 = N_2 / \left(c_1 - \omega^2 m_1\right) \,. \tag{2.20'}$$

Für den Faktor, der bei N_2 steht, schreiben wir

$$\tilde{h}_1 = 1/\left(c_1 - \omega^2 m_1\right) \tag{2.21}$$

und nennen ihn die *kinetische Nachgiebigkeit* des Masse-Feder-Elementes c_1-m_1, gekennzeichnet durch die über das h gesetzte Tilde. Anstelle von (2.20') steht dann

$$U_1 = \tilde{h}_1 N_2 \,. \tag{2.22}$$

Aus der dritten Zeile von (2.3) folgt nun mit (2.22)

$$U_2 = h_2 N_2 + U_1 = \left(h_2 + \tilde{h}_1\right) N_2 \,. \tag{2.23}$$

Daraus findet man

$$N_2 = U_2 / \left(h_2 + \tilde{h}_1\right) . \tag{2.24}$$

Setzt man diese Art der Elimination bis zum rechten Rande fort, so findet man schließlich bei der dort freien Kette

$$U_n / \tilde{h}_n = 0 \,, \tag{2.25}$$

worin $\tilde{h}_n$ die kinetische Nachgiebigkeit des vom Rande 0 bis zum rechten Rande reichenden Kettenabschnittes ist. Sie läßt sich leicht in allgemeinen Zeichen angeben. Für die Darstellung hat sich die Form eines Kettenbruches bewährt:

$$1/\tilde{h}_n = -\omega^2 m_n + \cfrac{1}{h_n + \cfrac{1}{-\omega^2 m_{n-1} + \cfrac{1}{h_{n-1} + \cfrac{1}{\ddots}}}} \tag{2.26}$$

Bei mechanischen Schwingern ohne innerer Dämpfung sind diese Kettenbrüche unter Umständen mit numerischen Nachteilen verbunden. Wird nämlich der Ausdruck

$$-\omega^2 m_{n-1} + \cfrac{1}{h_{n-1} + \cfrac{1}{-\omega^2 m_{n-2} + \cfrac{1}{\ddots}}} \tag{2.27}$$

Null, so befindet sich ein Teil der Schwingerkette in "Resonanz", d.h. in der Eigenfrequenz des Teilgebildes. In diesem Falle wächst der Quotient 1/(2.27) über alle Grenzen, und die Berechnung der kinetischen Nachgiebigkeit $\tilde{h}_n$ läßt sich nicht mehr durchführen.

Bei Schwingerketten mit innerer Dämpfung - elektrische Schwingkreise besitzen stets ein Maß an innerer Dämpfung - treten diese Schwierigkeiten nicht auf, da dort die Dämpfung die Unendlichkeitsspitzen bei einer Resonanz des Teilgebildes abschneidet.

Die Eigenfrequenzen des Gesamtgebildes sind dadurch gekennzeichnet, daß bei einem freien Rand der Kehrwert der kinetischen Nachgiebigkeit Null wird:

$$1/\tilde{h}_n = 0 \tag{2.28}$$

liefert die Eigenfrequenz.

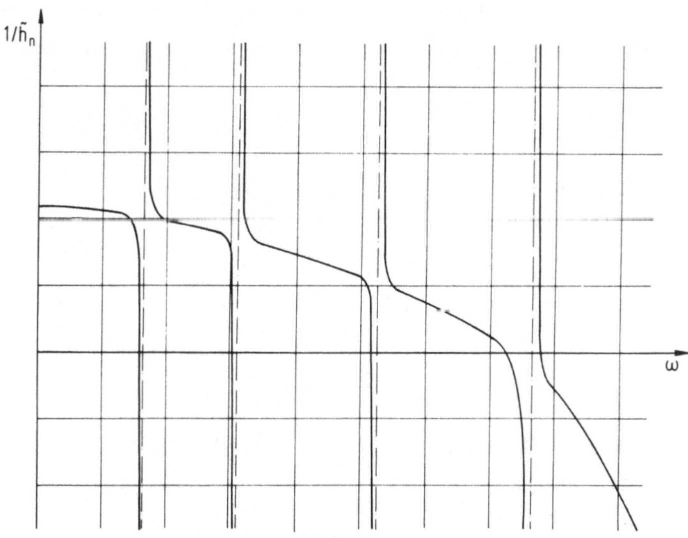

Abb.2.6. Verlauf der Funktion $1/\tilde{h}_n$

Die Berechnung der Nullstellen ist, wie bereits angedeutet, mit Schwierigkeiten verbunden. Denn die Funktion $1/\tilde{h}_n$ besitzt Pole 1. Ordnung mit der Besonderheit, daß ihr Verlauf recht unvermittelt von einem endlichen Wert über alle Grenzen wächst (Abb.2.6). Die Bestimmung der Nulldurchgänge, die ja die Eigenfrequenzen des Gesamtgebildes liefern, ist nur möglich, wenn man den Funktionsverlauf mit sehr feinen Schritten $\Delta\omega$ abtastet. Diese Methode ist aber für die praktische Anwendung zeitraubend und außerdem unsicher.

2.3.2 Elimination der Zwischengrößen (Beibehaltung der Schnittgrößen des linken Randes)

Aus der ersten Zeile des Gleichungssystems (2.3) folgt

$$U_1 = h_1 N_1 . \tag{2.29}$$

Einsetzen in die zweite Zeile ergibt

$$N_2 = \left(1 - \omega^2 m_1 h_1\right) N_1 . \tag{2.30}$$

Im nächsten Schritt folgt

$$U_2 = \left[h_2\left(1 - \omega^2 m_1 h_1\right) + h_1\right] N_1 \tag{2.31}$$

usw. Dieses Eliminationsverfahren ist unter dem Namen Holzer-Verfahren [17] oder auch Gümbel-Tolle-Holzer-Verfahren bekannt ([18], [19] und insbesondere [6]). Es liefert schließlich eine Beziehung zwischen der Randgröße des linken Kettenrandes - das ist hier die Schnittkraft N_1 - und der Schnittkraft in der n-ten Feder N_n und der Verschiebung U_n:

$$U_n = [\ldots] N_1 , \quad N_n = [\ldots] N_1 . \tag{2.32}$$

Setzt man beide Ausdrücke in die letzte Gleichung von (2.3)

$$N_n - \omega^2 m_n U_n = 0 \tag{2.33}$$

ein, so ergibt sich eine Beziehung

$$[\ldots] N_1 = 0 , \tag{2.34}$$

die im allgemeinen nicht erfüllt ist. Es bleibt ein Rest R. Der Sonderfall $R(\omega) = 0$ kennzeichnet eine Eigenfrequenz.

Der Vorteil dieses Eliminationsverfahrens gegenüber dem unter (2.3.1) aufgeführten besteht darin, daß die Funktion $R(\omega)$ stetig ist und keine Pole besitzt. Da dieses Eliminationsverfahren divisionsfrei arbeitet, sind Pole auch nicht zu erwarten.

Das Holzersche Verfahren wird sehr viel eleganter, wenn man das dreigliedrige Gleichungssystem (2.3) durch Zeilenaddition geeignet umstellt. Damit sich auch die erste Doppelzeile in das neue Schema gut einfügt, wird formal die Identität $N_0 \equiv N_1$ ergänzt. Es ergibt sich, wenn man die dritte Zeile mit h_2 multipliziert und zur vierten addiert, die fünfte mit h_3 multipliziert und zur sechsten addiert usw., folgendes Schema:

$$\left.\begin{array}{c|cc|cc|cl}
N_0 & N_1 & U_1 & N_2 & U_2 & N_3 & \cdots \\
\hline
1 & -1 & & & & & = 0 \\
h_1 & & -1 & & & & = 0 \\
\hline
 & 1 & -\omega^2 m_1 & -1 & & & = 0 \\
 & h_2 & (1-\omega^2 m_1 h_2) & & -1 & & = 0 \\
\hline
 & & & 1 & -\omega^2 m_2 & -1 & = 0 \\
 & & & h_3 & (1-\omega^2 m_2 h_3) & & \cdots = 0 \\
\hline
 & & & & & \cdots & \vdots
\end{array}\right\} \tag{2.35}$$

Nun kann man Gleichungspaare in der angedeuteten Art zusammenfassen. In Matrizenform lautet die k-te Doppelzeile des Gleichungssystems:

$$\begin{bmatrix} 1 & -\omega^2 m_k \\ h_{k+1} & \left(1-\omega^2 m_k h_{k+1}\right) \end{bmatrix} \begin{bmatrix} N \\ U \end{bmatrix}_k - \begin{bmatrix} N \\ U \end{bmatrix}_{k+1} = 0 . \qquad (2.36)$$

Dafür schreiben wir kürzer

$$\mathbf{w}_{k+1} = \mathbf{T}_{k+1} \mathbf{w}_k , \qquad (2.36')$$

wobei wir die Schnittkraft und die Verschiebung zu dem Zustandsvektor

$$\mathbf{w} = \begin{bmatrix} N \\ U \end{bmatrix} \qquad (2.37)$$

und die Matrix der Koeffizienten in

$$\mathbf{T}_{k+1} = \begin{bmatrix} 1 & -\omega^2 m_k \\ h_{k+1} & \left(1-\omega^2 m_k h_{k+1}\right) \end{bmatrix} \qquad (2.38)$$

zusammenfassen. Sie heißt Transmissions- oder Übertragungsmatrix, denn sie "überträgt" die Zustandsgrößen der Schnittstelle k auf die Schnittstelle k+1. Bei Stabproblemen hat sie die Ordnung $2 \cdot 2$.

Die allgemein gebräuchlichere Form der Übertragungsmatrizenbeziehung setzt in dem Zustandsvektor $\mathbf{w}$ (2.37) die Verschiebung U an die erste und die Schnittkraft N an die zweite Stelle, da N eine aus der Verschiebung durch Differentiation hervorgehende Größe ist. Für diese Reihenfolge erhält (2.36) die Form

$$\begin{bmatrix} U \\ N \end{bmatrix}_{k+1} = \begin{bmatrix} \left(1-\omega^2 m_k h_{k+1}\right) & h_{k+1} \\ -\omega^2 m_k & 1 \end{bmatrix}_{k+1} \begin{bmatrix} U \\ N \end{bmatrix}_k . \qquad (2.39)$$

Die eingehende Betrachtung der Übertragungsmatrix zeigt, daß sie ein Produkt aus den Matrizen

$$\mathbf{T}_m = \begin{bmatrix} 1 & 0 \\ -\omega^2 m_k & 1 \end{bmatrix} , \qquad (2.40)$$

und

$$\mathbf{T}_F = \begin{bmatrix} 1 & h_{k+1} \\ 0 & 1 \end{bmatrix}, \tag{2.41}$$

ist. Das Produkt $\mathbf{T}_F \mathbf{T}_m$ ergibt, wie man sich leicht überzeugt, die in (2.39) angegebene Übertragungsmatrix.

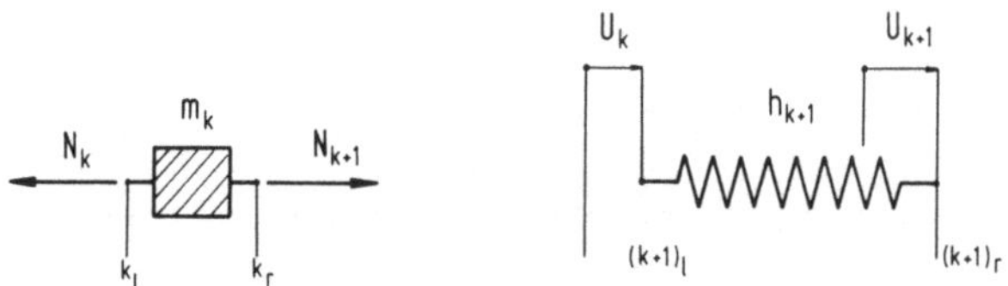

Abb.2.7. Übergang über die Masse und die Feder

Die physikalische Bedeutung der Übertragungsmatrizen (2.40) und (2.41) ist leicht zu erkennen. Die erste ist die Gleichgewichtsbeziehung am Knoten:

$$N_{k+1} = N_k - \omega^2 m_k U_k \,. \tag{2.42}$$

Die Verschiebungen links und rechts vom Knoten sind gleich (Abb.2.7):

$$U_{kr} = U_{kl} \,. \tag{2.42'}$$

Die Übertragungsmatrix $\mathbf{T}_F$ enthält die Kinematische Beziehung, in die das Elastizitätsgesetz eingearbeitet ist:

$$U_{k+1} = U_k + h_{k+1} N_{(k+1)l} \,. \tag{2.43}$$

Die Schnittkraft ändert sich in der Feder nicht:

$$N_{(k+1)r} = N_{(k+1)l} \,. \tag{2.43'}$$

Die bisher betrachtete Stabkette ist aus Federelementen und Einzelmassen in abwechselnder Reihenfolge aufgebaut. Es wurde angenommen, daß die Federn masselos sind. Vielfach ist jedoch diese Annahme nicht erlaubt. Man kann dann entweder aus dem kontinuierlichen Gebilde ein diskontinuierliches durch viele Unterteilungen erzeugen (Lumped System), oder die kontinuierlich verteilte Masse beibehalten und die Übertragungsbeziehung dieser massebehafteten Feder anschreiben.

2.4 Der Stab mit kontinuierlich verteilter Masse und Nachgiebigkeit

Bei der Berechnung der Übertragungsmatrizenbeziehung eines Stabes mit kontinuierlich verteilter Masse und Nachgiebigkeit nehmen wir an, daß die Querschnittsparameter: Dehnsteifigkeit EF und Masse pro Längeneinheit μ konstant sind. Die in diesem Gebilde möglichen Schwingungen werden beherrscht von den Gleichungen (der Faktor $\sin\omega t$ ist überall weggelassen)

$$\left.\begin{aligned} u' &= Nl/(EF), \\ N'l/(EF) &= -\omega^2 \mu l^2/(EF). \end{aligned}\right\} \qquad (2.44)$$

Hier sind $u = u(x)$, $N = N(x)$ die Ortsfunktionen und es bedeutet

$$' \mathrel{\hat{=}} d/d(x/l) \mathrel{\hat{=}} l\,d/dx\,.$$

l ist die Stablänge (Abb.2.8).

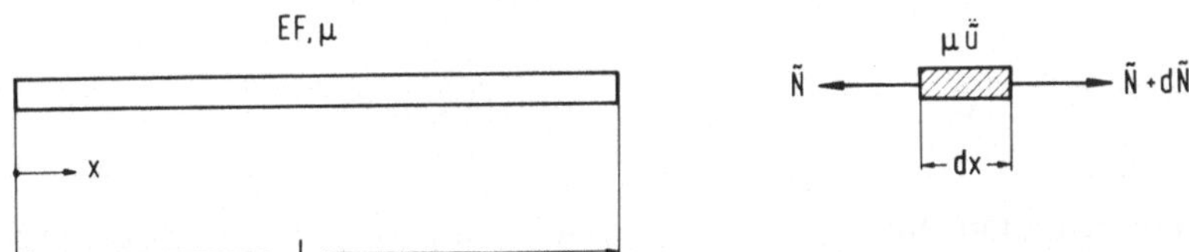

Abb.2.8. Stab mit kontinuierlich verteilter Masse und Nachgiebigkeit

Die erste Gleichung von (2.44) ist das Elastizitätsgesetz, angeschrieben in der Verschiebungsableitung. Die zweite folgt aus dem "Gleichgewicht" am Stabelement dx.

Die Beziehung (2.44) läßt sich unter Einführung des Zustandsvektors

$$\mathbf{w} = \begin{bmatrix} u \\ \overline{N} \end{bmatrix}, \qquad (2.45)$$

worin $\overline{N} = Nl/(EF)$ ist, und der Koeffizientenmatrix

$$\mathbf{A} = \begin{bmatrix} 0 & 1 \\ -\sigma^2 & 0 \end{bmatrix} \qquad (2.46)$$

($\sigma^2 = \omega^2 \mu l^2/(EF)$), die man die D i f f e r e n t i a l m a t r i x des Problems nennt, kürzer

$$\mathbf{w}' = \mathbf{A}\mathbf{w} \qquad (2.47)$$

schreiben. Die Lösung findet man gewöhnlich dadurch, daß man das System von - im allgemeinen - n Differentialgleichungen erster in eine Differentialgleichung n-ter - (hier 2.) - Ordnung umwandelt. Auf diesem Wege wird aus (2.44) wegen $u'' = \overline{N}'$

$$u'' + \sigma^2 u = 0 \,. \tag{2.48}$$

Mit dem Ansatz

$$u = C\, e^{\alpha x/l}$$

ergibt sich die charakteristische Gleichung

$$\alpha^2 + \sigma^2 = 0 \,, \tag{2.49}$$

aus der

$$\alpha = \pm\, i\sigma \tag{2.50}$$

hervorgeht ($i = \sqrt{-1}$). Damit erhält die Lösung das Aussehen

$$u = C_1 \cos(\sigma x/l) + C_2 \sin(\sigma x/l) \,. \tag{2.51}$$

Die beiden mathematischen Integrationskonstanten C_1, C_2 drücken wir nun durch die physikalischen Größen am Rande $x = 0$ aus:

$$u(0) = U_0 = C_1, \quad u'(0) = \overline{N}(0) = \overline{N}_0 = \sigma C_2 \,. \tag{2.52}$$

Damit wird

$$\left.\begin{aligned} u &= U_0 \cos(\sigma x/l) + (\overline{N}_0/\sigma) \sin(\sigma x/l) \,, \\ \overline{N} &= -U_0 \sigma \sin(\sigma x/l) + \overline{N}_0 \cos(\sigma x/l) \,. \end{aligned}\right\} \tag{2.53}$$

In Matrixschreibweise lautet (2.53)

$$\begin{bmatrix} u \\ \overline{N} \end{bmatrix} = \begin{bmatrix} \cos(\sigma x/l) & (1/\sigma)\sin(\sigma x/l) \\ -\sigma \sin(\sigma x/l) & \cos(\sigma x/l) \end{bmatrix} \begin{bmatrix} U_0 \\ \overline{N}_0 \end{bmatrix} . \tag{2.54}$$

Für $x = l$ erhalten wir daraus

$$\begin{bmatrix} U \\ \overline{N} \end{bmatrix}_l = \begin{bmatrix} \cos\sigma & (1/\sigma)\sin\sigma \\ -\sigma\sin\sigma & \cos\sigma \end{bmatrix} \begin{bmatrix} U_0 \\ \overline{N}_0 \end{bmatrix} . \tag{2.55}$$

Darin ist die Koeffizientenmatrix die Übertragungsmatrix des schwingenden, kontinuierlich mit Masse und Nachgiebigkeit belegten Stabes. Wegen der Einführung dimensionsgleicher Randgrößen - $\overline{N}$ hat wie U die Dimension einer Länge - ist sie dimensionslos. Sie ist symmetrisch zur Nebendiagonalen. Ihre Determinante hat den Wert 1.

Hat man in einem Gebilde mehrere Felder mit unterschiedlichen Längen und Dehnsteifigkeiten vorliegen, so ist es vorteilhaft, eine Bezugsnachgiebigkeit $\overline{h} = \overline{l}/(\overline{EF})$ einzuführen, worin $\overline{l}$ eine zweckmäßig zu wählende Bezugslänge und $\overline{EF}$ eine Bezugsdehnsteifigkeit ist. Damit bildet man

$$\overline{N} = N\overline{l}/(\overline{EF}) ,$$

und (2.55) muß in die Form

$$\begin{bmatrix} U \\ \overline{N} \end{bmatrix}_1 = \begin{bmatrix} \cos\sigma & (a/\sigma)\sin\sigma \\ -(\sigma/a)\sin\sigma & \cos\sigma \end{bmatrix}_1 \begin{bmatrix} U \\ \overline{N} \end{bmatrix}_0 \tag{2.56}$$

umgeschrieben werden. Es ist

$$a = \frac{l_i/(EF)}{\overline{l}/(\overline{EF})} = \frac{h_i}{\overline{h}} .$$

Aus Gl. (2.56) folgen die beiden Sonderfälle $l_i \to 0$ und $EF_i \to \infty$:

$$\mathbf{T}_m = \begin{bmatrix} 1 & 0 \\ -\omega^2 m_i \overline{h} & 1 \end{bmatrix} , \tag{2.57}$$

(s. auch (2.40)), wobei die Matrix $\mathbf{T}_m$ hier die bezogenen Randgrößen verknüpft; und $\mu_i \to 0$:

$$\mathbf{T}_F = \begin{bmatrix} 1 & h_i/\overline{h} \\ 0 & 1 \end{bmatrix} , \tag{2.58}$$

(s. auch (2.41)).

2.5 Die Eigenwerte von Differential- und Übertragungsmatrix

Die Eigenwerte von Differential- und Übertragungsmatrix geben uns einen tieferen Einblick in das physikalische Geschehen in einem Bauteil und entscheiden, wie wir erst in Kap.8 sehen werden, über die numerische Brauchbarkeit des Matrizenverfahrens. Wir wollen daher schon an dieser Stelle die Eigenwerte der beiden Matrizen bestimmen.

Die Eigenwerte der Differentialmatrix findet man aus der Bedingung (Kap.11)

$$|\mathbf{A} - \alpha\mathbf{E}| = 0 . \tag{2.59}$$

Einsetzen von (2.46) ergibt

$$\begin{vmatrix} -\alpha & 1 \\ -\sigma^2 & -\alpha \end{vmatrix} = 0 . \tag{2.59'}$$

Daraus folgt die charakteristische Gleichung [s. auch (2.49)]

$$\alpha^2 + \sigma^2 = 0 \tag{2.60}$$

mit den Eigenwerten [s. auch (2.50)]

$$\alpha = \pm i\sigma . \tag{2.61}$$

Die Eigenwerte der Differentialmatrix sind also die Eigenwerte der charakteristischen Gleichung der Differentialgleichung.

Die Eigenwerte der Übertragungsmatrix folgen aus

$$|\mathbf{T} - \tau\mathbf{E}| = 0 . \tag{2.62}$$

Mit (2.55) erhält man

$$\begin{vmatrix} \cos\sigma - \tau & (1/\sigma)\sin\sigma \\ -\sigma\sin\sigma & \cos\sigma - \tau \end{vmatrix} = 0. \tag{2.63}$$

Daraus ergibt sich

$$\tau^2 - 2\tau\cos\sigma + 1 = 0 \tag{2.64}$$

mit den Wurzeln

$$\tau_{1,2} = \cos\sigma \pm \sqrt{\cos^2\sigma - 1} = \cos\sigma \pm i\sin\sigma = e^{\pm i\sigma} . \tag{2.65}$$

Wir finden den Satz: Die Eigenwerte der Übertragungsmatrix sind die Eigenlösungen der zugehörigen Differentialgleichung.

2.6 Zahlenbeispiel

Gegeben ist ein am linken Rand gelagerter, am rechten Rand freier Stab. Gesucht sind die Eigenfrequenzen und die zugehörigen Eigenschwingungsformen.

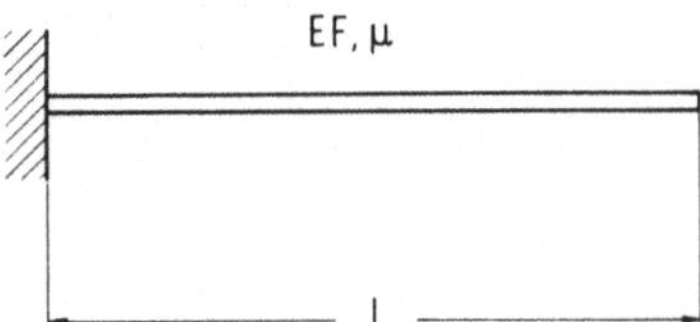

Lösungsgang: Am linken Rand ist $U_0 = 0$; es existiert nur $\overline{N}_0$. Verwendet man die Beziehung (2.55), so bleibt von ihr nur die zweite Spalte für die Bestimmung der Verschiebung und der Schnittkraft am rechten Rand übrig.

Am rechten Rand ist $\overline{N} = 0$. Aus dieser Bedingung folgt die Eigenwertgleichung

$$\overline{N}_0 \cos\sigma = 0 . \tag{2.66}$$

Die Nullstellen der Funktion $\cos\sigma$ liefern die Eigenwerte

$$\sigma_c = (2n - 1)\pi/2 . \tag{2.67}$$

Die Eigenschwingungsform, mit der das Gebilde freie Schwingungen ausführen kann, erhält man, indem man diesen Eigenwert in die u-Zeile der Übertragungsbeziehung (2.54) einschreibt:

$$u(x) = \overline{N}_0 \left(1/\sigma_c\right) \sin\left(\sigma_c x/l\right) . \tag{2.68}$$

Tabelle 2.1 enthält die Eigenwerte und Eigenschwingungsformen des kontinuierlich mit Masse und Nachgiebigkeit belegten Stabes mit verschiedenen Lagerungsbedingungen.

Tabelle 2.1 Schwingungswerte des Stabes

Randbedingungen	Eigenwertbedingung	Eigenwerte	Eigenschwingungsformen
fest-fest	$\sin\sigma = 0$	$\sigma_c = n\pi$	$u = \sin(\sigma_c x/l)$
fest-frei	$\cos\sigma = 0$	$\sigma_c = (2n-1)\pi/2$	$u = \sin(\sigma_c x/l)$
frei-frei	$\sin\sigma = 0$	$\sigma_c = n\pi$	$u = \cos(\sigma_c x/l)$

2.7 Einfluß innerer und äußerer Dämpfung

Besitzt der Stab eine äußere, geschwindigkeitsproportionale Dämpfung, so muß die Kräftegleichung in (2.44) modifiziert werden; das Newtonsche Grundgesetz lautet dann (Abb.2.9)

$$d\tilde{N} = \left(\mu \ddot{\tilde{u}} + k_1 \dot{\tilde{u}}\right) dx \, . \tag{2.69}$$

k_1 ist die Konstante der äußeren Dämpfung. Daraus wird bei der dimensionslosen Ableitung nach x/l

$$\tilde{N}' l/(EF) = \mu l^2/(EF) \ddot{\tilde{u}} + k_1 l^2/(EF) \dot{\tilde{u}} \, . \tag{2.70}$$

Bei gleichzeitig auftretender innerer Dämpfung schreibt man das Elastizitätsgesetz gewöhnlich in der Form

$$\tilde{N} l/(EF) = \tilde{u}' + k_2 \dot{\tilde{u}}' \, . \tag{2.71}$$

k_2 ist die Konstante der inneren Dämpfung.

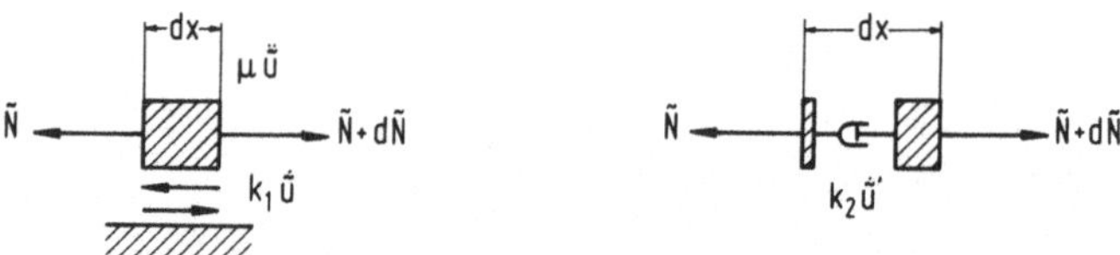

Abb.2.9. Äußere und innere Dämpfung

Differentation von (2.71) nach x/l und Einsetzen in (2.70) liefert

$$\tilde{u}'' + k_2 \dot{\tilde{u}}'' - \mu l^2/(EF) \ddot{\tilde{u}} - k_1 l/(EF) \dot{\tilde{u}} = 0. \tag{2.72}$$

Aus dem Produktansatz

$$\tilde{u}(x, t) = u(x) \, e^{i\omega t} \tag{2.73}$$

folgt

$$u''\left(1 + i\omega k_2\right) + \omega^2 \mu \frac{l^2}{EF}\left(1 - i \frac{k_1}{\mu \omega}\right) u = 0 \tag{2.74}$$

oder

$$u'' + \omega^2 \mu \frac{l^2}{EF} \left(\frac{1 - ik_1/(\mu\omega)}{1 + i\omega k_2}\right) u = 0 \, , \tag{2.75}$$

eine Form, die bis auf den Klammerausdruck der Beziehung (2.48) gleicht. Formal kann man den Einfluß der äußeren Dämpfung in der komplexen Masse

$$\mu^* = \mu\left[1 - ik_1/(\mu\omega)\right] \tag{2.76}$$

und den der inneren Dämpfung in dem komplexen Elastizitätsmodul

$$E^* = E\left(1 + i\omega k_2\right) \tag{2.77}$$

zusammenfassen. Man beachte, daß beide Größen μ^* und E^* frequenzabhängig sind.

3. Ein Zahlenbeispiel: Stoß eines Straßenbahnzuges gegen ein starres Hindernis

Die Fragestellung stammt aus dem Gebiete der Unfalluntersuchung und lautet: Welche Kräfte wirken auf ein Straßenbahnfahrzeug, das mit einer vorgegebenen Geschwindigkeit gegen ein starres Hindernis stößt?

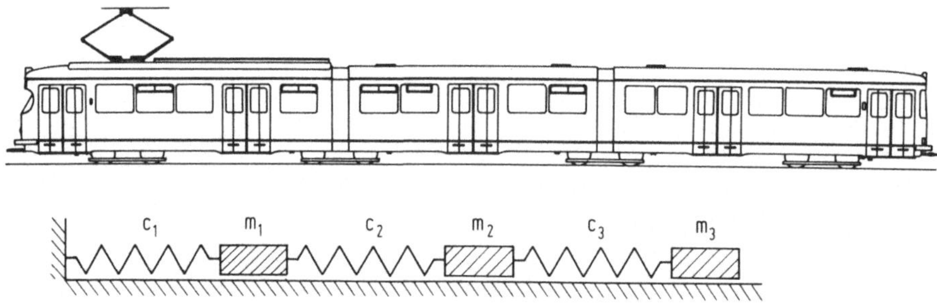

Abb.3.1. Straßenbahnfahrzeug und berechenbares Ersatzgebilde

Für die näherungsweise Berechnung der Kräfte und Verschiebungen wird das in der Abb.3.1 dargestellte Straßenbahnfahrzeug auf das darunter angegebene Ersatzsystem abgebildet. Natürlich müßte man, um die Beanspruchungsspitzen am Bug des Straßenbahnzuges genügend genau ermitteln zu können, eine viel feinere Unterteilung in Feder-Masse-Elemente vornehmen. Für eine Abschätzung des kinetischen Verhaltens und im Hinblick auf eine kinetische Untersuchung des gleichen, jedoch mit einem knautschfähigen Bug versehenen Gebildes ist jedoch eine so grobe Unterteilung sinnvoll.

Die konzentrierten Massen ergeben sich aus den Gewichten der Wagenkästen, der Inneneinrichtung, der Fahrgäste und Anteilen der Drehgestelle zu:

$$m_1 = 19\,\mathrm{daN\ s^2/cm}, \quad m_2 = 14{,}8\,\mathrm{daN\ s^2/cm}, \quad m_3 = 19\,\mathrm{daN\ s^2/cm}\ ^{*}. \qquad (3.1)$$

---

* Wir haben an die Stelle der früher verwendeten Krafteinheit Kilopond (kp) das im internationalen Einheitensystem vorgeschlagene Newton (N) gesetzt. Es ist $1\,\mathrm{kp} = 9{,}81\,\mathrm{N} \approx 10\,\mathrm{N} = 1\,\mathrm{daN}$ (Deka-Newton).

Damit den Fahrzeuginsassen bei einem nicht auszuschließenden Frontalzusammenstoß des Straßenbahnzuges ein gewisses Maß an Schutz geboten werden kann, müssen Straßenbahnwagenkästen heute so ausgelegt sein, daß sie bei einer Längskraft von $80 \cdot 10^3$ daN noch keine bleibenden Verformungen aufweisen. Oberhalb dieser Bemessungslast P_{bem} sind plastische Verformungen zugelassen. Für die hier folgende Untersuchung wollen wir jedoch annehmen, daß das lineare Kraft-Verschiebungsgesetz auch oberhalb P_{bem} gültig bleibt (Abb.3.2).

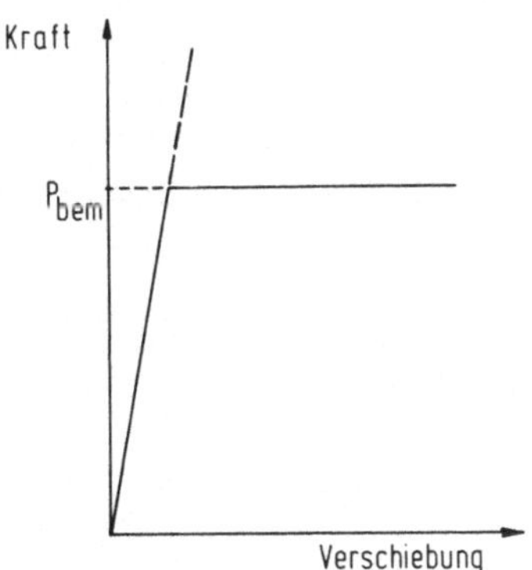

Abb.3.2. Kraft-Verschiebungsgesetz

Folgende Federsteifigkeiten werden der Rechnung zugrundegelegt [24]:

$$c_1 = 8{,}0 \cdot 10^4\,\text{daN/cm}, \quad c_2 = 4{,}8 \cdot 10^4\,\text{daN/cm}, \quad c_3 = 4{,}8 \cdot 10^4\,\text{daN/cm}\,. \tag{3.2}$$

Für die Beschreibung des kinetischen Verhaltens des Ersatzteilgebildes, das mit den Anfangsbedingungen $\tilde{u}_{10} = \tilde{u}_{20} = \tilde{u}_{30} = 0$ und $\dot{\tilde{u}}_{10} = \dot{\tilde{u}}_{20} = \dot{\tilde{u}}_{30} = v_0$ (v_0 ist die Aufstoßgeschwindigkeit des Fahrzeuges) freie Schwingungen durchführen kann, dienen die Gleichungen:

$$\left.\begin{aligned} \tilde{u}_1 &= A_1 \cos\omega_1 t + A_2 \sin\omega_1 t + A_3 \cos\omega_2 t + A_4 \sin\omega_2 t + A_5 \cos\omega_3 t \\ &\quad + A_6 \sin\omega_3 t\,, \\ \tilde{u}_2 &= B_1 \cos\omega_1 t + B_2 \sin\omega_1 t + \ldots B_6 \sin\omega_3 t\,, \\ \tilde{u}_3 &= C_1 \cos\omega_1 t + C_2 \sin\omega_1 t + \ldots C_6 \sin\omega_3 t\,. \end{aligned}\right\} \tag{3.3}$$

ω_1, ω_2, ω_3 sind die Eigenfrequenzen des Gebildes, A_i, B_i, C_i die Amplituden der Schwingungen, die durch die Eigenformen aneinander gebunden sind.

Die zunächst zu lösende Aufgabe besteht also in der Bestimmung der Eigenfrequenzen und der zugehörigen Eigenschwingungsformen. Ein Weg zur Beantwortung dieser Frage führt über die N-U-Gleichungen (2.3):

$$\left.\begin{array}{cccccccl}
N_1 & U_1 & N_2 & U_2 & N_3 & U_3 & & \\
\hline
1{,}25\cdot 10^{-5} & -1 & & & & & = 0 \\
1 & -\omega^2 19 & -1 & & & & = 0 \\
 & 1 & 2{,}083\cdot 10^{-5} & -1 & & & = 0 \\
 & & 1 & -\omega^2 14{,}8 & -1 & & = 0 \\
 & & & 1 & 2{,}083\cdot 10^{-5} & -1 & = 0 \\
 & & & & 1 & -\omega^2 19 & = 0\,.
\end{array}\right\} \qquad (3.3')$$

Mit Hilfe des in Kap. 11 geschilderten Restgrößenverfahrens lassen sich die Nullstellen der Determinante und anschließend die Eigenschwingungsformen bestimmen. Aus didaktischen Gründen wollen wir jedoch hier die c_{ik}-Gleichungen zum Ausgangspunkt der Zahlenrechnung wählen. Die Gleichungen (2.5) in den Verschiebungen lauten:

$$\left.\begin{array}{cccl}
U_1 & U_2 & U_3 & \\
\hline
\left(12{,}8\cdot 10^4-\omega^2 19\right) & -4{,}8\cdot 10^4 & & = 0 \\
-4{,}8\cdot 10^4 & \left(9{,}6\cdot 10^4-\omega^2 14{,}8\right) & -4{,}8\cdot 10^4 & = 0 \\
 & -4{,}8\cdot 10^4 & \left(4{,}8\cdot 10^4-\omega^2 19\right) & = 0\,.
\end{array}\right\} \qquad (3.4)$$

Daraus folgt die charakteristische Determinante

$$\det(\mathbf{C}-\omega^2\mathbf{A}) = \begin{vmatrix}
\left(12{,}8\cdot 10^4-\omega^2 19\right) & -4{,}8\cdot 10^4 & \\
-4{,}8\cdot 10^4 & \left(9{,}6\cdot 10^4-\omega^2 14{,}8\right) & -4{,}8\cdot 10^4 \\
 & -4{,}8\cdot 10^4 & \left(4{,}8\cdot 10^4-\omega^2 19\right)
\end{vmatrix}, \qquad (3.5)$$

die sich nach zeilenweiser Vormultiplikation der Massen in der Form

$$14{,}8\cdot 19^2 \begin{vmatrix}
\left(0{,}673\,684-\omega^2\right) & -0{,}252\,631\cdot 10^4 & \\
-0.324\,324\cdot 10^4 & \left(0{,}648\,648\cdot 10^4-\omega^2\right) & -0{,}324\,324\cdot 10^4 \\
 & -0{,}252\,631\cdot 10^4 & \left(0{,}252\,631\cdot 10^4-\omega^2\right)
\end{vmatrix} \qquad (3.5')$$

darstellt. Aus ihr findet man das charakteristische Polynom:

$$5342{,}8\left(-\omega^6+\omega^4\cdot 1{,}574\,963\cdot 10^4-\omega^2\,0{,}607\,177\cdot 10^8+3{,}449\,87\cdot 10^{10}\right) = 0 \qquad (3.5'')$$

Die Nullstellen dieses Polynoms, von dem man natürlich den Vorfaktor abspaltet, findet man mit Hilfe des Horner-Schemas [119]:

$$
\begin{array}{llllll}
 & 1 & -1{,}574\,963\cdot 10^{4} & +0{,}607\,177\cdot 10^{8} & -3{,}449\,870\cdot 10^{10} \\
\hline
 & & +0{,}070\,000\cdot 10^{4} & -0{,}105\,348\cdot 10^{8} & +3{,}512\,807\cdot 10^{10} \\
\hline
\omega^2=700: & 1 & -1{,}504\,963\cdot 10^{4} & +0{,}501\,829\cdot 10^{8} & +0{,}062\,937\cdot 10^{10} \\
 & & +0{,}068\,442\cdot 10^{4} & -0{,}103\,110\cdot 10^{8} & +3{,}449\,900\cdot 10^{10} \\
\hline
\omega^2=684{,}42: & 1 & -1{,}506\,521\cdot 10^{4} & +0{,}504\,067\cdot 10^{8} & +0{,}000\,030\cdot 10^{10}
\end{array}
$$

d.h. $\omega_1^2 = 684{,}42$ und $\omega_1 = 26{,}2$.

Die restlichen Nullstellen findet man aus dem verkürzten Polynom des Schemas:

$$\omega^4 - 1{,}506\,521\cdot 10^4\omega^2 + 0{,}504\,067\cdot 10^8 = 0 \tag{3.6}$$

als

$$
\left.
\begin{aligned}
\omega_{2,3}^2 &= 0{,}753\,260\cdot 10^4 \pm \sqrt{0{,}567\,401\cdot 10^8 - 0{,}504\,067\cdot 10^8}\,, \\
&= \qquad\qquad\qquad \pm \sqrt{6{,}333\,438\cdot 10^6}\,, \\
&= \quad 7\,532{,}6 \qquad \pm \qquad 2\,516{,}6\,,
\end{aligned}
\right\} \tag{3.6'}
$$

also

$$\omega_2^2 = 5\,016{,}0\,, \qquad \omega_3^2 = 10\,049{,}2\,. \tag{3.6''}$$

Der Verlauf der Funktion det $(\mathbf{C} - \omega^2\mathbf{A})$ ist in der Abb. 3.3 dargestellt.

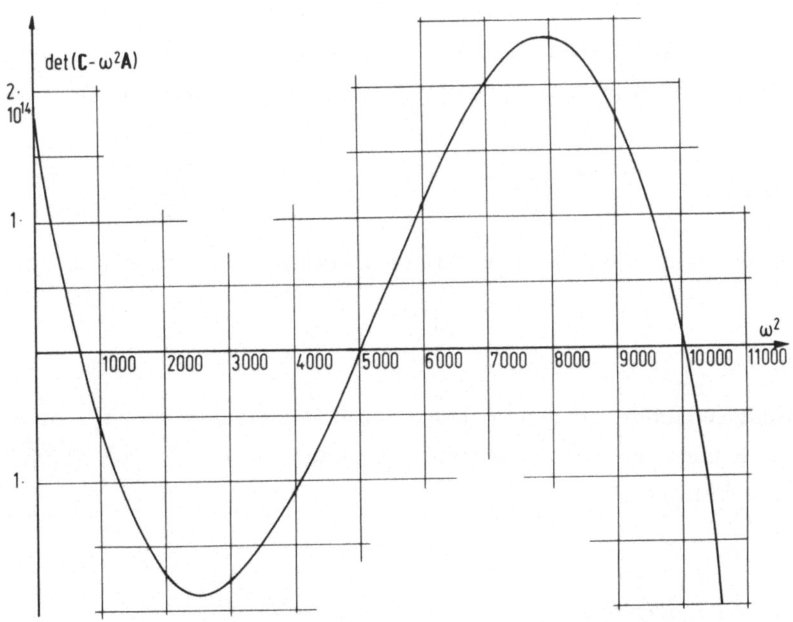

Abb. 3.3. Verlauf der Funktion det$[\mathbf{C} - \omega^2\mathbf{A}]$ über ω^2

Zur Berechnung der Eigenschwingungsform geht man mit den gefundenen Eigenfrequenzen in das Ausgangsgleichungssystem (3.4). Wir zeigen den Weg für die erste Eigenfrequenz $\omega_1^2 = 684,42$. Es ergibt sich das Gleichungssystem

U_1	U_2	U_3		
$11,498\,798\cdot 10^4$	$-4,8\cdot 10^4$		$= 0$	
$-4,8\cdot 10^4$	$8,586\,432\cdot 10^4$	$-4,8\cdot 10^4$	$= 0$	(3.7)
	$-4,8\cdot 10^4$	$3,498\,798\cdot 10^4$	$= 0$.	

Zerlegung der Koeffizientenmatrix in eine obere und untere Dreiecksmatrix mit Hilfe des Gaußschen Algorithmus (Abschn. 10.5) liefert

U_1	U_2	U_3		
$11,498\,798\cdot 10^4$	$-4,8\cdot 10^4$		$= 0$	
$0,417\,434$	$6,582\,748\cdot 10^4$	$-4,8\cdot 10^4$	$= 0$	(3.8)
	$0,729\,178$	$-0,001\,256\cdot 10^4$	$= 0$.	

In der Eigenfrequenz muß die Determinante der Matrix verschwinden, d.h. das letzte Hauptdiagonalelement der oberen Dreiecksmatrix Null werden. (Man erkennt in (3.8) die "Null" als letztes Element der oberen Dreiecksmatrix.)

Für die Bestimmung der Eigenform verkürzt man das dreigliedrige Gleichungssystem um die letzte Zeile und kann nun U_2 und U_1 durch U_3 ausdrücken:

$$U_1/U_3 = 0,304\,384, \quad U_2/U_3 = 0,729\,178, \quad U_3/U_3 = 1,00. \tag{3.9}$$

Vorteilhaft ist es, den Eigenvektor $\mathbf{x}_i$ in der Weise zu normieren (Kap. 11), daß

$$\mathbf{x}_i^T \mathbf{x}_i = 1 \tag{3.10}$$

wird. Man bildet zunächst mit den vorhandenen Komponenten von $\mathbf{x}_1^*$ das Produkt $\mathbf{x}_1^{T*}\mathbf{x}_1^* = 1,624\,35$ und muß für die Normierung jedes Element durch $\sqrt{1,624\,35}$ dividieren. Das Ergebnis ist

$$\mathbf{x}_1 = \begin{bmatrix} 0,238\,826 \\ 0,572\,128 \\ 0,784\,621 \end{bmatrix}. \tag{3.11}$$

Auf dem gleichen Wege findet man

$$\mathbf{x}_2 = \begin{bmatrix} -0{,}826\,484 \\ -0{,}562\,974 \\ 0{,}571\,232 \end{bmatrix}. \qquad (3.11')$$

und

$$\mathbf{x}_3 = \begin{bmatrix} 0{,}585\,806 \\ -0{,}768\,215 \\ 0{,}258\,221 \end{bmatrix}. \qquad (3.11'')$$

Das Bild der Eigenschwingungsformen ist neben die Vektoren gesetzt.

Die Bestimmung der Eigenfrequenzen und einiger Eigenformen wollen wir nocheinmal mit Hilfe der h_{ik}-Gleichungen zeigen. Mit den Federnachgiebigkeiten der Verbindungsfedern findet man aus einer statischen Betrachtung die Verschiebungseinflußmatrix.

$$\mathbf{H} = \begin{bmatrix} 0{,}125\cdot 10^{-4} & 0{,}125\cdot 10^{-4} & 0{,}125\cdot 10^{-4} \\ 0{,}125\cdot 10^{-4} & 0{,}333\,333\cdot 10^{-4} & 0{,}333\,333\cdot 10^{-4} \\ 0{,}125\cdot 10^{-4} & 0{,}333\,333\cdot 10^{-4} & 0{,}541\,666\cdot 10^{-4} \end{bmatrix}. \qquad (3.12)$$

Mit der Trägheitsmatrix

$$\mathbf{A} = \begin{bmatrix} 19 & & \\ & 14{,}8 & \\ & & 19 \end{bmatrix} \qquad (3.13)$$

ergibt sich das Produkt

$$\mathbf{HA} = \begin{bmatrix} 2{,}375\cdot 10^{-4} & 1{,}850\cdot 10^{-4} & 2{,}375\cdot 10^{-4} \\ 2{,}375\cdot 10^{-4} & 4{,}9333\cdot 10^{-4} & 6{,}333\cdot 10^{-4} \\ 2{,}375\cdot 10^{-4} & 4{,}9333\cdot 10^{-4} & 10{,}291654\cdot 10^{-4} \end{bmatrix}. \qquad (3.14)$$

Zur Berechnung des betragsgrößten Eigenwertes $\overline{\lambda}_{max} = 1/\omega_1^2$ wollen wir das v. Misessche Iterationsverfahren (Abschn. 11.3) verwenden. Zuvor mulitplizieren wir jede Zeile der Matrix mit 10^4, berechnen also den Wert $\bar{\bar{\lambda}} = 10^4/\omega^2$.

Wir beginnen mit einem Vektor $\mathbf{z}_0^T = \{1\ 0\ 0\}$ und multiplizieren mit der Matrix. Der auf diesem Weg gewonnene Vektor wird geeignet normiert und als neuer Ausgangsvektor benutzt. Folgendes Schema zeigt die Rechenschritte:

			1	1	0,375	...	0,304
			0	1	0,775	...	0,729
			0	1	1,000	...	1,000
2,375	1,85	2,375	2,375	6,600	4,699	...	4,447
2,375	4,933	6,333	2,375	13,641	11,047	...	10,654
2,375	4,933	10,291	2,375	17,599	15,006	...	14,612

Aus dem letzten Iterationsschritt folgt durch Mittelwertbildung der Verhältniszahlen

$$\left(x_{\mu 1}/x_{\mu+1,1} + x_{\mu 2}/x_{\mu+1,2} + x_{\mu 3}/x_{\mu+1,3}\right)/3$$

der Eigenwert

$$\bar{\bar{\lambda}} = (14{,}605 + 14{,}609 + 14{,}612)/3 = 14{,}609\,. \tag{3.15}$$

Daraus folgt

$$\omega_1^2 = 10^4/\bar{\bar{\lambda}} = 684{,}492\,. \tag{3.15'}$$

Zur iterativen Berechnung höherer Eigenwerte ist die Kenntnis des zu ω_1 gehörigen Linkseigenvektors notwendig. Man erhält ihn aus der transponierten Matrix von (3.14) mit Hilfe des folgenden Schemas:

			1	0,375	0,313	...	0,304
			0,778	0,603	0,573	...	0,567
			1	1,0	1,0	...	1,0
2,375	2,375	2,375	6,600	4,699	4,480	...	4,446
1,850	4,933	4,933	10,626	8,605	8,341	...	8,298
2,375	6,333	10,291	17,600	15,006	14,667	...	14,611

Ein gegenüber (3.15') verbessertes Ergebnis findet man mit Hilfe des Rayleigh-Quotienten (Kap. 11, (11.45)):

$$\lambda^* = \left(\mathbf{y}_\mu^T \mathbf{z}_{\nu+1}\right)/\left(\mathbf{y}_\mu^T \mathbf{z}_\nu\right) = 22{,}016/1{,}506 = 14{,}6108\,. \tag{3.16}$$

Daraus ergibt sich

$$10^4/\lambda^* = 684{,}424\,. \tag{3.16'}$$

Der Linkseigenvektor $\mathbf{y}_1$ erhält das Aussehen

$$\mathbf{y}_1 = \begin{bmatrix} 0,304\,329 \\ 0,567\,926 \\ 1,0 \end{bmatrix} . \tag{3.17}$$

Nun wollen wir den nächst höheren Eigenwert mit Hilfe des Verfahrens von Koch (s. Kap.11) berechnen.

Für die Iteration wählt man einen beliebigen Ausgangsvektor

$$\mathbf{z}_0 = \begin{bmatrix} 1 \\ 1 \\ 1 \end{bmatrix} . \tag{3.18}$$

Aus dem Produkt

$$\mathbf{y}_1^T \mathbf{z}_0 = \{0,304\,329 \quad 0,567\,926 \quad 1,0\} \begin{bmatrix} 1 \\ 1 \\ 1 \end{bmatrix} \tag{3.19}$$

folgt (Kap.11, (11.47))

$$c_1 = 1,872\,255 . \tag{3.20}$$

Damit ergibt sich (s.(11.48))

$$\bar{\mathbf{z}}_0 = \mathbf{z}_0 - c_1 \mathbf{x}_1 = \begin{bmatrix} +0,552\,856 \\ -0,071\,169 \\ -0,469\,010 \end{bmatrix} . \tag{3.21}$$

Einfacher ist es, den Ausgangsvektor $\mathbf{z}_0$ nur in einer einzigen Komponente zu verändern, damit er auf $\mathbf{x}_1$ orthogonal steht. Dazu bildet man (s.(11.50'))

$$\alpha = - \mathbf{y}_1^T \mathbf{z}_0 / y_{r1} . \tag{3.22}$$

Man erhält mit (3.17) und (3.18)

$$\alpha = -1,872\,255 , \tag{3.22'}$$

und der "gereinigte" Vektor hat das Aussehen

$$\bar{\mathbf{z}}_0 = \begin{bmatrix} 1 \\ 1 \\ -0,872\,255 \end{bmatrix} . \tag{3.23}$$

Der weitere Ablauf des Verfahrens von Koch ist damit klar. Man muß nur nach jedem Iterationsschritt dafür sorgen, daß $\bar{\mathbf{z}}_\nu$ orthogonal auf $\mathbf{y}_1$ steht.

Nach Kenntnis der Eigenfrequenzen und Eigenformen läßt sich die unter (3.3) angegebene Lösung finden. Mit den dort angegebenen Anfangsbedingungen $\tilde{u}_1(0) = \tilde{u}_2(0) = \tilde{u}_3(0) = 0$ wird

$$A_1 + A_3 + A_5 = 0, \quad B_1 + B_3 + B_5 = 0, \quad C_1 + C_3 + C_5 = 0\,, \tag{3.24}$$

also

$$A_1 = A_3 = A_5 = B_1 = B_3 = B_5 = C_1 = C_3 = C_5 = 0\,. \tag{3.24'}$$

Die übrigen Konstanten folgen aus der Bedingung $\dot{\tilde{u}}_{10} = \dot{\tilde{u}}_{20} = \dot{\tilde{u}}_{30} = v_0$. Das liefert das Gleichungssystem

$$\left.\begin{aligned} A_2\,\omega_1 + A_4\,\omega_2 + A_6\,\omega_3 &= v_0\,,\\ B_2\,\omega_1 + B_4\,\omega_2 + B_6\,\omega_3 &= v_0\,,\\ C_2\,\omega_1 + C_4\,\omega_2 + C_6\,\omega_3 &= v_0\,. \end{aligned}\right\} \tag{3.25}$$

Mit Hilfe der Eigenschwingungsformen (3.11), (3.11'), (3.11'') lassen sich jetzt die A_i und B_i durch die C_i ausdrücken. Schreibt man noch die dritte Zeile des Gleichungssystems (3.25) als erste, so findet man

$$\left.\begin{array}{rrrcl} C_2\omega_1 & C_4\omega_2 & C_6\omega_3 & & v_0\\ \hline 1 & 1 & 1 & = & 1\\ 0{,}729 & -0{,}985 & -2{,}975 & = & 1\\ 0{,}304 & -1{,}446 & 2{,}268 & = & 1\,. \end{array}\right\} \tag{3.26}$$

Aus der Auflösung folgt

$$C_2\omega_1 = 1{,}242\,v_0, \quad C_4\omega_2 = -0{,}315\,v_0, \quad C_6\omega_3 = 0{,}0729\,v_0\,. \tag{3.27}$$

Wir wollen das Zahlenbeispiel mit der Aufstoßgeschwindigkeit $v_0 = 1{,}4\,\mathrm{m/s}$ (5,04 km/h) fortführen. In diesem Falle ergibt sich

$$C_2 = 6{,}639\,\mathrm{cm}, \quad C_4 = -0{,}623\,\mathrm{cm}, \quad C_6 = 0{,}1018\,\mathrm{cm}\,. \tag{3.28}$$

Die Konstanten A_i und B_i findet man wieder über die Eigenschwingungsformen, und man erhält schließlich

$$\left.\begin{aligned}\tilde{u}_1 &= 2{,}020 \sin\omega_1 t + 0{,}902 \sin\omega_2 t + 0{,}230 \sin\omega_3 t\,,\\ \tilde{u}_2 &= 4{,}841 \sin\omega_1 t + 0{,}614 \sin\omega_2 t - 0{,}302 \sin\omega_3 t\,,\\ \tilde{u}_3 &= 6{,}639 \sin\omega_1 t - 0{,}623 \sin\omega_2 t + 0{,}1018 \sin\omega_3 t\,.\end{aligned}\right\} \tag{3.29}$$

Die Funktionen $\tilde{u}_1$, $\tilde{u}_2$, $\tilde{u}_3$ sind in Abb.3.4 dargestellt.

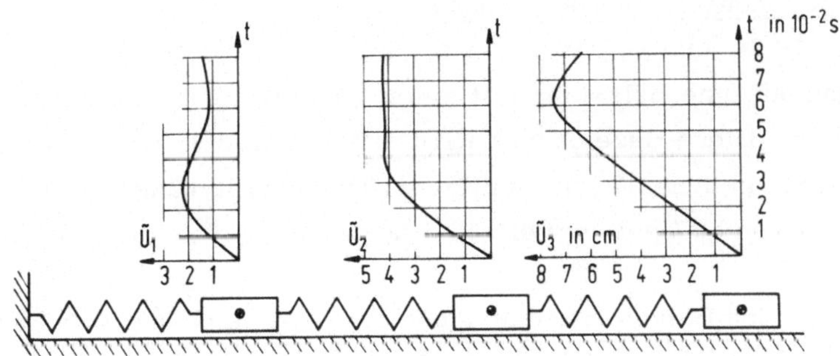

Abb.3.4. Zeitabhängige Verschiebungen des Dreimassenschwingers

4. Balkenschwinger

4.1 Die Grundgleichungen der Balkenkette

Ein Gebilde, das auf eine Belastung mit einer Verbiegung seiner Längsachse antwortet, nennen wir Balken. Diese Bezeichnung wird allerdings nicht einheitlich verwendet, denn in den Fällen, in denen Querschnittsverrückungen in Längs- und Querrichtung auftreten, wird dasselbe Gebilde vielfach Stab genannt.

Kennzeichnend für den Balken ist, daß neben der Verschiebung w in z-Richtung (Abb. 4.1) gleichzeitig eine Querschnittsdrehung ψ um die y-Achse möglich ist, d.h. es treten pro Schnittstelle stets Paare von Verrückungen auf. Da Verrückungen mit Schnittkräften gekoppelt sind - nur Temperaturbelastungen können Verrückungen ohne Schnittkräfte oder umgekehrt wecken - treten diese ebenfalls paarweise auf als Biegemoment M und Querkraft Q. Die positiven Verrückungen und Schnittkräfte sind an Schnittufern mit positiver Normale in Abb. 4.1 eingetragen. Die nicht gezeichneten Schnittkräfte am Schnittufer mit negativer Normalenrichtung müssen selbstverständlich in entgegengesetzter Richtung wirken.

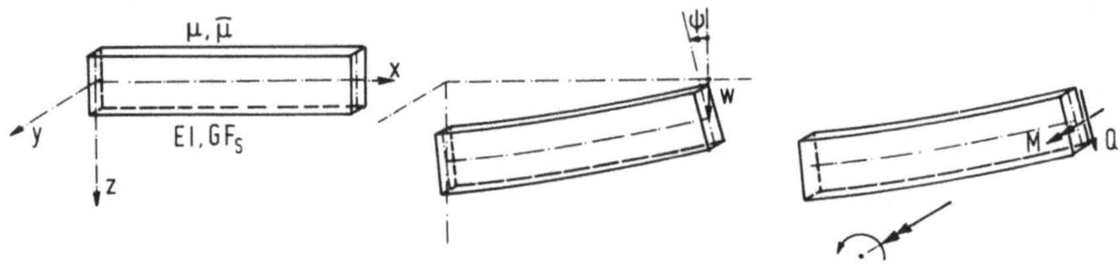

Abb. 4.1. Koordinatensystem, Verrückungen und Schnittkräfte des Balkens

Der Balken besitzt die Biegesteifigkeit EI (I ist das Flächenträgheitsmoment um die y-Achse, E der Elastizitätsmodul) und die Schubsteifigkeit GF_S (G ist der Schubmodul, F_S die Schubfläche des Balkenquerschnittes). Die kontinuierlich verteilte Masse ist μ, die Drehmasse $\hat{\mu}$.

Ein der Stabkette (Kap. 2) äquivalentes Ersatzgebilde erhält man aus diesem Balken, wenn man ihn auf die in der Abb. 4.2 dargestellte Balkenkette abbildet. Hier wechseln masselose "Balkenfedern" mit starren Trägheitsfeldern ab. Die Bezeichnung der Schnittstelle beginnt am linken, hier eingespannten Rand mit 0. Der linke Rand des Trägheitsfeldes wird mit k, sein rechter mit $\bar{\bar{k}}$ bezeichnet. Die elastischen Felder - dargestellt durch zwei Doppellinien - besitzen die Längen l_k, die starren Trägheitsfelder - dargestellt durch eine breite Linie - die Längen L_k.

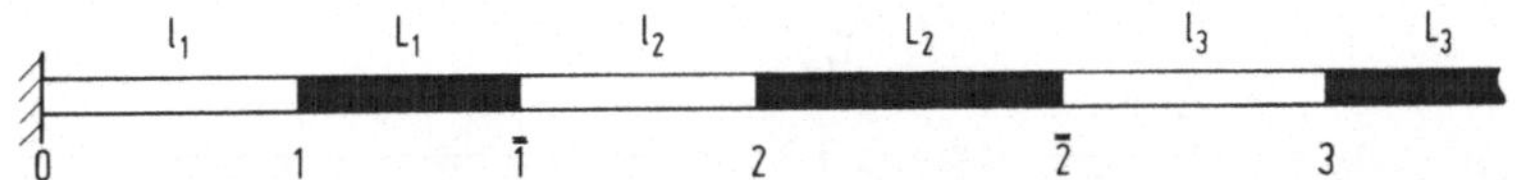

Abb.4.2. Balkenkette mit masselosen elastischen und starren Trägheitsfeldern

Diese recht eigenartige Form der Balkenkette erlaubt die vollständige Analogie zur Stabkette, weshalb wir sie hier kurz betrachten wollen (s. auch die Arbeit von H.-Th. Woernle [16], der wir hier weitgehend folgen).

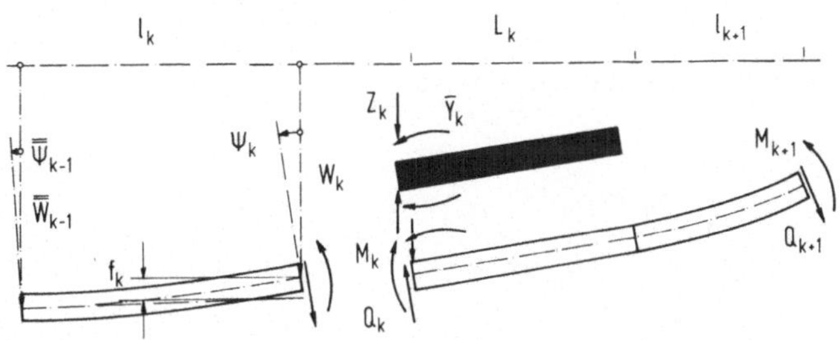

Abb.4.3. k-tes Balkenfeld mit Schnittgrößen

Wir führen ein (Abb.4.3):

Trägheitskoordinaten:

W_k ist die Absolutverschiebung des Schnittpunktes k,

Ψ_k ist die absolute Drehung des Schnittpunktes k.

Trägheitskräfte:

$\widehat{Y}_k$ ist die Drehträgheitskraft,

Z_k ist die Trägheitskraft im Schnittpunkt k.

Federkoordinaten:

f_k ist die relative Verschiebung der Ränder des Federfeldes zwischen Punkt k und k-1, gemessen gegen die Tangente an das starre Trägheitsfeld im Punkte k-1,

k_k ist die relative Verdrehung der Randquerschnitte des k-ten Federfeldes.

Federschnittkräfte:

M_k Biegemoment der Schnittstelle k,

Q_k Querkraft der Schnittstelle k.

Das elastische Balkenfeld und das starre Trägheitsfeld besitze zur Vereinfachung der Beziehungen konstante Querschnittsparameter, d.h. EI_k, GF_{Sk}, μ_k, $\hat{\mu}_k$ seien feldweise konstant.

Folgende Federnachgiebigkeiten sind zu berechnen:

$$\left.\begin{aligned} h_k &= \int_{-l_k/2}^{l_k/2} \frac{x^2}{EI_k}\,dx + \int_{-l_k/2}^{l_k/2} \frac{dx}{GF_{Sk}} = \frac{l_k^3}{12EI_k} + \frac{l_k}{GF_{Sk}}\,, \\ \hat{h}_k &= \int_{-l_k/2}^{l_k/2} \frac{dx}{EI_k} = \frac{l_k}{EI_k}\,. \end{aligned}\right\} \quad (4.1)$$

Für das Trägheitsfeld findet man die Masse

$$m_k = \int_{-L_k/2}^{L_k/2} \mu_k\,dx = \mu_k L_k\,,$$

und die Drehmasse bezogen auf die Schnittstelle k:

$$\hat{m}_k = \int_{-L_k/2}^{L_k/2} \mu_k x^2\,dx + \int_{-L_k/2}^{L_k/2} \hat{\mu}_k\,dx = \mu_k \frac{L_k^3}{12} + \hat{\mu}_k L_k\,. \quad (4.2)$$

Mit diesen Feldgrößen können wir nun die Grundgleichungen der Balkenkette anschreiben (es werden wieder nur die Amplituden der Größen angegeben). Die z-Komponente von $Q = Q\cos\Psi$ ist unter der Voraussetzung, daß Ψ klein ist, ungefähr gleich Q:

Statik:

$$\left.\begin{aligned} Z_k &= Q_k - Q_{k+1}\,, \\ \hat{Y}_k &= M_k - M_{k+1} + \left(L_k + l_{k+1}\right)Q_{k+1}\,. \end{aligned}\right\} \quad (4.3a)$$

Kinematik:

$$\left.\begin{aligned} f_k &= W_k - W_{k-1} + \left(L_{k-1} + l_k\right)\Psi_{k-1}\,, \\ k_k &= \Psi_k - \Psi_{k-1}\,. \end{aligned}\right\} \quad (4.3b)$$

Elastizitätsgesetz:

$$\left.\begin{aligned} f_k &= -\widehat{h}_k\left(l_k/2\right)M_k + \left(\widehat{h}_k\left(l_k^2/4\right) + h_k\right)Q_k\,, \\ k_k &= \widehat{h}_k\left(M_k - \left(l_k/2\right)Q_k\right). \end{aligned}\right\} \quad (4.3c)$$

Trägheitsgesetz:

$$\left.\begin{aligned} Z_k &= \omega^2 m_k\left(W_k - \left(L_k/2\right)\Psi_k\right), \\ \widehat{Y}_k &= \omega^2\left[-m_k\left(L_k/2\right)W_k + \left(m_k\left(L_k^2/4\right) + \widehat{m}_k\right)\Psi_k\right]. \end{aligned}\right\} \quad (4.3d)$$

Die Analogie zwischen diesen vier Paaren von Grundgleichungen der Balkenkette und denen der Stabkette (Kap.2, (2.1)) wird noch deutlicher, wenn wir die Zweiervektoren

der Verrückungen $\mathbf{u} = \begin{bmatrix} W \\ \Psi \end{bmatrix}$,

der Kraftgrößen $\mathbf{n} = \begin{bmatrix} Q \\ M \end{bmatrix}$, manchmal auch $\begin{bmatrix} M \\ Q \end{bmatrix}$,

der Trägheitskräfte $\mathbf{z} = \begin{bmatrix} Z \\ \widehat{Y} \end{bmatrix}$, manchmal auch $\begin{bmatrix} \widehat{Y} \\ Z \end{bmatrix}$

der Verrückungsunterschiede $\mathbf{f} = \begin{bmatrix} f \\ k \end{bmatrix}$ (4.4)

und folgende Zweiermatrizen einführen:

Längenmatrix

$$\mathbf{L}_k = \begin{bmatrix} 1 & 0 \\ \left(L_k + l_{k+1}\right) & 1 \end{bmatrix}, \quad \mathbf{L}_k^{-1} = \begin{bmatrix} 1 & 0 \\ -\left(L_k + l_{k+1}\right) & 1 \end{bmatrix}, \quad (4.5)$$

Nachgiebigkeitsmatrix des elastischen Balkenfeldes

$$\mathbf{H}_k = \begin{bmatrix} \left(h_k + \left(l_k^2/4\right)\widehat{h}_k\right) & -\left(l_k/2\right)\widehat{h}_k \\ -\left(l_k/2\right)\widehat{h}_k & \widehat{h}_k \end{bmatrix}, \quad (4.6)$$

Massenmatrix des starren Balkenfeldes

$$\mathbf{M}_k = \begin{bmatrix} m_k & -\left(L_k/2\right)m_k \\ -\left(L_k/2\right)m_k & \left(\widehat{m}_k + \left(L_k^2/4\right)m_k\right) \end{bmatrix}. \quad (4.7)$$

(4.3a-d) verwandelt sich in die Vektorgleichungen

$$\left.\begin{aligned}
\mathbf{z}_k &= \mathbf{n}_k - \mathbf{L}_k^{-1}\,\mathbf{n}_{k+1}\,,\\
\mathbf{f}_k &= \mathbf{u}_k - \mathbf{L}_{k-1}^{-1T}\,\mathbf{u}_{k-1}\,,\\
\mathbf{f}_k &= \mathbf{H}_k\,\mathbf{n}_k\,,\\
\mathbf{z}_k &= \omega^2\,\mathbf{M}_k\,\mathbf{u}_k\,.
\end{aligned}\right\}\qquad (4.8)$$

Jetzt tritt die Analogie klar hervor. Was in (2.1) als skalare Größen auftrat, erscheint hier als Zweiervektoren und Zweiermatrizen.

Die Schritte zur Reduzierung der Gleichungen sind dieselben wie die bei der Stabkette bereits gezeigten. Wir wollen sie deshalb nicht alle gehen, sondern hier nur das System der **n**-**u**-Gleichungen angeben. Es lautet

$$\left.\begin{array}{cccccccl}
\mathbf{n}_1 & \mathbf{u}_1 & \mathbf{n}_2 & \mathbf{u}_2 & \mathbf{n}_3 & \cdots & & \\
\hline
\mathbf{H}_1 & -\mathbf{E} & & & & & = 0\,, \\
\mathbf{E} & -\omega^2\mathbf{M}_1 & -\mathbf{L}_1^{-1} & & & & = 0\,, \\
 & \mathbf{L}_1^{-1T} & \mathbf{H}_2 & -\mathbf{E} & & & = 0\,, \\
 & & \mathbf{E} & -\omega^2\mathbf{M}_2 & -\mathbf{L}_2^{-1} & & = 0\,, \\
 & & & & \ddots & & \vdots
\end{array}\right\}\qquad (4.9)$$

Multipliziert man alle **u**-Zeilen mit $\mathbf{L}_k$ und addiert sie nach einer weiteren Multiplikation mit $\mathbf{H}_{k+1}$ zur folgenden **n**-Zeile, so entsteht, wenn man eine Zeile

$$\mathbf{L}_0\,\mathbf{n}_0 \equiv \mathbf{n}_1$$

hinzufügt (s. auch (2.35)):

$$\left.\begin{array}{c|cc|ccl}
\mathbf{n}_0 & \mathbf{n}_1 & \mathbf{u}_1 & \mathbf{n}_2 & \mathbf{u}_2 & \cdots \\
\hline
\mathbf{L}_0 & -\mathbf{E} & & & & = 0\,, \\
\mathbf{H}_1\mathbf{L}_0 & & -\mathbf{E} & & & = 0\,, \\
\hline
 & \mathbf{L}_1 & -\omega^2\mathbf{L}_1\mathbf{M}_1 & -\mathbf{E} & & = 0\,, \\
 & \mathbf{H}_2\mathbf{L}_1 & \left[\mathbf{L}_1^{-1T} - \omega^2\mathbf{H}_2\mathbf{L}_1\mathbf{M}_1\right] & & -\mathbf{E} & = 0\,, \\
\hline
 & & & \mathbf{L}_2 & -\omega^2\mathbf{L}_2\mathbf{M}_2\,\cdots & = 0\,, \\
 & & & & \cdots & .
\end{array}\right\}\qquad (4.10)$$

Für das k-te Gleichungspaar erhält man die Übertragungsmatrizenbeziehung

$$\begin{bmatrix} \mathbf{n} \\ \mathbf{u} \end{bmatrix}_{k+1} = \begin{bmatrix} \mathbf{L}_k & -\omega^2 \mathbf{L}_k \mathbf{M}_k \\ \mathbf{H}_{k+1} \mathbf{L}_k & \left[\mathbf{L}_k^{-1T} - \omega^2 \mathbf{H}_{k+1} \mathbf{L}_k \mathbf{M}_k\right] \end{bmatrix} \begin{bmatrix} \mathbf{n} \\ \mathbf{u} \end{bmatrix}_k , \qquad (4.11)$$

die man mit dem Vektor der Zustandsgrößen $\mathbf{w}$ und der Koeffizientenmatrix $\mathbf{T}$ kürzer

$$\mathbf{w}_{k+1} = \mathbf{T}_{k+1} \mathbf{w}_k \qquad (4.11')$$

schreiben kann.

In der Übertragungsmatrix erkennt man bereits das Produkt aus der Matrix des Trägheits- und des elastischen Feldes. Für (4.11) kann man daher schreiben

$$\begin{bmatrix} \mathbf{n} \\ \mathbf{u} \end{bmatrix}_{k+1} = \begin{bmatrix} \begin{bmatrix} 1 & 0 \\ l_{k+1} & 1 \end{bmatrix} \begin{bmatrix} 0 & 0 \\ 0 & 0 \end{bmatrix} \\ \mathbf{H}_{k+1} \begin{bmatrix} 1 & 0 \\ l_{k+1} & 1 \end{bmatrix} \begin{bmatrix} 1 & -l_{k+1} \\ 0 & 1 \end{bmatrix} \end{bmatrix} \begin{bmatrix} \begin{bmatrix} 1 & 0 \\ L_k & 1 \end{bmatrix} - \omega^2 \begin{bmatrix} 1 & 0 \\ L_k & 1 \end{bmatrix} \mathbf{M}_k \\ \begin{bmatrix} 0 & 0 \\ 0 & 0 \end{bmatrix} \begin{bmatrix} 1 & -L_k \\ 0 & 1 \end{bmatrix} \end{bmatrix} \begin{bmatrix} \mathbf{n} \\ \mathbf{u} \end{bmatrix}_k . \qquad (4.11'')$$

4.2 Der kontinuierlich mit Masse und Nachgiebigkeit belegte Balken

Für den kontinuierlich mit Biegenachgiebigkeit $1/EI$ und Masse μ belegten Balken findet man, wenn man zunächst auf die Mitnahme der Schubnachgiebigkeit $1/GF_S$

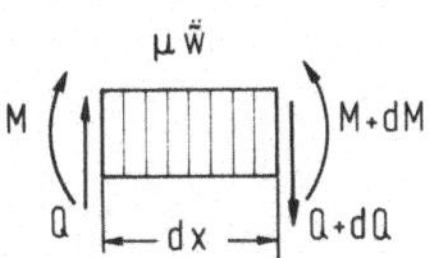

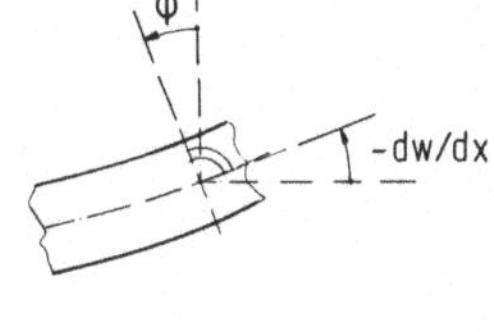

Abb. 4.4. Kräfte am Balkenelement, Geometriebeziehung

und der Drehmasse $\hat{\mu}$ verzichtet, aus den Gleichgewichtsbeziehungen am Balkenelement (Abb. 4.4):

$$M' = l Q, \quad Q' = -\omega^2 \mu l w . \qquad (4.12)$$

Hinzu kommen die beiden Geometriebeziehungen

$$w' = -l \Psi , \quad u = z \Psi . \qquad (4.13)$$

Die erste Beziehung besagt, daß die Querschnitte bei der Verformung senkrecht auf der Biegelinie stehen (Normalenhypothese); die zweite folgt aus der Annahme eben bleibender Querschnitte (Euler-Bernoullische Hypothese).

Das Elastizitätsgesetz, das die Längsspannungen σ mit den Dehnungen ε gemäß

$$\sigma = E\,\varepsilon = (E/l)u' \tag{4.13'}$$

verknüpft (Hookesches Gesetz), liefert, in die Schnittkraftdefinition für das Biegemoment

$$M = \int_F \sigma\, z\, dF \tag{4.13''}$$

(z ist die Koordinate, F die Querschnittsfläche und dF das Flächendifferential) eingesetzt,

$$M = \Psi' EI/l\ . \tag{4.14}$$

Aus (4.12) bis (4.14) ergibt sich, wenn man noch anstelle der physikalischen Größen "bezogene" der gleichen Dimension nach

$$\overline{w} = -w, \quad \overline{\Psi} = l\,\Psi, \quad \overline{M} = M l^2/(EI), \quad \overline{Q} = Q l^3/(EI) \tag{4.15}$$

einführt, folgendes System von Differentialgleichungen 1. Ordnung:

$$\begin{bmatrix} \overline{w} \\ \overline{\Psi} \\ \overline{M} \\ \overline{Q} \end{bmatrix}' = \begin{bmatrix} 0 & 1 & 0 & 0 \\ 0 & 0 & 1 & 0 \\ 0 & 0 & 0 & 1 \\ \lambda^4 & 0 & 0 & 0 \end{bmatrix} \begin{bmatrix} \overline{w} \\ \overline{\Psi} \\ \overline{M} \\ \overline{Q} \end{bmatrix} . \tag{4.16}$$

Es bedeutet

$$\lambda^4 = \omega^2 \mu l^4/(EI)\ .$$

Aus dem Exponentialansatz

$$\overline{w} = A\, e^{\alpha x/l}$$

folgt die charakteristische Gleichung

$$\alpha^4 - \lambda^4 = 0\ , \tag{4.17}$$

aus der die Eigenwerte

$$\alpha_{1,2} = \pm\lambda, \quad \alpha_{3,4} = \pm i\lambda \tag{4.17'}$$

hervorgehen. Damit findet man die Lösung

$$\overline{w}(x) = C_1 \cosh(\lambda x/l) + C_2 \sinh(\lambda x/l) + C_3 \cos(\lambda x/l) + C_4 \sin(\lambda x/l) \,. \tag{4.18}$$

Die vier mathematischen Konstanten C_1 bis C_4 ersetzen wir (s. auch (2.51) und folgende des Stabes) durch die physikalischen Schnittgrößen des Randes $x = 0$:

$$\overline{w}(0) = \overline{W}_0, \quad \overline{\Psi}(0) = \overline{\Psi}_0, \quad \overline{M}(0) = \overline{M}_0, \quad \overline{Q}(0) = \overline{Q}_0 \,.$$

Nach kurzer Zwischenrechnung ergibt sich

$$\begin{aligned} \overline{w}(x) = {} & \frac{\overline{W}_0}{2}\left(\cosh\frac{\lambda x}{l} + \cos\frac{\lambda x}{l}\right) + \frac{\overline{\Psi}_0}{2\lambda}\left(\sinh\frac{\lambda x}{l} + \sin\frac{\lambda x}{l}\right) \\ & + \frac{\overline{M}_0}{2\lambda^2}\left(\cosh\frac{\lambda x}{l} - \cos\frac{\lambda x}{l}\right) + \frac{\overline{Q}_0}{2\lambda^3}\left(\sinh\frac{\lambda x}{l} - \sin\frac{\lambda x}{l}\right) . \end{aligned} \tag{4.18'}$$

Ganz ähnliche Beziehungen erhält man für $\overline{\Psi}(x)$, $\overline{M}(x)$ und $\overline{Q}(x)$.

Setzt man $x = l$ und führt folgende Abkürzungen

$$\left.\begin{aligned} C &= (\cosh\lambda + \cos\lambda)/2, & S &= (\sinh\lambda + \sin\lambda)/(2\lambda)\,, \\ c &= (\cosh\lambda - \cos\lambda)/(2\lambda^2), & s &= (\sinh\lambda - \sin\lambda)/(2\lambda^3) \end{aligned}\right\} \tag{4.19}$$

ein, die bereits Rayleigh vorgeschlagen hat und nach ihm Rayleigh-Funktionen benannt sind, so erhält man die Übertragungsbeziehung des schwingenden Balkens

$$\begin{bmatrix} \overline{W} \\ \overline{\Psi} \\ \overline{M} \\ \overline{Q} \end{bmatrix}_l = \begin{bmatrix} C & S & c & s \\ \lambda^4 s & C & S & c \\ \lambda^4 c & \lambda^4 s & C & S \\ \lambda^4 s & \lambda^4 c & \lambda^4 s & C \end{bmatrix} \begin{bmatrix} \overline{W} \\ \overline{\Psi} \\ \overline{M} \\ \overline{Q} \end{bmatrix}_0 \tag{4.20}$$

(s. auch [4], wo diese Übertragungsbeziehung vollständig angegeben ist).

Schubverformung und Drehträgheit

Die Übertragungsbeziehung des Balkens (4.20) muß bei Mitnahme der Schubnachgiebigkeit $1/(GF_s)$ und der Drehmasse $\widehat{\mu}$ modifiziert werden [25]. Die Gleichgewichtsbeziehungen (4.12) werden durch Hinzunahme der Drehträgheit erweitert:

$$M' = l Q + \omega^2 \hat{\mu} l \Psi , \qquad Q' = -\omega^2 \mu l w . \tag{4.21}$$

Die erste der Geometriebeziehungen (4.13) lautet nun

$$-w' = l(\Psi - \gamma) , \tag{4.22}$$

da jetzt die Querschnittsdrehung Ψ und die Tangente an die Biegelinie w' nicht mehr senkrecht aufeinander stehen, sondern sich um die Gleitung γ unterscheiden.

Zu dem Elastizitätsgesetz für die Verkrümmung (4.14) tritt dasjenige für die Gleitung

$$\gamma = Q/\left(GF_S\right) \tag{4.23}$$

hinzu.

Damit verwandelt sich die Differentialgleichung (4.15) in

$$\begin{bmatrix} \overline{w} \\ \overline{\Psi} \\ \overline{M} \\ \overline{Q} \end{bmatrix} = \begin{bmatrix} 0 & 1 & 0 & -\delta \\ 0 & 0 & 1 & 0 \\ 0 & -\lambda^4\vartheta & 0 & 1 \\ \lambda^4 & 0 & 0 & 0 \end{bmatrix} \begin{bmatrix} \overline{w} \\ \overline{\Psi} \\ \overline{M} \\ \overline{Q} \end{bmatrix} . \tag{4.24}$$

Darin ist

$$\delta = EI/\left(l^2 GF_S\right) ; \quad \vartheta = \left(i_\Theta/l\right)^2$$

(i_Θ ist der Trägheitsradius der Masse, d.h. $\hat{\mu} = i_\Theta^2 \mu$). Die Eigenwertdeterminante

$$\begin{vmatrix} -\alpha & 1 & 0 & -\delta \\ 0 & -\alpha & 1 & 0 \\ 0 & -\lambda^4\vartheta & -\alpha & 1 \\ \lambda^4 & 0 & 0 & -\alpha \end{vmatrix} = 0 \tag{4.25}$$

liefert die Eigenwerte

$$\left.\begin{aligned} \alpha_{1,2} &= \pm \lambda \sqrt{\sqrt{1 + \left(\lambda^4/4\right)(\delta - \vartheta)^2} - \left(\lambda^2/2\right)(\delta + \vartheta)} , \\ \alpha_{3,4} &= \pm i\lambda \sqrt{\sqrt{1 + \left(\lambda^4/4\right)(\delta - \vartheta)^2} + \left(\lambda^2/2\right)(\delta + \vartheta)} . \end{aligned}\right\} \tag{4.26}$$

Die Übertragungsbeziehung, die an die Stelle von (4.20) tritt, hat mit den Abkürzungen

$$\Lambda_0 = 1/\left(\alpha_1^2 + \alpha_2^2\right), \Lambda_1 = \left(\alpha_1^2 + \delta\lambda^4\right)/\left(\alpha_1^2 + \alpha_2^2\right), \Lambda_2 = \left(\alpha_2^2 - \delta\lambda^4\right)/\left(\alpha_1^2 + \alpha_2^2\right) \quad (4.27a)$$

und

$$\left.\begin{aligned}
C_I &= \Lambda_2 \cosh\alpha_1 + \Lambda_1 \cos\alpha_2, \quad C_{II} = \Lambda_1 \cosh\alpha_1 + \Lambda_2 \cos\alpha_2, \\
S_I &= \Lambda_0\left(\alpha_1 \sinh\alpha_1 + \alpha_2 \sin\alpha_2\right), \quad S_{II} = \left(\Lambda_1/\alpha_1\right)\sinh\alpha_1 + \left(\Lambda_2/\alpha_2\right)\sin\alpha_2, \\
S_{III} &= \left(\Lambda_2/\alpha_1\right)\sinh\alpha_1 + \left(\Lambda_1/\alpha_2\right)\sin\alpha_2, \quad c_I = \Lambda_0\left(\cosh\alpha_1 - \cos\alpha_2\right), \\
s_I &= \left(\alpha_1\Lambda_2 \sinh\alpha_1 - \alpha_2\Lambda_1 \sin\alpha_2\right)/\lambda^4, \\
s_{II} &= \Lambda_0\left(\left(1/\alpha_1\right)\sinh\alpha_1 - \left(1/\alpha_2\right)\sin\alpha_2\right), \\
s_{III} &= \left(\alpha_1\Lambda_1 \sinh\alpha_1 - \alpha_2\Lambda_2 \sin\alpha_2\right)/\lambda^4
\end{aligned}\right\} \quad (4.27b)$$

das folgende Aussehen:

$$\begin{bmatrix} \overline{W} \\ \overline{\Psi} \\ \overline{M} \\ \overline{Q} \end{bmatrix} = \begin{bmatrix} C_I & S_I & c_I & s_I \\ \lambda^4 s_{II} & C_{II} & S_{II} & c_I \\ \lambda^4 c_I & \lambda^4 s_{III} & C_{II} & S_I \\ \lambda^4 S_{III} & \lambda^4 c_I & \lambda^4 s_{II} & C_I \end{bmatrix} \begin{bmatrix} \overline{W} \\ \overline{\Psi} \\ \overline{M} \\ \overline{Q} \end{bmatrix}. \quad (4.28)$$

4.3 Sonderfälle

Aus den Übertragungsbeziehungen (4.20) und (4.28) lassen sich einige Sonderfälle herleiten. Wir wollen im folgenden jedoch diesen Weg nicht gehen, sondern stets von der Differentialbeziehung ausgehen.

Der masselose, biege- und schubnachgiebige Balken

Die Differentialbeziehung (4.24) vereinfacht sich in diesem Falle zu:

$$\begin{bmatrix} \overline{w} \\ \overline{\Psi} \\ \overline{M} \\ \overline{Q} \end{bmatrix}' = \begin{bmatrix} 0 & 1 & 0 & -\delta \\ 0 & 0 & 1 & 0 \\ 0 & 0 & 0 & 1 \\ 0 & 0 & 0 & 0 \end{bmatrix} \begin{bmatrix} \overline{w} \\ \overline{\Psi} \\ \overline{M} \\ \overline{Q} \end{bmatrix}. \quad (4.29)$$

Die Integration führt zu

$$\begin{bmatrix}\overline{W}\\ \overline{\Psi}\\ \overline{M}\\ \overline{Q}\end{bmatrix}_1 = \begin{bmatrix}1 & 1 & 1/2 & (1/6-\delta)\\ & 1 & 1 & 1/2\\ & & 1 & 1\\ & & & 1\end{bmatrix}_1 \begin{bmatrix}\overline{W}\\ \overline{\Psi}\\ \overline{M}\\ \overline{Q}\end{bmatrix}_0 . \tag{4.30}$$

Für den Fall, daß das Gesamtgebilde aus mehreren Teilfeldern mit unterschiedlicher Biegesteifigkeit und Balkenlängen aufgebaut ist, bezieht man die Schnittgrößen auf ein "fremdes" $\overline{E\,I}, \overline{l}$ (zweckmäßig wählt man einen Mittelwert aus den auftretenden Größen) und erhält mit $a = EI_i/\overline{E\,I}$ und $b = l_i/\overline{l}$

$$\begin{bmatrix}\overline{W}\\ \overline{\Psi}\\ \overline{M}\\ \overline{Q}\end{bmatrix}_1 = \begin{bmatrix}1 & b & b^2/2a & b^3(1/6-\delta)/a\\ & 1 & b/a & b^2/2a\\ & & 1 & b\\ & & & 1\end{bmatrix}_1 \begin{bmatrix}\overline{W}\\ \overline{\Psi}\\ \overline{M}\\ \overline{Q}\end{bmatrix}_0 . \tag{4.31}$$

Die elastische Stütze mit Punktmasse

Die Stützfeder besitze die Federkonstante c und die Drehfederkonstante $\hat{c}$. Gleichzeitig sei ein punktförmiger Körper mit der Masse m und der Drehmasse $\hat{m}$ vorhan-

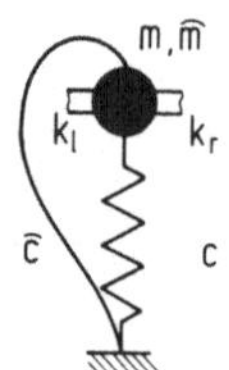

Abb.4.5. Elastische Stütze mit Punktmasse

den (Abb.4.5). Die Verschiebungsgrößen an den benachbarten Schnittstellen k_l und k_r sind gleich:

$$W_{k_r} = W_{k_l}, \quad \Psi_{k_r} = \Psi_{k_l} . \tag{4.32}$$

Die Kräftegleichungen lauten

$$\left.\begin{aligned} Q_{k_r} &= Q_{k_l} + c_k W_{k_l} - \omega^2 m_k W_{k_l} ,\\ M_{k_r} &= M_{k_l} + \hat{c}_k \Psi_{k_l} - \omega^2 \hat{m}_k \Psi_{k_l} . \end{aligned}\right\} \tag{4.33}$$

Mit den Abkürzungen

$$\Gamma_Q = \left[c_k - \omega^2 m_k\right]\bar{l}^3/(\bar{E}\bar{I}), \quad \Gamma_M = \left[\hat{c}_k - \omega^2 \hat{m}_k\right]\bar{l}/(\bar{E}\bar{I}) \tag{4.34}$$

kann man (4.32) und (4.33) in die Übertragungsmatrizenform

$$\begin{bmatrix} \bar{W} \\ \bar{\Psi} \\ \bar{M} \\ \bar{Q} \end{bmatrix}_{k_r} = \begin{bmatrix} 1 & 0 & 0 & 0 \\ 0 & 1 & 0 & 0 \\ 0 & +\Gamma_M & 1 & 0 \\ -\Gamma_Q & 0 & 0 & 1 \end{bmatrix} \begin{bmatrix} \bar{W} \\ \bar{\Psi} \\ \bar{M} \\ \bar{Q} \end{bmatrix}_{k_l} \tag{4.35}$$

bringen.

Die Biegemomenten- und Querkraftfeder

In einem Balkensystem werden vielfach aus Montage- oder Beanspruchungsgründen Gelenke eingebaut. Diese erzwingen im Balken entweder eine Verminderung des Biegemomentes (Momentengelenk) oder der Querkraft (Querkraftgelenk). Beide Gelenke sind im allgemeinen nicht vollkommen schlaff, sondern sie antworten auf eine Relativverdrehung mit einer Restbiegesteifigkeit und auf eine Relativverschiebung mit einer Restquerkraftfedersteifigkeit.

Abb. 4.6. Inneres Momenten- und Querkraftgelenk mit Momenten- und Querkraftfeder

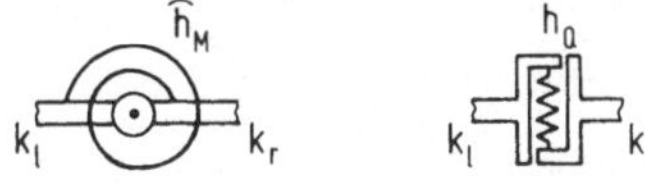

Wir können daher beide Gelenke mit Federsteifigkeiten ausrüsten (Abb. 4.6), und zwar wird das Momentengelenk von einer Momentenfeder mit der Drehfedernachgiebigkeit $\hat{h}_M$ und das Querkraftgelenk von einer Querkraftfeder mit der Nachgiebigkeit h_Q überspannt. Beim Übergang über ein solches Gelenk ändern sich die Gelenkkräfte nicht:

$$M_{k_r} = M_{k_l}, \quad Q_{k_r} = Q_{k_l}. \tag{4.36}$$

Verschiebung und Neigung ändern sich mit einem Sprung:

$$\bar{W}_{k_r} = \bar{W}_{k_l} + \bar{Q}_{k_l}\bar{h}_Q, \quad \bar{\Psi}_{k_r} = \bar{\Psi}_{k_l} + \bar{M}_{k_l}\bar{\hat{h}}_M. \tag{4.37}$$

Darin sind

$$\bar{h}_Q = h_Q \bar{E}\bar{I}/\bar{l}^3, \quad \bar{\hat{h}}_M = \hat{h}_M \bar{E}\bar{I}/\bar{l} \tag{4.38}$$

bezogene Nachgiebigkeiten. In Matrixform lautet (4.36) und (4.37)

$$\begin{bmatrix} \overline{W} \\ \overline{\Psi} \\ \overline{M} \\ \overline{Q} \end{bmatrix}_{k_r} = \begin{bmatrix} 1 & 0 & 0 & \overline{h}_Q \\ 0 & 1 & \overline{\overline{h}}_M & 0 \\ 0 & 0 & 1 & 0 \\ 0 & 0 & 0 & 1 \end{bmatrix} \begin{bmatrix} \overline{W} \\ \overline{\Psi} \\ \overline{M} \\ \overline{Q} \end{bmatrix}_{k_l} . \qquad (4.39)$$

4.4 Das Übertragungsverfahren

Das Gleichungssystem für ein vielgliedriges Gebilde ((2.35) beim Stab oder (4.10) beim Balken) kann man kürzer

$$\left.\begin{aligned} \mathbf{T}_1\mathbf{w}_0 - \mathbf{w}_1 &= 0 , \\ \mathbf{T}_2\mathbf{w}_1 - \mathbf{w}_2 &= 0 , \\ \mathbf{T}_3\mathbf{w}_2 - \mathbf{w}_3 &= 0 , \\ \ddots \qquad & \;\vdots \\ \mathbf{T}_n\mathbf{w}_{n-1} - \mathbf{w}_n &= 0 \end{aligned}\right\} \qquad (4.40)$$

schreiben. Seine spezielle Form suggeriert die Elimination aller Zwischengrößen. D.h. man drückt den Zustandsvektor einer beliebigen Schnittstelle k durch den Zustandsvektor $\mathbf{w}_0$ aus. Dieses Vorgehen nennt man das Übertragungsverfahren, um den engen Zusammenhang mit den Übertragungsmatrizen hervorzuheben.

Sukzessives Einsetzen liefert zunächst:

$$\mathbf{w}_k = \mathbf{T}_k\mathbf{T}_{k-1} \cdots \mathbf{T}_2\mathbf{T}_1\mathbf{w}_0 \qquad (4.41)$$

und schließlich

$$\mathbf{w}_n = \mathbf{T}_n\mathbf{T}_{n-1} \cdots \mathbf{T}_2\mathbf{T}_1\mathbf{w}_0 = \mathbf{P}\,\mathbf{w}_0 , \qquad (4.42)$$

worin **P** das Produkt der einzelnen Übertragungsmatrizen repräsentiert.

Jeder Zustandsvektor besitzt bei einem Problem der Ordnung 2r (wobei 2r die Ordnung der zugehörigen Differentialgleichung angibt) insgesamt 2r Komponenten, d.h., beim Stab hat der Zustandsvektor zwei, beim Balken vier Komponenten.

An den Rändern des Gebildes sind durch die Randbedingungen stets r (die Hälfte) der Schnittgrößen festgelegt. Sie sind entweder Null oder besitzen eine fest vorgegebene Größe. Die verbleibenden unbekannten Randgrößen des linken Randes (Index 0) findet man aus den Randbedingungen des rechten Balkenrandes, die dort r Größen vorschreiben.

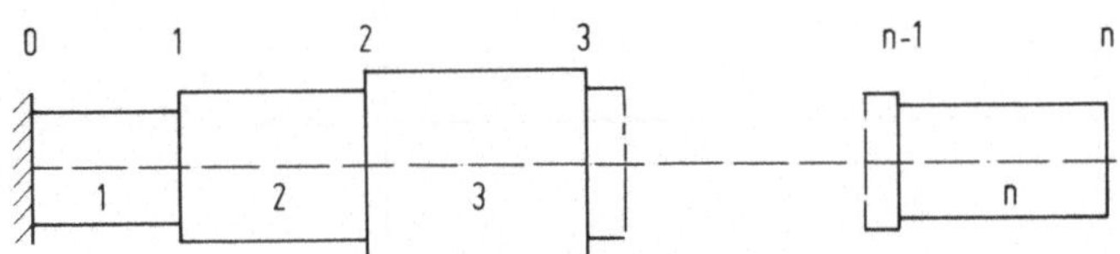

Abb.4.7. Am linken Rande eingespannter, rechts freier Balken

Beim links eingespannten und rechts freien Balken ist $\overline{W}_0 = \overline{\Psi}_0 = 0$; unbekannt sind $\overline{M}_0$ und $\overline{Q}_0$. Am freien Rande ist $\overline{M}_n = \overline{Q}_n = 0$. Daraus ergibt sich für die unbekannten Größen

$$\begin{bmatrix} p_{33} & p_{34} \\ p_{43} & p_{44} \end{bmatrix} \begin{bmatrix} \overline{M}_0 \\ \overline{Q}_0 \end{bmatrix} = \begin{bmatrix} 0 \\ 0 \end{bmatrix} = \begin{bmatrix} \overline{M}_n \\ \overline{Q}_n \end{bmatrix} \tag{4.43}$$

(p_{ik} steht hier als Element der Produktmatrix **P**). Bei der Berechnung der p_{ik} hat es sich als zweckmäßig erwiesen, nicht die vollständige Matrix **P** zu bilden, sondern nur den für die speziellen Randbedingungen notwendigen Anteil auszurechnen. Das geht am einfachsten, wenn man den verbleibenden Randvektor des linken Randes - z.B. $\overline{M}_0$ und $\overline{Q}_0$ - in der Form

$$\mathbf{w}_0 = \overline{M}_0 \begin{bmatrix} 0 \\ 0 \\ 1 \\ 0 \end{bmatrix} + \overline{Q}_0 \begin{bmatrix} 0 \\ 0 \\ 0 \\ 1 \end{bmatrix}, \tag{4.44}$$

allgemein

$$\mathbf{w}_0 = w_{i0}\,\mathbf{e}_i + w_{k0}\,\mathbf{e}_k \tag{4.44'}$$

einführt ($\mathbf{e}_{i(k)}$ ist der Einheitsvektor, der als i-te (k-te) Komponente eine Eins, sonst lauter Nullen enthält, w_{i0}, w_{k0} sind die Amplituden der Randgrößen) und jede Einserspalte getrennt durchmultipliziert. Folgendes Multiplikationsschema hat sich dafür als besonders geeignet erwiesen:

	w_{i0}	w_{k0}	
	e_i	e_k	
T_1	x x x x	x x x x	$\Rightarrow W_1$ $\Rightarrow \Psi_1$ $\Rightarrow M_1$ $\Rightarrow Q_1$
$\vdots$	$\vdots$	$\vdots$	$\vdots$
T_n	p_{1i} p_{2i} p_{3i} p_{4i}	p_{1k} p_{2k} p_{3k} p_{4k}	$\Rightarrow W_n$ $\Rightarrow \Psi_n$ $\Rightarrow M_n$ $\Rightarrow Q_n$

Aus den bekannten Randgrößen des rechten Balkenrandes - beim Balken ist es die r-te (wenn r als Index benutzt wird, so ist stets die r-te Zeile der Produktmatrix gemeint) und s-te - findet man die Bedingungsgleichung:

$$\begin{bmatrix} p_{ri} & p_{rk} \\ p_{si} & p_{sk} \end{bmatrix} \begin{bmatrix} w_{i0} \\ w_{k0} \end{bmatrix} = \begin{bmatrix} 0 \\ 0 \end{bmatrix} = \begin{bmatrix} w_{rn} \\ w_{sn} \end{bmatrix} . \tag{4.45}$$

Die Eigenfrequenzen folgen aus dem Verschwinden der Determinante:

$$\det \begin{bmatrix} p_{ri} & p_{rk} \\ p_{si} & p_{sk} \end{bmatrix} = 0 . \tag{4.46}$$

In der Eigenfrequenz ist das Verhältnis der Amplituden festgelegt:

$$w_{i0}/w_{k0} = -p_{rk}/p_{ri} = -p_{sk}/p_{si} . \tag{4.47}$$

Dieses Verhältnis setzt man zur Bestimmung der Eigenschwingungsform in den Randvektor am Rande $x = 0$ ein und erhält nach jedem Multiplikationsschritt die Zustandsgrößen der Schnittstellen in Abhängigkeit von einer Randgröße.

Ein Zahlenbeispiel

Gegeben ist der beidseitig gelenkig gelagerte Balken. Gesucht sind die Eigenwertbedingung, die Eigenfrequenzen und die Eigenschwingungsformen.

Für den gelenkig gelagerten Balken sind am linken Rand die Verschiebungen $\overline{W}_0$ und das Biegemoment $\overline{M}_0$ Null. Die unbekannten Größen $\overline{\Psi}_0$ und $\overline{Q}_0$ werden mit den Spalten 2 und 4 der Übertragungsmatrix (4.20) multipliziert und ergeben die Zustandsgrößen am rechten Balkenrand. Dort sind $\overline{W}_1$ und $\overline{M}_1$ Null. Das liefert die Eigenwertgleichung

$$t_{12}\overline{\Psi}_0 + t_{14}\overline{Q}_0 = 0\,, \quad t_{32}\overline{\Psi}_0 + t_{34}\overline{Q}_0 = 0\,. \tag{4.48}$$

(t_{ik} steht allgemein für das Element der Übertragungsmatrix). Nullsetzen der Determinante

$$\det\begin{bmatrix} t_{12} & t_{14} \\ t_{32} & t_{34} \end{bmatrix} \tag{4.49}$$

führt zur Eigenwertbedingung. Die Nullstellen liefern die Eigenfrequenzen des Gebildes.

Einsetzen der Ausdrücke für die t_{ik} ergibt:

$$\begin{vmatrix} S & s \\ \lambda^4 s & S \end{vmatrix} = 0 \tag{4.49'}$$

oder ausmultipliziert

$$\begin{aligned} &\left(\sinh^2\lambda + 2\sinh\lambda\sin\lambda + \sin^2\lambda\right)/\left(4\lambda^2\right) \\ &- \left(\sinh^2\lambda - 2\sinh\lambda\sin\lambda + \sin^2\lambda\right)/\left(4\lambda^2\right) = 0\,, \end{aligned} \tag{4.49''}$$

d.h.

$$\sinh\lambda\,\sin\lambda/\lambda^2 = 0\,. \tag{4.50}$$

Da $\sinh\lambda$ nur für den trivialen Fall $\lambda = 0$ einen Nulldurchgang besitzt, bleibt als Eigenwertbedingung

$$\sin\lambda = 0 \tag{4.50'}$$

stehen. Die Eigenwerte sind

$$\lambda_c = n\pi \tag{4.51}$$

(der Index c soll die "kritische" Frequenz angeben).

Die Eigenschwingungsform findet man durch Einsetzen des Eigenwertes in (4.18'):

$$\begin{aligned}\overline{w}(x) &= \overline{\Psi}_0 \left(\sinh \frac{\lambda_c x}{l} + \sin \frac{\lambda_c x}{l}\right)\Big/\left(2\lambda_c\right) \\ &+ \overline{Q}_0 \left(\sinh \frac{\lambda_c x}{l} - \sin \frac{\lambda_c x}{l}\right)\Big/\left(2\lambda_c^3\right).\end{aligned} \tag{4.52}$$

Das Verhältnis $\overline{\Psi}_0/\overline{Q}_0$ ist in der Eigenfrequenz durch die Eigenform festgelegt:

$$\overline{\Psi}_0/\overline{Q}_0 = -s_c/S_c = -S_c/\left(\lambda_c^4 s\right) = -1/\lambda_c^2 . \tag{4.53}$$

Damit wird aus (4.52)

$$\overline{w}(x) = -\left(\overline{Q}_0 \sin \frac{\lambda_c x}{l}\right)\Big/\lambda_c^3 , \tag{4.54}$$

d.h. die Schwingungsform ist eine Sinuslinie.

In Tabelle 4.1 sind für einige Randbedingungskombinationen des Balkens die Eigenwertbedingungen und die ersten Eigenwerte zusammengestellt.

Tabelle 4.1 Eigenwertbedingungen und Eigenwerte des schwingenden Balkens

Symbol	Eigenwert-gleichung	1.Eigenwert	2.Eigenwert	Eigenwert bei größeren n
	$\cos\lambda = 0$	$\pi/2$	$3\pi/2$	$(n - 1/2)\pi$
	$1+\cos\lambda \cosh\lambda = 0$	1,875	4,694	$(n - 1/2)\pi$
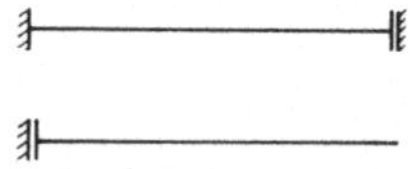	$\tanh\lambda + \tan\lambda = 0$	2,365	5,498	$(n - 1/4)\pi$
	$\sin\lambda = 0$	π	2π	$n\pi$
	$\tanh\lambda - \tan\lambda = 0$	3,926	7,068	$(n + 1/4)\pi$
	$1-\cosh\lambda \cos\lambda = 0$	4,730	7,853	$(n + 1/2)\pi$

Besitzt die Lösung der Differentialgleichung einen inhomogenen Anteil - herrührend von einer äußeren Erregung oder einer statischen Belastung - so folgt aus dem Partikularintegral ein Lösungsvektor $\hat{\mathbf{w}}$. Die Übertragungsbeziehung - z.B. (4.11') - ist zu erweitern

$$\mathbf{w}_{k+1} = \mathbf{T}_{k+1}\,\mathbf{w}_k + \hat{\mathbf{w}}_{k+1}\,. \tag{4.55}$$

Darin bezeichnet $\hat{\mathbf{w}}_{k+1}$ den durch das Partikularintegral entstandenen Lösungsanteil.

Um nun den Multiplikationsschematismus von (4.44) beibehalten zu können, ergänzt man die Übertragungsmatrix durch eine fünfte Zeile $\{0\,0\,0\,0\,1\}$ und fügt $\hat{\mathbf{w}}_{k+1}$ als fünfte Spalte hinzu. Damit erhält (4.55) das Aussehen

$$\begin{bmatrix} \mathbf{w} \\ \\ 1 \end{bmatrix}_{k+1} = \begin{bmatrix} & & \mathbf{T} & & \hat{\mathbf{w}} \\ & & & & \\ 0 & 0 & 0 & 0 & 1 \end{bmatrix}_{k+1} \begin{bmatrix} \mathbf{w} \\ \\ 1 \end{bmatrix}_{k}\,. \tag{4.55'}$$

Hierfür schreibt man noch kürzer

$$\overline{\mathbf{w}}_{k+1} = \overline{\mathbf{T}}_{k+1}\,\overline{\mathbf{w}}_k\,. \tag{4.55''}$$

Die überstrichenen Vektoren und die überstrichene Matrix umfassen die erweiterten Größen von (4.55').

Anstelle des zuvor angegebenen Schemas muß jetzt ein um eine "Lastspalte" erweitertes benutzt werden. Die von Null verschiedenen Spalten der Produktmatrix sind in diesem Falle

$$\begin{bmatrix} p_{1i} & p_{1k} & \hat{p}_1 \\ p_{2i} & p_{2k} & \hat{p}_2 \\ p_{3i} & p_{3k} & \hat{p}_3 \\ p_{4i} & p_{4k} & \hat{p}_4 \\ 0 & 0 & 1 \end{bmatrix}. \tag{4.56}$$

Durch Herausgreifen der beiden Zeilen, die die bekannten Randgrößen am rechten Balkenrand zu Null machen, findet man das Gleichungssystem für die Unbekannten w_{i0} und w_{k0}:

$$\left.\begin{array}{ccccc} w_{i0} & w_{k0} & & & \\ \hline p_{ri} & p_{rk} & \hat{p}_r & = & 0\,, \\ p_{si} & p_{sk} & \hat{p}_s & = & 0\,. \end{array}\right\} \tag{4.57}$$

Daraus ergibt sich

$$\begin{aligned} w_{i0} &= \left(\hat{p}_s p_{rk} - \hat{p}_r p_{sk}\right)/\left(p_{ri} p_{sk} - p_{si} p_{rk}\right) , \\ w_{k0} &= \left(\hat{p}_r p_{si} - \hat{p}_s p_{ri}\right)/\left(p_{ri} p_{sk} - p_{si} p_{rk}\right) . \end{aligned} \tag{4.58}$$

Mit den nunmehr bekannten Randgrößen des linken Randes wird der Multiplikationsprozeß wiederholt, und man erhält an jedem Schnitt die Deformations- und Kraftgrößen.

Ein Zahlenbeispiel

Gegeben ist ein dreifeldriger Balken, der auf vier elastischen Stützen gelagert ist (Abb.4.8). Die Federsteifigkeiten der Stützen sind

$$c_1 = c_4 = 66,6 \cdot 10^3 \text{ daN/m}, \quad c_2 = c_3 = 91,6 \cdot 10^3 \text{ daN/m} .$$

Die Längen und Biegesteifigkeiten der drei Balkenfelder sind

$$l_1 = 2,90 \text{ m}, \quad l_2 = 2,50 \text{ m}, \quad l_3 = 3,10 \text{ m},$$

$$EI_1 = 25,20 \cdot 10^6 \text{ m}^2 \text{ daN}, \; EI_2 = 30,20 \cdot 10^6 \text{ m}^2 \text{ daN}, \; EI_3 = 25,20 \cdot 10^6 \text{ m}^2 \text{ daN}$$

(Die Schubverformung wird vernachlässigt). Die kontinuierlich verteilte statische Last im ersten Feld ist $q = 1,30 \cdot 10^3$ daN/m, und am Feldrand zwischen Feld 1 und 2 wirkt die Einzellast $P = 4,50 \cdot 10^3$ daN. Gesucht ist der Verlauf von $w(x)$, $\Psi(x)$, $M(x)$ und $Q(x)$.

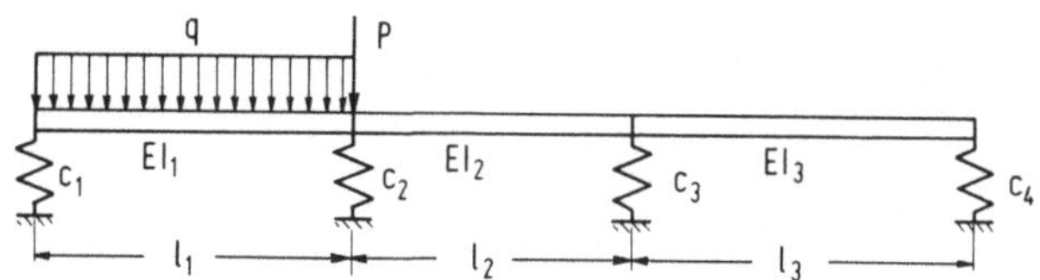

Abb.4.8. Durchlaufträger unter statischer Belastung

Den Lösungsanteil, der aus der kontinuierlich verteilten Belastung q folgt, bestimmen wir, indem wir von dem System der vier Differentialgleichungen 1. Ordnung ausgehen (Kap. 12):

$$\begin{bmatrix} \overline{w} \\ \overline{\Psi} \\ \overline{M} \\ \overline{Q} \end{bmatrix} = \begin{bmatrix} 0 & 1 & 0 & 0 \\ 0 & 0 & 1 & 0 \\ 0 & 0 & 0 & 1 \\ 0 & 0 & 0 & 0 \end{bmatrix} \begin{bmatrix} \overline{w} \\ \overline{\Psi} \\ \overline{M} \\ \overline{Q} \end{bmatrix} + \begin{bmatrix} 0 \\ 0 \\ 0 \\ -\overline{q} \end{bmatrix} . \tag{4.59}$$

Darin ist $\overline{q} = q l^4/(EI)$.

Die Lösung dieses Differentialgleichungssystems setzt sich aus dem homogenen und inhomogenen Anteil zusammen und lautet

$$\overline{w} = C_1 + C_2 \frac{x}{\overline{l}} + C_3 \frac{1}{2}\left(\frac{x}{\overline{l}}\right)^2 + C_4 \frac{1}{6}\left(\frac{x}{\overline{l}}\right)^3 - \frac{\overline{q}}{24}\left(\frac{x}{\overline{l}}\right)^4 . \qquad (4.60)$$

Drückt man wieder die mathematischen Konstanten durch die physikalischen aus und setzt für $x = l$, so erhält man die Übertragungsmatrizenbeziehung

$$\begin{bmatrix} \overline{W} \\ \overline{\Psi} \\ \overline{M} \\ \overline{Q} \\ 1 \end{bmatrix}_1 = \begin{bmatrix} 1 & 1 & 1/2 & 1/6 & -\overline{q}/24 \\ 0 & 1 & 1 & 1/2 & -\overline{q}/6 \\ 0 & 0 & 1 & 1 & -\overline{q}/2 \\ 0 & 0 & 0 & 1 & -\overline{q} \\ 0 & 0 & 0 & 0 & 1 \end{bmatrix} \begin{bmatrix} \overline{W} \\ \overline{\Psi} \\ \overline{M} \\ \overline{Q} \\ 1 \end{bmatrix}_0 . \qquad (4.61)$$

Für ein Gebilde aus mehreren Teilfeldern von unterschiedlicher Länge und Biegesteifigkeit muß man (4.61) wie (4.30) modifizieren. Mit $b_i = l_i/\overline{l}$ und $a_i = EI_i/(\overline{EI})$ erhält man

$$\begin{bmatrix} \overline{W} \\ \overline{\Psi} \\ \overline{M} \\ \overline{Q} \\ 1 \end{bmatrix}_1 = \begin{bmatrix} 1 & b_i & b_i^2/(2a_i) & b_i^3/(6a_i) & -\overline{q}_i/24 \\ 0 & 1 & b_i/a_i & b_i^2/(2a_i) & -\overline{q}_i/(6b_i) \\ 0 & 0 & 1 & b_i & -\overline{q}_i a_i/(2b_i^2) \\ 0 & 0 & 0 & 1 & -\overline{q}_i a_i/b_i^3 \\ 0 & 0 & 0 & 0 & 1 \end{bmatrix} \begin{bmatrix} \overline{W} \\ \overline{\Psi} \\ \overline{M} \\ \overline{Q} \\ 1 \end{bmatrix}_0 . \qquad (4.62)$$

Mit den Zahlenwerten des Beispiels wird, wenn man $\overline{l} = 2{,}50$ m und $\overline{EI} = 30{,}2 \cdot 10^6\ m^2$ daN wählt,

$$b_1 = 1{,}16,\ a_1 = 0{,}834\,437,\ b_3 = 1{,}24,\ a_3 = 0{,}834\,437,$$

$$\overline{q}_1 = q l_1^4/\left(EI_1\right) = 1{,}30 \cdot 2{,}9^4/25{,}20 \cdot 10^3 = 3{,}648\,671 \cdot 10^{-3}\ m.$$

$$\overline{P} = P\overline{l}^3/(\overline{EI}) = 4{,}50 \cdot 2{,}5^3/30{,}2 \cdot 10^3 = 2{,}328\,228 \cdot 10^{-3}\ m.$$

Das Multiplikationsschema ist nachfolgend dargestellt. Die Rechnung wurde mit 6 gültigen Stellen durchgeführt. Aus darstellungstechnischen Gründen sind jedoch nur 5 Stellen angegeben.

					$\overline{W}_0$	$\overline{\Psi}_0$	10^{-3}	
1					1			
	1					1		
		1						
-34,457			1		-34,457			
	STÜTZE 1			1			1	
1	1,16	0,8062	0,3117	-0,1520	-9,7427	1,16	-0,1520	
	1	1,3901	0,8062	-0,5242	-27,782	1,0	-0,5242	
		1	1,16	-1,1313	-39,971		-1,1313	
			1	-1,9505	-34,457		-1,9505	
	FELD 1			1			1	
1					-9,7427	1,16	-0,1520	
	1				-27,782	1,00	-0,5242	
		1			-39,971		-1,1313	
-47,392			1	-2,3282	427,27	-54,975	2,9262	
	STÜTZE 2			1			1	
1	1	1/2	1/6		13,70	-7,002	-0,7542	
	1	1	1/2		145,88	-26,487	-0,1924	
		1	1		387,30	-54,975	1,7948	
			1		427,27	-54,975	2,9262	
	FELD 2			1			1	
1					13,70	-7,002	-0,7542	
	1				145,88	-26,487	-0,1924	
		1			387,30	-54,975	1,7948	
-47,392			1		222,04	276,89	38,670	
	STÜTZE 3			1			1	
1	1,24	0,9213	0,3808		466,87	14,947	15,387	
	1	1,4860	0,9213		516,84	146,98	38,103	
		1	1,24		111,96	288,36	49,745	
			1		222,04	276,89	38,670	
	FELD 3			1			1	
1					466,87	14,947	15,387	
	1				516,84	146,92	38,103	
		1			111,96	288,36	49,745	= 0
-34,457			1		-16309,	-238,17	-491,54	= 0
	STÜTZE 4			1			1	

Die Randbedingungen am rechten Balkenrand lauten: M = Q = 0. Zur Bestimmung von $\overline{W}_0$ und $\overline{\Psi}_0$ dienen die Zeile 3 und 4 des letzten Multiplikationsschrittes. Wir erhalten

$$\begin{array}{cc|l} \overline{W}_0 & \overline{\Psi}_0 & \\ \hline 111,96 & 288,36 & = -\ 49,745\ , \\ 16309, & 238,17 & = -\ 491,54\ . \end{array} \tag{4.63}$$

Das liefert

$$\overline{W}_0 = -0,027776\,, \qquad \overline{\Psi}_0 = -0,161723\,.$$

Mit diesen Randgrößen wird die Rechnung wiederholt, und man erhält

$\overline{W}$	$\overline{\Psi}$	$\overline{M}$	$\overline{Q}$
-0,027 776	-0,161 723	0,0	0,957 124
-0,069 005	0,085 764	-0,021 046	-0,993 410
-0,069 005	0,085 764	-0,021 046	-0,051 297
-0,002 313	0,039 069	-0,072 343	-0,051 297
-0,002 313	0,039 069	-0,072 343	0,058 343
0,001 697	-0,014 681	0,000 001	0,058 343
0,001 697	-0,014 681	0,000 001	0,000 014

(4.64)

Der Verlauf der Funktionen $w(x)$, $\overline{\Psi}(x)$, $\overline{M}(x)$ und $\overline{Q}(x)$ ist in Abb. 4.9 dargestellt. Die Parabeln, die nicht mit Hilfe der Übertragungsmatrizen berechnet sind, lassen sich leicht aus der Anschauung finden.

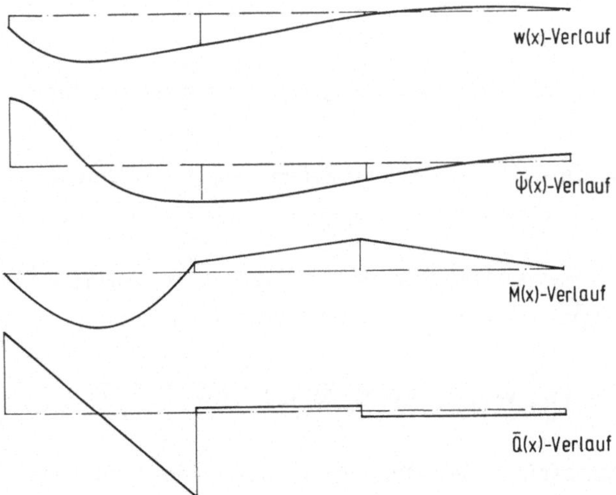

Abb. 4.9. Verschiebungs-, Neigungs-, Biegemomenten- und Querkraftverlauf

5. Übertragungsmatrizen zur Lösung von Balkenproblemen

5.1 Der Doppelbalken

Eine in der Praxis häufig zu lösende Schwingungsaufgabe ist die Berechnung der Eigenfrequenzen und Eigenschwingungsformen eines Turbo-Generator-Fundamentsystems. Es ist in der Regel symmetrisch zu der durch die Wellenachse gehenden vertikalen Ebene (Abb.5.1). Man kann daher die Schwingungen in dieser Ebene (symmetrische Schwingungen) von denen senkrecht dazu (antimetrische Schwingungen) getrennt betrachten.

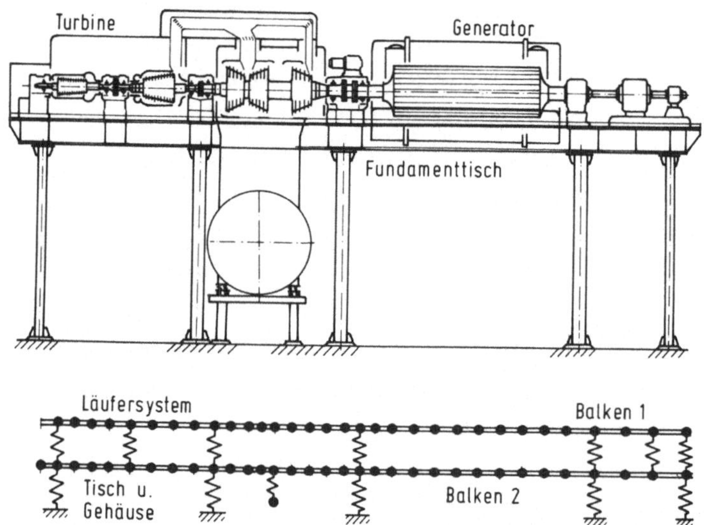

Abb.5.1. Turbinen-Generator-Fundament-System und das berechenbare Ersatzgebilde

Zur Berechnung der symmetrischen Schwingungen wird das Fundament gewöhnlich durch das in der Abb.5.1 dargestellte Doppelbalkengebilde ersetzt.

Es sind jetzt die beiden Balkenvektoren $\mathbf{w}_1$ und $\mathbf{w}_2$ gemeinsam zu übertragen, d.h. $\mathbf{w}^T$, als Zeilenvektor geschrieben, besitzt das Aussehen

$$\mathbf{w}^T = \left\{\mathbf{w}_1^T \, \mathbf{w}_2^T\right\} = \left\{(\overline{W} \; \overline{\Psi} \; \overline{M} \; \overline{Q})_1 \; (\overline{W} \; \overline{\Psi} \; \overline{M} \; \overline{Q})_2\right\} . \qquad (5.1)$$

Folgende Übertragungsmatrizen des Doppelbalkens werden benötigt:

Das unverbundene, masselose Balkenfeld

Mit den Abkürzungen

$$\begin{aligned} b &= l_k/\bar{l}, \quad a_1 = EI_{k1}/(\overline{EI}), \quad a_2 = EI_{k2}/(\overline{EI}), \\ \delta_1 &= EI_{k1}/\left(l_k^2\, GF_{S1}\right), \quad \delta_2 = EI_{k2}/\left(l_k^2\, GF_{S2}\right) \end{aligned} \tag{5.2}$$

lautet die Übertragungsmatrix [35] des unverbundenen masselosen Balkenfeldes

$$\mathbf{T} = \left[\begin{array}{cccc|cccc} 1 & b & \frac{b^2}{2a_1} & \frac{b^3}{a_1}\left(\frac{1}{6}-\delta_1\right) & & & & \\ & 1 & \frac{b}{a_1} & \frac{b^2}{2a_1} & & & & \\ & & 1 & b & & & & \\ & & & 1 & & & & \\ \hline & & & & 1 & b & \frac{b^2}{2a_2} & \frac{b^3}{a_2}\left(\frac{1}{6}-\delta_2\right) \\ & & & & & 1 & \frac{b}{a_2} & \frac{b^2}{2a_2} \\ & & & & & & 1 & b \\ & & & & & & & 1 \end{array}\right]. \tag{5.3}$$

Mit einer Feder verbundene und elastisch gelagerte Punktmassen

Den Übergang über Punktmassen (Massen m_1, m_2, Drehmassen $\hat{m}_1$, $\hat{m}_2$), die über eine Feder (Federsteifigkeit c_v) miteinander verbunden und gleichzeitig durch äußere

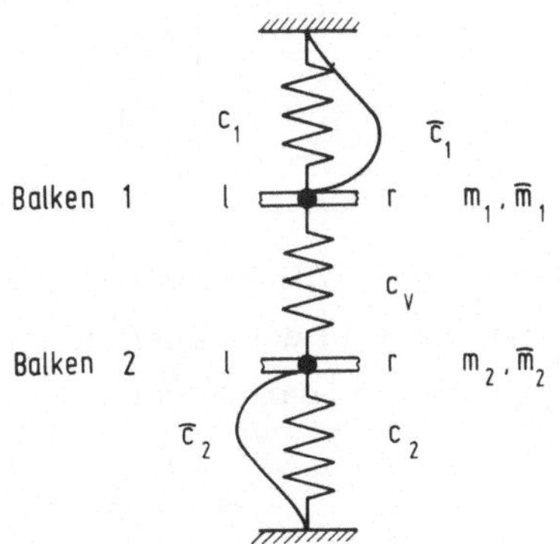

Abb.5.2. Über eine Feder verbundene Punktmassen

Federn (Federsteifigkeiten c_1, c_2, Drehfedersteifigkeiten $\hat{c}_1$, $\hat{c}_2$) gestützt sind (Abb.5.2), liefert mit den Abkürzungen

$$\left.\begin{aligned} \Gamma_{Q1} &= \left(c_1-\omega^2 m_1\right)\bar{l}^3/(\overline{EI})+k, \quad \Gamma_{Q2} = \left(c_2-\omega^2 m_2\right)\bar{l}^3/(\overline{EI})+k\,, \\ \Gamma_{M1} &= \left(\hat{c}_1-\omega^2 \hat{m}_2\right)\bar{l}\,/(\overline{EI}) \quad , \quad \Gamma_{M2} = \left(\hat{c}_2-\omega^2 \hat{m}_2\right)\bar{l}\,/(\overline{EI}) \quad , \\ k &= c_v\,\bar{l}^3/(\overline{EI}) \end{aligned}\right\} \tag{5.4}$$

die Übertragungsmatrix

$$\mathbf{T} = \left[\begin{array}{cccc|cccc} 1 & & & & & & & \\ & 1 & & & & & & \\ & \Gamma_{M1} & 1 & & & & & \\ -\Gamma_{Q1} & & & 1 & k & & & \\ \hline & & & & 1 & & & \\ & & & & & 1 & & \\ & & & & & \Gamma_{M2} & 1 & \\ k & & & & -\Gamma_{Q2} & & & 1 \end{array}\right]. \tag{5.5}$$

Von den acht Zustandsgrößen des linken Doppelbalkenrandes sind vier Null. Die vier Unbekannten folgen aus den vier am rechten Doppelbalkenrande verschwindenden Randgrößen. D.h. für die Bestimmung der Eigenfrequenzen ist eine Determinante der Ordnung $4 \cdot 4$ anzuschreiben, deren Spaltenkombination von den Randbedingungen des linken, deren Zeilenkombination von den Randbedingungen des rechten Doppelbalkenrandes bestimmt wird. So werden z.B. für den links freien Doppelbalken $\overline{M}_{10} = \overline{Q}_{10} = \overline{M}_{20} = \overline{Q}_{20} = 0$. Nur die 1., 2., 5. und 6. Spalte der Produktmatrix **P** werden benötigt. Die Randbedingungen des rechts eingespannten Doppelbalkens ($\overline{W}_{1n} = \overline{\Psi}_{1n} = \overline{W}_{2n} = \overline{\Psi}_{2n} = 0$) greifen die 1., 2., 5. und 6. Zeile heraus zu der Frequenzdeterminante

$$\begin{vmatrix} p_{11} & p_{12} & p_{15} & p_{16} \\ p_{21} & p_{22} & p_{25} & p_{26} \\ p_{51} & p_{52} & p_{55} & p_{56} \\ p_{61} & p_{62} & p_{65} & p_{66} \end{vmatrix}. \tag{5.6}$$

In [35] wird auch der Fall der dehnstarren Verbindungsfeder ($c_v \Rightarrow \infty$) behandelt. Da $W_1 = W_2$ ist, kann in dem Zustandsvektor nur ein einziges W aufgenommen werden. Das hat zur Folge, daß auch nur ein einziges $\overline{Q} = \overline{Q}_1 + \overline{Q}_2$ auftreten darf, also

$$\mathbf{w}^T = \left\{\overline{W}\ \overline{\Psi}_1\ \overline{M}_1\ \overline{\Psi}_2\ \overline{M}_2\ \overline{Q}\right\} \tag{5.7}$$

ist. Die zugehörige Übertragungsmatrix besitzt recht kompliziert aufgebaute Elemente, weshalb wir sie hier nicht angeben.

5.2 Druckmaschinenwalzensystem

Die Berechnung der Pressung zwischen den Walzen einer Druckmaschine ist eine der zentralen Aufgaben, die bei der Konstruktion von Druckmaschinen zu lösen ist. Ein solches Walzensystem besteht im wesentlichen aus einem Formzylinder und einem Presseur (Abb.5.3). Der Presseur hat die Aufgabe, sich über einen elastischen Gummimantel (mit der Bettungsziffer c [Kraft/Länge^2]) möglichst gleichmäßig an den Formzylinder anzupressen.

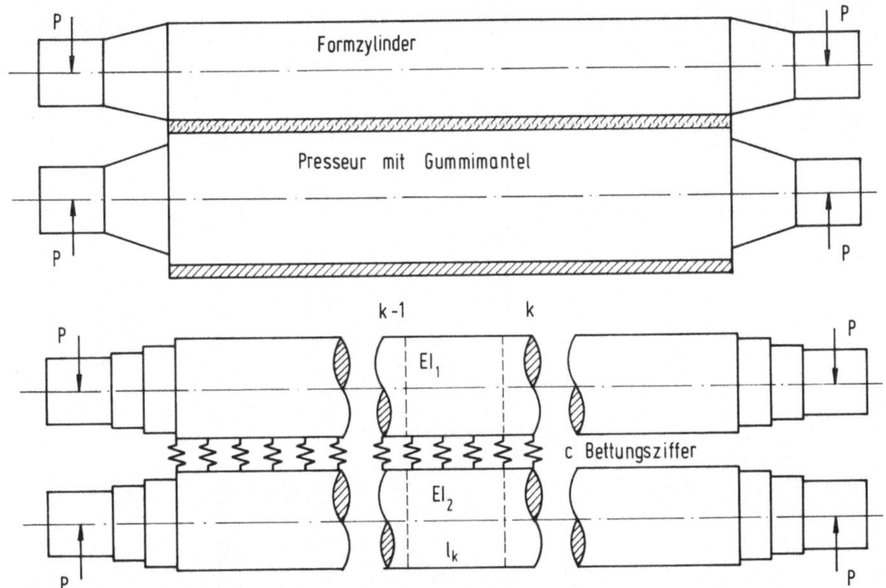

Abb.5.3. Druckmaschinenwalzensystem und Ersatzgebilde

Das Problem ist nun echt von 8. Ordnung. Die maßgebenden Differentialgleichungen lauten

$$\left.\begin{aligned} w_1' &= -l\,\psi_1, & w_2' &= -l\,\psi_2, \\ \psi_1' &= l\,M_1/(EI_1), & \psi_2' &= l\,M_2/(EI_2), \\ M_1' &= l\,Q_1, & M_2' &= l\,Q_2, \\ Q_1' &= l\,c\,(w_1-w_2), & Q_2' &= l\,c\,(w_2-w_1). \end{aligned}\right\} \qquad (5.8)$$

Aus diesem System von Differentialgleichungen 1. Ordnung folgt mit den Abkürzungen

$$\left.\begin{aligned} &\varkappa_1 = c\,l^4/(EI_1), \quad \varkappa_2 = c\,l^4/(EI_2), \\ &\lambda^4 = (\varkappa_1+\varkappa_2)/4, \quad k_1 = \varkappa_1/(\varkappa_1+\varkappa_2), \quad k_2 = \varkappa_2/(\varkappa_1+\varkappa_2), \\ &A = (1-\cosh\lambda\,\cos\lambda)\,, \quad B = (\cosh\lambda\,\sin\lambda+\sinh\lambda\,\cos\lambda)/(2\lambda)\,, \\ &C = \sinh\lambda\,\sin\lambda/\lambda^2\,, \quad D = (\cosh\lambda\,\sin\lambda-\sinh\lambda\,\cos\lambda)/\lambda^3 \end{aligned}\right\} \qquad (5.9)$$

$$
\mathbf{T} = \left[\begin{array}{cccc:cccc}
(1-k_1 A) & b(k_2+k_1 B) & \frac{b^2}{2\,a_1}(k_2+k_1 C) & \frac{b^3}{6\,a_1}(k_2+\frac{3}{2} k_1 D) & k_1 A & k_1 b(1-B) & k_1 \frac{b^2}{2\,a_2}(1-C) & k_1 \frac{b^3}{6\,a_2}(1-\frac{3}{2} D) \\
-\frac{k_1}{b}\lambda^4 D & (1-k_1 A) & \frac{b}{a_1}(k_2+k_1 B) & \frac{b^2}{2\,a_1}(k_2+k_1 C) & \frac{k_1}{b}\lambda^4 D & k_1 A & k_1 \frac{b}{a_2}(1-B) & k_1 \frac{b^2}{2\,a_2}(1-C) \\
-2\frac{k_1}{b^2} a_1\lambda^4 C & -\frac{k_1}{b}\lambda^4 D & (1-k_1 A) & b(k_2+k_1 B) & 2\frac{k_1}{b^2} a_1\lambda^4 C & \frac{k_1}{b} a_1\lambda^4 D & k_1 \frac{a_1}{a_2} A & k_1 b \frac{a_1}{a_2}(1-B) \\
-4\frac{k_1}{b^3} a_1\lambda^4 B & -2\frac{k_1}{b^2} a_1\lambda^4 C & -\frac{k_1}{b}\lambda^4 D & (1-k_1 A) & 4\frac{k_1}{b^3} a_1\lambda^4 B & 2\frac{k_1}{b^3} a_1\lambda^4 C & \frac{k_1}{b}\frac{a_1}{a_2}\lambda^4 D & k_1 \frac{a_1}{a_2} A \\
\hdashline
k_2 A & k_2 b(1-B) & k_2 \frac{b^2}{2\,a_1}(1-C) & k_2 \frac{b^3}{6\,a_1}(1-\frac{3}{2} D) & (1-k_2 A) & b(k_1+k_2 B) & \frac{b^2}{2\,a_2}(k_1+k_2 C) & \frac{b^3}{6\,a_2}(k_1+\frac{3}{2} k_2 D) \\
\frac{k_2}{b}\lambda^4 D & k_2 A & k_2 \frac{b}{a_1}(1-B) & k_2 \frac{b^2}{2\,a_1}(1-C) & -\frac{k_2}{b}\lambda^4 D & (1-k_2 A) & \frac{b}{a_2}(k_1+k_2 B) & \frac{b^2}{2\,a_2}(k_1+k_2 C) \\
2\frac{k_2}{b^2} a_2\lambda^4 C & \frac{k_2}{b} a_2\lambda^4 D & k_2 \frac{a_2}{a_1} A & k_2 b \frac{a_2}{a_1}(1-B) & -2\frac{k_2}{b^2} a_2\lambda^4 C & -\frac{k_2}{b}\lambda^4 D & (1-k_2 A) & b(k_1+k_2 B) \\
4\frac{k_2}{b^3} a_2\lambda^4 B & 2\frac{k_2}{b^3} a_2\lambda^4 C & \frac{k_2}{b}\frac{a_2}{a_1}\lambda^4 D & k_2 \frac{a_2}{a_1} A & -4\frac{k_2}{b^3} a_2\lambda^4 B & -2\frac{k_2}{b^2} a_2\lambda^4 C & -\frac{k_2}{b}\lambda^4 D & (1-k_2 A)
\end{array}\right]
\tag{5.10}
$$

eine Übertragungsmatrix des elastisch gegeneinander gebetteten Doppelbalkens. Sie ist unter (5.10) angegeben [38].

Da sich der Druckmaschinenhersteller vornehmlich für den Anpreßdruck interessiert, der proportional der Differenz von $w_1 - w_2$ ist, liegt es nahe, Summen und Differenzen der Zustandsgrößen in der Form

$$\begin{bmatrix} \Sigma\overline{W} \\ \Sigma\overline{\Psi} \\ \Sigma\overline{M} \\ \Sigma\overline{Q} \\ \Delta\overline{W} \\ \Delta\overline{\Psi} \\ \Delta\overline{M} \\ \Delta\overline{Q} \end{bmatrix} = \begin{bmatrix} (\overline{W}_1+\overline{W}_2)/2 \\ (\overline{\Psi}_1+\overline{\Psi}_2)/2 \\ (\overline{M}_1+\overline{M}_2)/2 \\ (\overline{Q}_1+\overline{Q}_2)/2 \\ (\overline{W}_1-\overline{W}_2)/2 \\ (\overline{\Psi}_1-\overline{\Psi}_2)/2 \\ (\overline{M}_1-\overline{M}_2)/2 \\ (\overline{Q}_1-\overline{Q}_2)/2 \end{bmatrix} = \frac{1}{2} \left[\begin{array}{cccc|cccc} 1 & & & & 1 & & & \\ & 1 & & & & 1 & & \\ & & 1 & & & & 1 & \\ & & & 1 & & & & 1 \\ \hline 1 & & & & -1 & & & \\ & 1 & & & & -1 & & \\ & & 1 & & & & -1 & \\ & & & 1 & & & & -1 \end{array}\right] \begin{bmatrix} \overline{W}_1 \\ \overline{\Psi}_1 \\ \overline{M}_1 \\ \overline{Q}_1 \\ \overline{W}_2 \\ \overline{\Psi}_2 \\ \overline{M}_2 \\ \overline{Q}_2 \end{bmatrix} \quad (5.11)$$

einzuführen. Diese Transformationsbeziehung schreiben wir mit der Transformationsmatrix $\mathbf{U}$ kürzer

$$\overline{\mathbf{w}} = \mathbf{U}\mathbf{w}. \quad (5.11')$$

Darin umfaßt $\overline{\mathbf{w}}$ die aus den Summen und Differenzen gebildeten Zustandsgrößen. Ersetzt man in der Übertragungsmatrizenbeziehung

$$\mathbf{w}_r = \mathbf{T}\,\mathbf{w}_l \quad (5.12)$$

den Zustandsvektor durch die neu definierten Größen $\overline{w}$, so findet man zunächst

$$\mathbf{U}^{-1}\overline{\mathbf{w}}_r = \mathbf{T}\mathbf{U}^{-1}\overline{\mathbf{w}}_l \quad (5.13)$$

und schließlich

$$\overline{\mathbf{w}}_r = \mathbf{U}\mathbf{T}\mathbf{U}^{-1}\overline{\mathbf{w}}_l \,. \quad (5.14)$$

Schreibt man noch für

$$\mathbf{U}\mathbf{T}\mathbf{U}^{-1} = \overline{\mathbf{T}}\,, \quad (5.15)$$

so wird aus (5.14) kürzer

$$\overline{\mathbf{w}}_r = \overline{\mathbf{T}}\,\overline{\mathbf{w}}_l\ . \tag{5.16}$$

Die Übertragungsmatrix $\overline{\mathbf{T}}$, die sich aus (5.10) mit Hilfe der Transformation (5.15) ergibt, lautet mit den Abkürzungen

$$\left.\begin{aligned} 1/a &= \left(1/a_1 + 1/a_2\right)/2, \quad 1/d = \left(1/a_1 - 1/a_1\right)/2, \\ \delta &= \left(a_1 - a_2\right)^2/4\,a_1a_2, \quad \Delta k = \left(a_2 - a_1\right)/\left(a_2 + a_1\right). \end{aligned}\right\} \tag{5.17}$$

$$\overline{\mathbf{T}} = \begin{bmatrix} 1 & b & \frac{b^2}{a}(1+\delta C) & \frac{b^3}{3a}\left(1+\frac{3}{2}\delta D\right) & -\Delta k\ A & -b\Delta k(1-B) & \frac{b^2}{2d}C & \frac{b^3}{4d}D \\ 0 & 1 & \frac{b}{a}2(1+\delta B) & \frac{b^2}{a}(1+\delta C) & -\Delta k\frac{\lambda^4 D}{b} & -\Delta k\ A & \frac{b}{d}B & \frac{b^2}{2d}C \\ 0 & 0 & 1 & b & 0 & 0 & 0 & 0 \\ 0 & 0 & 0 & 1 & 0 & 0 & 0 & 0 \\ 0 & 0 & \frac{b^2}{2d}C & \frac{b^3}{4d}D & (1-A) & b\,B & \frac{b^2}{2a}C & \frac{b^3}{4a}D \\ 0 & 0 & \frac{b}{d}B & \frac{b^2}{2d}C & -\frac{\lambda^4}{b}D & (1-A) & \frac{b}{a}B & \frac{b^2}{2a}C \\ 0 & 0 & -\Delta k\ A & -b\Delta k(1-B) & -2\lambda^4\frac{a}{b^2}C & -\lambda^4\frac{a}{b}D & (1-A) & b\,B \\ 0 & 0 & -\Delta k\frac{\lambda^4 D}{b} & -\Delta k\ A & -4\lambda^4\frac{a}{b^3}B & -2\lambda^4\frac{a}{b^2}C & -\frac{\lambda^4}{b}D & (1-A) \end{bmatrix} \tag{5.18}$$

Für das ungekoppelte Balkenfeld folgt aus der Übertragungsmatrix (5.3)

$$\mathbf{T} = \begin{bmatrix} 1 & b & \frac{b^2}{2a} & \frac{b^3}{6a} & 0 & 0 & -b^2\frac{\Delta k}{2\,a} & -b^3\frac{\Delta k}{6\,a} \\ 0 & 1 & \frac{b}{a} & \frac{b^2}{2a} & 0 & 0 & -b\frac{\Delta k}{a} & -b^2\frac{\Delta k}{2\,a} \\ 0 & 0 & 1 & b & 0 & 0 & 0 & 0 \\ 0 & 0 & 0 & 1 & 0 & 0 & 0 & 0 \\ 0 & 0 & -b^2\frac{\Delta k}{2a} & -b^3\frac{\Delta k}{6a} & 1 & b & \frac{b^2}{2a} & \frac{b^3}{6a} \\ 0 & 0 & -b\frac{\Delta k}{a} & -b^2\frac{\Delta k}{2a} & 0 & 1 & \frac{b}{a} & \frac{b^2}{2a} \\ 0 & 0 & 0 & 0 & 0 & 0 & 1 & b \\ 0 & 0 & 0 & 0 & 0 & 0 & 0 & 1 \end{bmatrix}. \tag{5.19}$$

Bei Druckwalzensystemen werden an den Lagerzapfen gleich große, entgegengesetzt gerichtete Kräfte eingeleitet (Abb.5.3). Dadurch werden die Kraftgrößensummen $\sum Q$ und $\sum M$ überall Null, und die mit ihnen verknüpften Spalten der Übertragungsmatrizen lassen sich ganz streichen. Da außerdem in den Übertragungsmatrizen zwischen den Summen und Differenzen der Verschiebungsgrößen keine Kopplung vorhanden ist, kann man mit einem verkürzten Übertragungsmatrizensystem rechnen, das nur die Differenzengrößen überträgt. Auf diese Weise wird das Problem 8. auf ein solches 4. Ordnung reduziert. Die Teilmatrizen zur Verknüpfung der Differenzengrößen sind in (5.18) und (5.19) strichliert eingerahmt.

Am linken Rande des Druckwalzensystems wird die Momentendifferenz Null. Die Querkraftdifferenz ΔQ_0 ergibt die äußere Belastung P. Unbekannt sind die Verschiebungs- und Neigungsdifferenzen, so daß der Randvektor $\overline{\mathbf{w}}_0$ folgendes Aussehen erhält:

$$\overline{\mathbf{w}}_0 = \Delta\overline{W}_0 \begin{bmatrix} 1 \\ 0 \\ 0 \\ 0 \end{bmatrix} + \Delta\overline{\Psi}_0 \begin{bmatrix} 0 \\ 1 \\ 0 \\ 0 \end{bmatrix} + P \begin{bmatrix} 0 \\ 0 \\ 0 \\ 1 \end{bmatrix} . \tag{5.20}$$

Die Bedingungsgleichungen für $\Delta\overline{W}_0$ und $\Delta\overline{\Psi}_0$ folgen aus den Randbedingungen in Balkenmitte. Dort ist $\Delta\overline{\Psi}_m$ und $\Delta\overline{Q}_m = 0$.

In [38] ist an einem Zahlenbeispiel gezeigt, daß der Druck zwischen Formzylinder und Presseur unterschiedlich über der Walzenlänge verteilt ist, solange die Walzen konstante Querschnittsparameter besitzen.

5.3 Der ebene parallelgurtige Rahmen

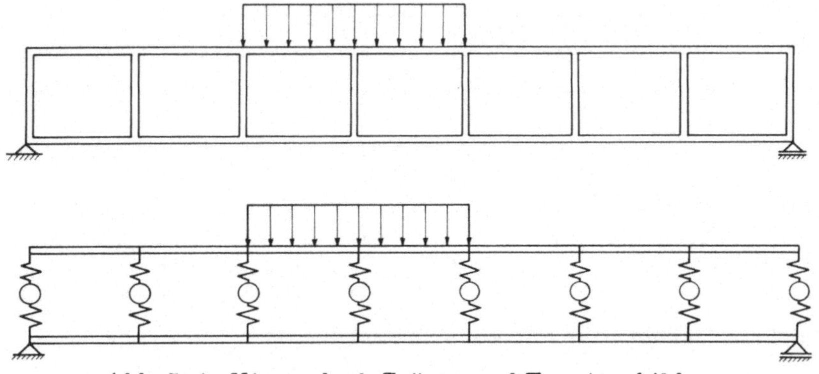

Abb.5.4. Vierendeel-Träger und Ersatzgebilde

Nach der Behandlung der beiden Doppelbalkengebilde (Abschn.5.1 und 5.2) ist es nur noch ein kleiner Schritt zu dem zweistieligen, parallelgurtigen Rahmengebilde

(Vierendeel-Träger) und seiner Berechnung mit Hilfe von Übertragungsmatrizen. In den Zustandsvektor müssen nun neben den Balkengrößen W, Ψ, M, Q noch die Stabgrößen U, N aufgenommen werden; d.h. $\mathbf{w}^T$ des zweistieligen Rahmens der Abb.5.4 erhält das Aussehen

$$\mathbf{w}^T = \left\{ (U\ \overline{N}\ \overline{W}\ \overline{\Psi}\ \overline{M}\ \overline{Q})_1\ (U\ \overline{N}\ \overline{W}\ \overline{\Psi}\ \overline{M}\ \overline{Q})_2 \right\} . \tag{5.21}$$

Die darin auftretenden überstrichenen Balkengrößen sind in (4.15) definiert. Für die bezogene Schnittkraft N wählt man bei Rahmenproblemen zweckmäßig $\overline{N} = N\ l^3/(EI)$ anstelle des früher benutzten Ausdruckes $N\ l/(EF)$.

Das ungekoppelte Feld

Die Übertragungsmatrix eines ungekoppelten Feldes baut sich einfach aus den Matrizen der Balken und Stäbe auf:

$$\mathbf{T} = \left[\begin{array}{cc|cc} \mathbf{T}_{S1} & & & \\ & \mathbf{T}_{B1} & & \\ \hline & & \mathbf{T}_{S2} & \\ & & & \mathbf{T}_{B2} \end{array} \right] \tag{5.22}$$

Darin sind die $\mathbf{T}_{S1}$, $\mathbf{T}_{S2}$ die Stab-Übertragungsmatrizen gemäß (2.41) oder (2.55), die jedoch wegen des veränderten $\overline{N}$ modifiziert werden müssen. $\mathbf{T}_{B1}$, $\mathbf{T}_{B2}$ sind die Balken-Übertragungsmatrizen nach (4.20) oder (4.31).

Die Balkenfeder

Eine Balkenfeder verbindet die beiden Rahmenstiele und wird in den Abb.5.4 und 5.5 durch zwei Federpakete mit einem dazwischen liegenden Kreis symbolisiert. Eine solche Balkenfeder antwortet auf eine Verschiebung senkrecht zu ihrer Längsachse

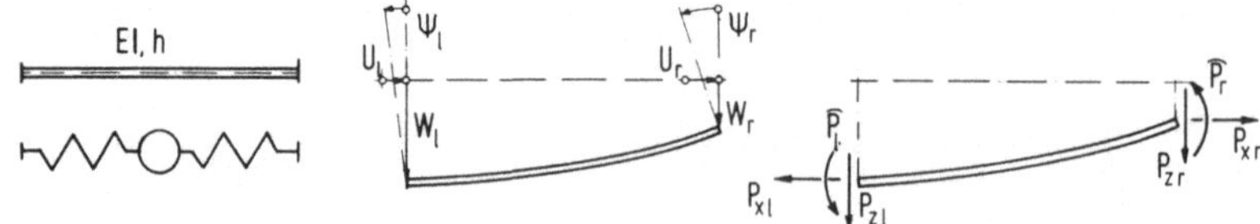

Abb.5.5. Balkenfeder mit Verschiebungsgrößen und Randkräften

nicht nur mit einer Gegenkraft P_z, sondern gleichzeitig mit einer Drehkraft $\widehat{P}$. Das hat zur Folge, daß die Steifigkeit der Balkenfeder nicht durch eine Zahl, sondern nur durch eine Steifigkeitsmatrizenbeziehung darstellbar ist.

Diese Matrizenbeziehung soll hier ohne Herleitung angegeben werden. Mit den Abkürzungen

$$
\begin{aligned}
A &= 12[EI/(\overline{EI})](\bar{l}/h)^3 = 12\, a/b^3, \quad B = 6[EI/(\overline{EI})](\bar{l}/h)^2 = 6\, a/b^2, \\
C &= 2[EI/(\overline{EI})](\bar{l}/h) = 2\, a/b\,, \quad D = \left[EF\,\bar{l}^2/(\overline{EI})\right](\bar{l}/h) = \alpha/b\,,
\end{aligned}
\tag{5.23}
$$

lautet sie

$$
\begin{bmatrix}
\begin{bmatrix} \bar{P}_x \\ \bar{P}_z \\ \bar{\bar{P}} \end{bmatrix}_l \\
\begin{bmatrix} \bar{P}_x \\ \bar{P}_z \\ \bar{\bar{P}} \end{bmatrix}_r
\end{bmatrix}
=
\left[\begin{array}{ccc|ccc}
D & & & -D & & \\
 & A & -B & & -A & -B \\
 & -B & 2C & & B & C \\
\hline
-D & & & D & & \\
 & -A & B & & A & B \\
 & -B & C & & B & 2C
\end{array}\right]
\begin{bmatrix}
\begin{bmatrix} U \\ W \\ \bar{\Psi} \end{bmatrix}_l \\
\begin{bmatrix} U \\ W \\ \bar{\Psi} \end{bmatrix}_r
\end{bmatrix} .
\tag{5.24}
$$

Die Steifigkeitsmatrix der Balkenfeder liefert also die Verknüpfung der Verschiebungsgrößen U, W, $\bar{\Psi}$ ($\bar{\Psi} = \bar{l}\Psi$) mit den durch sie geweckten Kräften $\bar{P}_x$, $\bar{P}_z$, $\bar{\bar{P}}$ ($\bar{P}_x = P_x \bar{l}^3/(\overline{EI})$, $\bar{P}_z = P_z \bar{l}^3/(\overline{EI})$, $\bar{\bar{P}} = P\,\bar{l}^2/(\overline{EI})$). Die Kräfte wirken stets in positiver Koordinatenrichtung auf den Balken, während sie auf den Anschlußknoten als Rückstellkräfte wirken.

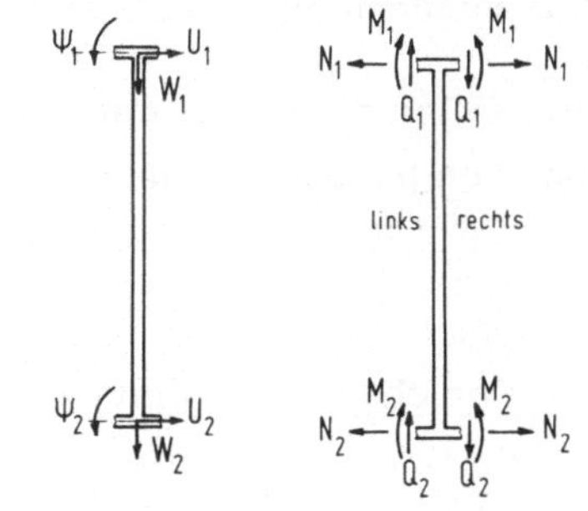

Abb.5.6. Randverschiebungs- und Kraftgrößen der die beiden Rahmenstiele verbindenden Balkenfeder

Zur Aufstellung der Übertragungsmatrix, die die Zustandsgrößen einer Schnittstelle links von der vertikal angeordneten Balkenfeder auf diejenigen rechts davon überträgt, ist nun noch der Zusammenhang zwischen den Verschiebungsgrößen des Zustandsvektors (5.21) und denen der Balkenfeder zu formulieren. So wird in unserem Beispiel (Abb.5.5 und 5.6)

$$
\begin{bmatrix} U \\ \bar{W} \\ \bar{\Psi} \end{bmatrix}_{\text{Zustandsvektor}}
=
\begin{bmatrix} -W \\ -U \\ \bar{\Psi} \end{bmatrix}_{\text{Balkenfeder}}
\tag{5.25}
$$

Die über die Balkenfeder führende Übertragungsmatrizenbeziehung, die man unter Beachtung von (5.25) erhält, lautet

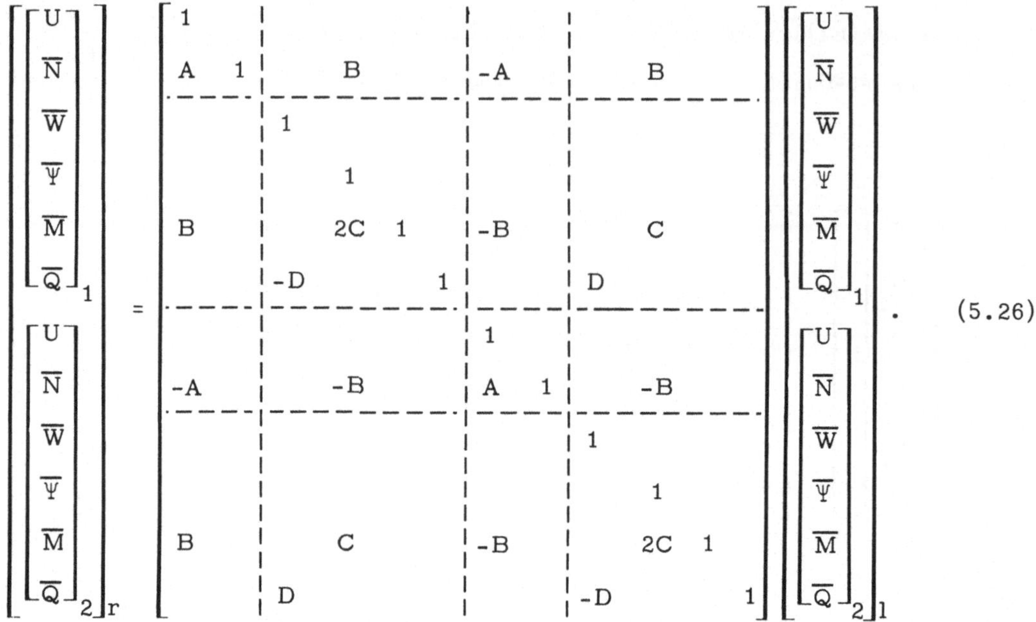

$$\begin{bmatrix}\begin{bmatrix}U\\ \overline{N}\\ \overline{W}\\ \overline{\Psi}\\ \overline{M}\\ \overline{Q}\end{bmatrix}_1\\ \begin{bmatrix}U\\ \overline{N}\\ \overline{W}\\ \overline{\Psi}\\ \overline{M}\\ \overline{Q}\end{bmatrix}_2\end{bmatrix}_r = \left[\begin{array}{cc|cccc|cc|cccc} 1 & & & & & & & & & & & \\ A & 1 & & & B & & -A & & & & B & \\ \hline & & 1 & & & & & & & & & \\ & & & 1 & & & & & & & & \\ B & & & 2C & 1 & & -B & & & & C & \\ & & -D & & & 1 & & & D & & & \\ \hline & & & & & & 1 & & & & & \\ -A & & & & -B & & A & 1 & & & -B & \\ \hline & & & & & & & & 1 & & & \\ & & & & & & & & & 1 & & \\ B & & & & C & & -B & & & 2C & 1 & \\ & & D & & & & & & -D & & & 1 \end{array}\right] \begin{bmatrix}\begin{bmatrix}U\\ \overline{N}\\ \overline{W}\\ \overline{\Psi}\\ \overline{M}\\ \overline{Q}\end{bmatrix}_1\\ \begin{bmatrix}U\\ \overline{N}\\ \overline{W}\\ \overline{\Psi}\\ \overline{M}\\ \overline{Q}\end{bmatrix}_2\end{bmatrix}_l . \qquad (5.26)$$

Der Aufbau einer Koppelmatrix, die bei mehrstieligen Rahmengebilden über Balkenfedern hinwegführt, ist damit klar zu erkennen. Man muß nur die Verknüpfung der Komponenten des Zustandsvektors mit den Verschiebungsgrößen an den Rändern der Balkenfedern entsprechend der Beziehung (5.25) formulieren.

Wir wollen daher mit der Angabe dieser Übertragungsmatrizenbeziehung die Berechnung von parallelgurtigen Rahmengebilden beschließen. Für das weitergehende Studium wird auf [39] und [40] verwiesen.

5.4 Der eben gekrümmte Träger

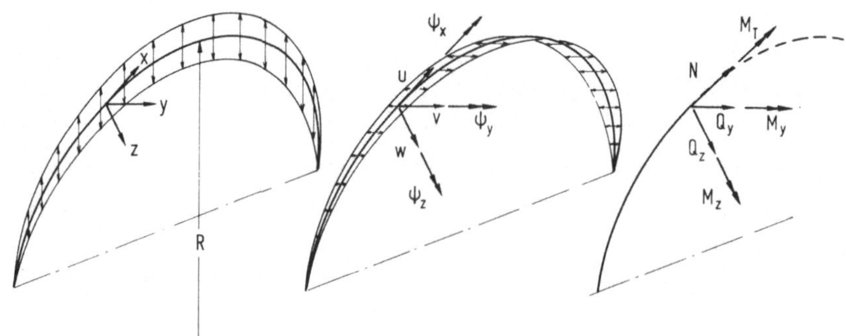

Abb. 5.7. Schwingungen des eben gekrümmten Trägers in der Ebene und senkrecht zur Ebene der gekrümmten Schwerelinie

Beim geraden Rahmenträger sind Längs- und Querverschiebungen entkoppelt (5.22). Sie sind es nicht mehr beim eben gekrümmten und dem allgemein räumlich gekrümmten und verwundenen Träger.

Die für dieses allgemeinste Stabwerk geltenden Differentialbeziehungen sind in [41] ausführlich hergeleitet (s. auch als Ergänzung [42]). Wir wollen uns hier darauf beschränken, nur die Beziehungen für den ebenen Kreisbogenträger anzugeben, die deshalb einfacher sind, weil die Schwingungen in der Ebene seiner Schwerelinie von denen senkrecht zu dieser getrennt betrachtet werden können.

Mit den Vorzeichen der Verschiebungsgrößen und Schnittkräfte nach Abb.5.7 lautet das System von Differentialgleichungen 1. Ordnung für die Schwingungen in der Ebene der gekrümmten Schwerelinie mit

$k = l/R$ bezogene Krümmung,

$\lambda_y^4 = \omega^2 \mu l^4/EI_y$ Parameter der Balkenschwingung (Kap. 4),

$\vartheta_y = (i_y/l)^2$ Quadrat des bezogenen Drehträgheitsradius (Kap. 4),

$\alpha = EI_y/l^2 EF$ Verhältnis der Biegesteifigkeit zur Dehnsteifigkeit:

$$\begin{bmatrix} u \\ \overline{N} \\ \overline{w} \\ \overline{\Psi}_y \\ \overline{M}_y \\ \overline{Q}_z \end{bmatrix}' = \left[\begin{array}{cc|cccc} 0 & \alpha & -k & 0 & 0 & 0 \\ -\lambda_y^4 & 0 & 0 & 0 & 0 & k \\ \hline k & 0 & 0 & 1 & 0 & 0 \\ 0 & 0 & 0 & 0 & 1 & 0 \\ 0 & 0 & 0 & -\lambda_y^4\vartheta_y & 0 & 1 \\ 0 & -k & \lambda_y^4 & 0 & 0 & 0 \end{array}\right] \begin{bmatrix} u \\ \overline{N} \\ \overline{w} \\ \overline{\Psi}_y \\ \overline{M}_y \\ \overline{Q}_z \end{bmatrix} . \tag{5.27}$$

Das System von Differentialgleichungen 1. Ordnung zur Beschreibung der Schwingungen senkrecht zur Ebene des Kreisbogens besitzt das Aussehen

$$\begin{bmatrix} \overline{\Psi}_x \\ \overline{M}_x \\ v \\ \overline{\Psi}_z \\ \overline{M}_z \\ \overline{Q}_y \end{bmatrix}' = \left[\begin{array}{cc|cccc} 0 & \beta & k & 0 & 0 & 0 \\ -\lambda_z^4\vartheta_x & 0 & 0 & 0 & k & 0 \\ \hline 0 & 0 & 0 & 1 & 0 & 0 \\ -k & 0 & 0 & 0 & 1 & 0 \\ 0 & -k & 0 & -\lambda_z^4\vartheta_z & 0 & 1 \\ 0 & 0 & \lambda_z^4 & 0 & 0 & 0 \end{array}\right] \begin{bmatrix} \overline{\Psi}_x \\ \overline{M}_T \\ v \\ \overline{\Psi}_z \\ \overline{M}_z \\ \overline{Q}_z \end{bmatrix} . \tag{5.28}$$

Es bedeuten:

$\overline{\Psi}_x = l\,\Psi_x$ Verdrillung, $\overline{M}_T = M_T l^2/EI_z$ Drillmoment,

$v =$ Verschiebung, $\overline{\Psi}_z = l\,\Psi_z$ Querschnittsdrehung,

$\overline{M}_z = M_z l^2/(EI_z)$ Biegemoment, $\overline{Q}_y = -Q_y l^3/EI_z$ die Querkraft,

$\beta = EI_z/(GI_T)$ Verhältnis von Biege- zu Torsionssteifigkeit,

$\lambda_z^4 = \omega^2 \mu l^4/(EI_z)$ Balkenparameter,

$\vartheta_x = (i_x/l)^2$ Quadrat des bezogenen Trägheitsradius um die x-Achse,

$\vartheta_z = (i_z/l)^2$ um die z-Achse.

Die Übertragungsmatrizen, die als Lösung der Differentialgleichungssysteme folgen, sind außerordentlich kompliziert. Es ist daher nicht zweckmäßig, die Matrixelemente explizit anzugeben, sondern den in Kap. 12 beschriebenen Weg zu ihrer numerischen Berechnung zu gehen.

Mit der Angabe von (5.27) und (5.28) betrachten wir daher die Aufgabe als gelöst (s. auch [7] bzw. [37], wo ein umfangreicher Katalog von Übertragungsmatrizen zur Lösung von Balkenproblemen vorhanden ist).

5.5 Biegen und Drillen des dünnwandigen Kastenträgers

Bei den bis jetzt behandelten Balkenproblemen wurde vorausgesetzt, daß unter einer Belastung die Querschnitte eben bleiben und sich nicht deformieren. Diese Voraussetzung ist bei dünnwandigen Kastenträgern nicht mehr erfüllt. Die Querschnitte verwölben sich, und auch die Querschnittsgestalt bleibt in der Regel nicht erhalten.

Beide Phänomene und ihre rechnerische Erfassung wurden von Wlassow ausführlich geschildert [55], [56]. Wir wollen uns hier darauf beschränken, den Grundgedanken des Wlassowschen Vorgehens zu schildern und wählen zum Ausgangspunkt eine neuere Arbeit [57], die ein Hubschrauberblatt mit Hohlquerschnitt untersucht (s. auch [58], in der ein ganz ähnliches Problem behandelt wird). Der Rotorblattquerschnitt und der berechenbare Ersatzquerschnitt sind in der Abb.5.8 dargestellt. Die Ausdehnung dieses dünnwandigen Ersatzgebildes ist in Längsrichtung sehr viel größer als in den beiden anderen Koordinatenrichtungen. Man spricht in diesem Falle von einem stabförmigen Schalengebilde, kurz von einer Stabschale.

Für die Berechnung stellt man den Verschiebungszustand eines Punktes A (Abb.5.8) näherungsweise dar durch Produktansätze aus querschnittsabhängigen Funktionen

g_i, f_j und Verrückungsfunktionen U_i, V_j die nur von der Längen- und Zeitkoordinate abhängen:

$$u(x, s, t) = \sum_i U_i(x, t)\, g_i(s)\,,$$
$$v(x, s, t) = \sum_j V_j(x, t)\, \bar{f}_j(s)\,, \qquad (5.29)$$
$$w(x, s, t) = \sum_j V_j(x, t)\, \bar{\bar{f}}_j(s)\,.$$

Darin ist t die Zeitkoordinate, s die Koordinate in Querschnittsumfangsrichtung. $\bar{f}_j$ sind die Tangentialkomponenten und $\bar{\bar{f}}_j$ die Normalkomponenten der f_j-Funktionen.

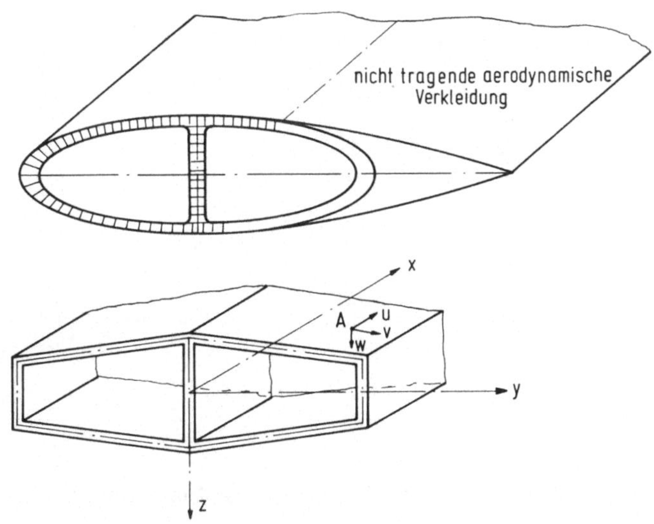

Abb.5.8. Hubschrauber-Rotorblatt und berechenbares Ersatzgebilde

Welche Funktionen g_i, f_j sind zu wählen? Wlassow führt zur Approximation der u-Verschiebungen die Eckpunktverrückungen ein und verbindet diese linear mit den diesem Eckpunkt benachbarten Punkt. Ausnutzung der Symmetrieeigenschaften liefert die in der Abb.5.9 angegebenen Funktionen g_i, die man natürlich durch weitere Potenzfunktionen erweitern kann (z.B. [58]). Man erkennt in g_1 die Längsverschiebung des gezogenen Stabes, g_2 und g_3 sind die Querschnittsdrehungen der technischen Biegetheorie des Balkens, und g_4 ist die Grundverwölbung des Kastenquerschnittes. Die Funktionen g_5 und g_6 stellen Einheitsverwölbungen höherer Ordnung dar, wobei g_5 eine um die y- und z-Achse symmetrische Verwölbung (das erste höhere Glied für eine ungleichmäßige Längsverschiebungsverteilung) und g_6 eine zur y- und z-Achse antimetrische Verwölbung (das nächst höhere Glied nach der Grundverwölbung) ist.

Für die f_j lassen sich zur y- und z-Achse symmetrische und antimetrische Funktionen ansetzen (Abb.5.9). Die Funktionen f_1 und f_2 beschreiben die Querschnittsverschiebung in z- und y-Richtung, f_3 die Querschnittsdrehung um die Längsachse und die Funktionen f_4 und f_5 die zur z-Achse symmetrische und antimetrische Querschnittsdeformation.

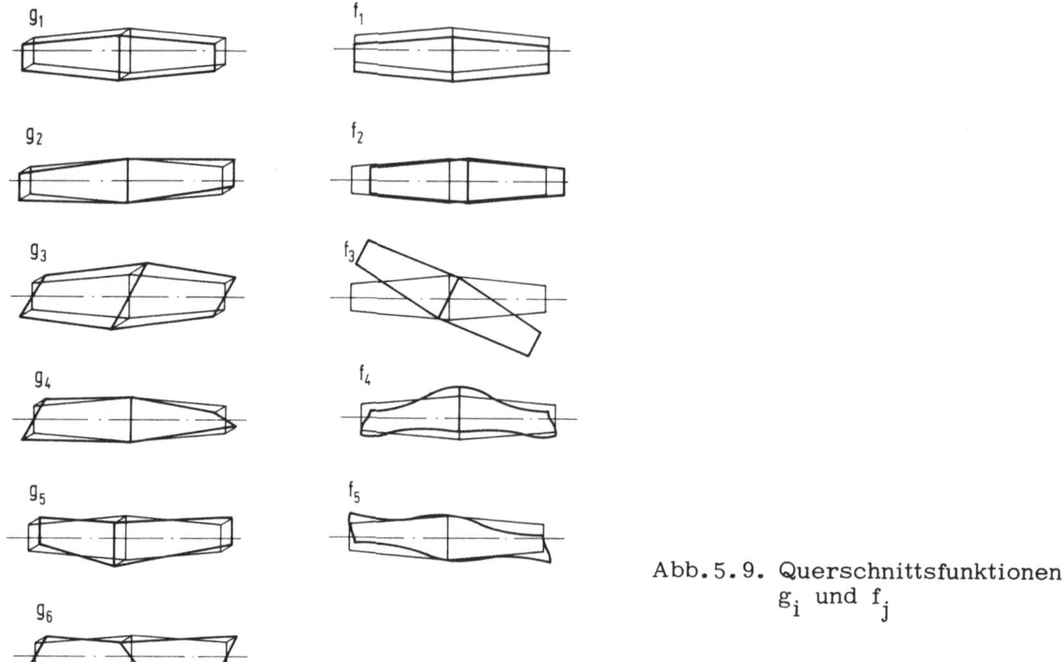

Abb.5.9. Querschnittsfunktionen g_i und f_j

In [57] ist gezeigt, wie man aus diesen Verschiebungsfunktionsansätzen unter Einführung der Geometriebeziehungen und des Elastizitätsgesetzes die maßgebenden Differentialgleichungen 1. Ordnung findet. Die Übertragungsmatrizen, die sich dann aus der Lösung der Differentialgleichungssysteme ergeben, werden nicht explizit angegeben. Sie werden auf numerischem Wege bestimmt. Wegen Einzelheiten sei auf die Originalarbeit verwiesen.

5.6 Das Biegeknicken

Ein Stab wird unter einer Druckkraft gestaucht und trägt in dieser Gleichgewichtslage die äußere Längskraft P_x. Überschreitet P_x einen bestimmten kritischen Wert, so ist neben dieser Lage eine zweite, durch seitliches Ausknicken charakterisierte Gleichgewichtslage möglich. Diese Form des Ausknickens bezeichnet man mit Biegeknicken zum Unterschied zu anderen möglichen Instabilitätsformen (Drillknicken, Biegedrillknicken). Da das Ausknicken eines Stabes gleichbedeutend mit dem Zusammenbruch einer ganzen Konstruktion ist, gehört die Berechnung der kritischen Druckkraft zu den Hauptaufgaben eines Berechnungsingenieurs.

Das Biegeknicken wurde erstmals von Euler behandelt. Wir wollen hier die Ausgangsbeziehungen noch einmal anschreiben. Für die ausführliche Behandlung von Instabilitätsvorgängen in der Elastostatik sei auf [59] und [60] verwiesen (s. auch [12]).

Die Geometriebeziehungen des ausgebogenen Stabes und das Elastizitätsgesetz entnehmen wir Kap. 4, (4.13) und (4.14):

$$w' = l\,\psi\,, \quad \psi' = Ml/(EI)\,. \tag{5.30}$$

Von der großen Längskraft P_x setzen wir voraus, daß sie auch nach dem Ausknicken die Richtung der ursprünglichen Balkenachse beibehält. Die Schnittkraft im Balken muß aus Gleichgewichtsgründen eine Längskomponente besitzen, die gleich P_x ist (Abb.5.10). Es liegt daher nahe, die zweite Komponente der Schnittkraft senkrecht zu dieser in Form der "Vertikal"-Kraft V einzuführen.

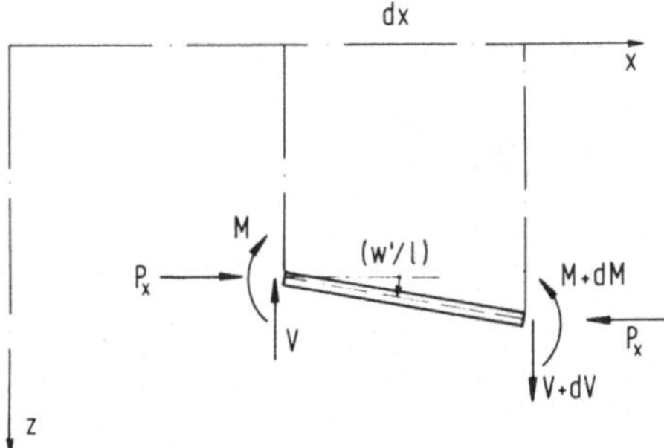

Abb.5.10. Kräfte am ausgebogenen Balkenelement

Mit diesen Schnittkräften findet man am ausgebogenen Balkenelement (Abb.5.10) die Momentenbeziehung

$$M' = lV + P_x w'\,. \tag{5.31}$$

Die V-Kraft ändert sich ohne äußere Querbelastung nicht, d.h.

$$V' = 0\,. \tag{5.32}$$

Das System von Differentialgleichungen für die in Kap. 4 definierten dimensionsgleichen Größen, wobei V an die Stelle der dort für die Querkraft angegebenen, bezogenen Größe zu setzen ist, lautet mit $\lambda_k^2 = P_x\, l^2/(EI)$

$$\begin{bmatrix} \overline{w} \\ \overline{\Psi} \\ \overline{M} \\ \overline{V} \end{bmatrix}' = \begin{bmatrix} 0 & 1 & 0 & 0 \\ 0 & 0 & 1 & 0 \\ 0 & -\lambda_k^2 & 0 & 1 \\ 0 & 0 & 0 & 0 \end{bmatrix} \begin{bmatrix} \overline{w} \\ \overline{\Psi} \\ \overline{M} \\ \overline{V} \end{bmatrix}\,. \tag{5.33}$$

Es verdient erwähnt zu werden, daß die hier nicht benutzte und auf der ausgebogenen Schwerelinie des Balkens senkrecht stehende Querkraft Q sich aus den Komponenten P_x und V zu

$$Q = V \cos(w'/l) + P_x \sin(w'/l) \tag{5.34}$$

ergibt. Daraus folgt für kleine w' näherungsweise

$$Q = V + P_x w'/l . \tag{5.34'}$$

Die Übertragungsmatrizenbeziehung, die sich aus der Lösung des Differentialgleichungssystems (5.33) ergibt, erhält mit den Abkürzungen

$$\begin{aligned} C_B &= \cos\lambda_k, & S_B &= \left(1/\lambda_k\right)\sin\lambda_k, \\ C_D &= \left(1/\lambda_k^2\right)\left(1-\cos\lambda_k\right), & S_D &= \left(1/\lambda_k^3\right)\left(\lambda_k-\sin\lambda_k\right) \end{aligned} \tag{5.35}$$

folgendes Aussehen (s. auch [61] und [30]):

$$\begin{bmatrix} \overline{W} \\ \overline{\Psi} \\ \overline{M} \\ \overline{V} \end{bmatrix} = \begin{bmatrix} 1 & b\,S_B & C_D\,b^2/a & S_D\,b^3/a \\ 0 & C_B & S_B\,b/a & C_D\,b^2/a \\ 0 & -\lambda_k^2 S_B\,a/b & C_B & b\,S_B \\ 0 & 0 & 0 & 1 \end{bmatrix} \begin{bmatrix} \overline{W} \\ \overline{\Psi} \\ \overline{M} \\ \overline{V} \end{bmatrix}_0 . \tag{5.36}$$

Darin bedeutet wieder $b = l_i/\bar{l}$, $a = EI_i/(\overline{EI})$ (Kap. 4).

5.7 Schwierigkeiten bei schlaffen Gelenken und starren Stützen

Ein Zahlenbeispiel:

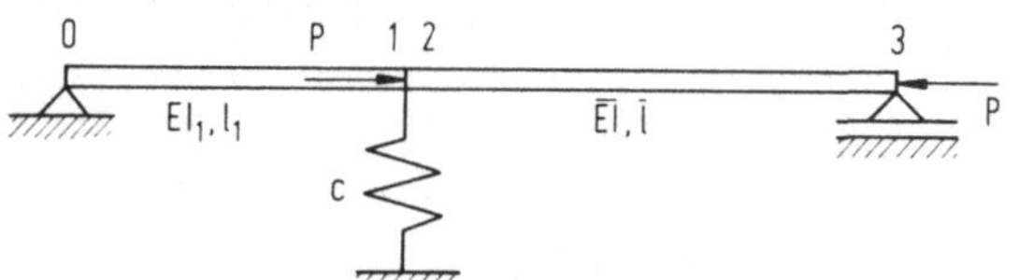

Abb. 5.11. Balkengebilde unter Längskraftbelastung

Der Balken der Abb. 5.11 übernehme an seiner starren Zwischenstütze die Längskraft P. Gesucht ist die Knickbedingung, aus der die Knicklast berechnet werden kann.

Die Einführung einer Federsteifigkeit $c \Rightarrow \infty$ für die Zwischenstütze hätte zur Folge, daß in der Übertragungsmatrix (4.35) $\Gamma_Q = \infty$ würde. Alle mit diesem Γ_Q multiplizierten Größen würden ebenfalls über alle Grenzen wachsen und das Übertragungsverfahren käme aus numerischen Gründen zum Erliegen.

Man kann diese Schwierigkeit nur dadurch umgehen, daß man zunächst mit einer endlichen Federsteifigkeit rechnet und im Ergebnis alle mit dieser Federsteifigkeit multiplizierten Größen sammelt. Wir zeigen das Vorgehen am vorliegenden Zahlenbeispiel: Die Randbedingungen am linken Balkenrand schreiben vor: $\overline{W}_0 = \overline{M}_0 = 0$. Das Multiplikationsschema für die Berechnung der Unbekannten $\overline{\Psi}_0$ und $\overline{V}_0$ erhält mit den nach (4.31), (4.35) und (5.36) berechneten Übertragungsmatrizen folgendes Aussehen:

					$\overline{\Psi}_0$	$\overline{V}_0$	
					b	$b^3/(6a)$	
					1	$b^2/(2a)$	
				$\mathbf{T}_1$	0	b	
					0	1	
	1	0	0	0	b	$b^3/(6a)$	
	0	1	0	0	1	$b^2/(2a)$	
$\mathbf{T}_2$	0	0	1	0	0	b	(5.37)
	$-\Gamma_Q$	0	0	1	$-b\Gamma_Q$	$1-\Gamma_Q b^3/(6a)$	
	1	S_B	C_D	S_D	$\boxed{p_{11}}$	$\boxed{p_{12}}$	$= 0$
	0	C_B	S_B	C_D	p_{21}	p_{22}	
$\mathbf{T}_3$	0	$-\lambda_K^2 S_B$	C_B	S_B	$\boxed{p_{31}}$	$\boxed{p_{32}}$	$= 0$
	0	0	0	1	p_{41}	p_{42}	

Aus der Bedingung, daß am rechts gelenkig gelagerten Rand $\overline{W}_3 = \overline{M}_3 = 0$ ist, folgt die Eigenwertdeterminante

$$\begin{vmatrix} p_{11} & p_{12} \\ p_{31} & p_{32} \end{vmatrix} = 0 . \qquad (5.38)$$

Sie hat, ausführlich geschrieben, das Aussehen

$$\begin{vmatrix} \left[b+S_B-b\,S_D\Gamma_Q\right] & \left[b^3/(6a)+b^2/(2a)\,S_B+b\,C_D+S_D\left(1-\Gamma_Q b^3/(6a)\right)\right] \\ \left[-S_B\left(\lambda_K^2+b\,\Gamma_Q\right)\right] & \left[-\lambda_K^2\,S_B\,b^2/(2a)+b\,C_B+S_B\left(1-\Gamma_Q b^3/(6a)\right)\right] \end{vmatrix} = 0 . \qquad (5.39)$$

Bei der nicht ganz mühelosen Ausrechnung der charakteristischen Gleichung zeigt sich, daß sich eine beachtliche Zahl von Gliedern gegenseitig tilgen. Man findet

$$\lambda_K^2\left[-S_B\,b^3/(3a)+S_B\left(S_D+b\,C_D\right)\right]+\left(b+S_B\right)\left(S_B+b\,C_B\right)$$
$$+\,\Gamma_Q\left\{S_B\left(S_B+\lambda_K^2\,S_D\right)b^3/(3a)+b^2\left(S_B\,C_D-C_B\,S_C\right)\right\}=0. \qquad (5.40)$$

Jetzt erst ist der Grenzübergang $\Gamma_Q \Rightarrow \infty$ möglich. Als Knickbedingung bleibt dann nur die geschweifte Klammer übrig, die sich durch Einsetzen der Ausdrücke für die S_B, S_D usw. in die Form

$$\lambda_K^2\,b/(3a)+1=\lambda_k/\tan\lambda_k \qquad (5.41)$$

bringen läßt.

Das Beispiel zeigt, daß die Berechnung der Knicklast eines über mehrere starre Zwischenstützen führenden Durchlaufträgers auf diesem Wege praktisch unmöglich ist. Denn zunächst müßte eine Vielzahl von endlichen Γ_Q eingeführt, die Multiplikation der einzelnen Übertragungsmatrizen in allgemeinen Zeichen durchgeführt werden, dann die Determinante aufgestellt und durch eine mühsame Rechnung die mit den Γ_Q multiplizierten Glieder aussortiert werden.

Diese Schwierigkeit wird von dem folgenden Verfahren umgangen.

6. Delta-Matrizen zur Lösung von Balkenproblemen

6.1 Wie entsteht die Delta-Matrix?

Der Gedanke zur Einführung einer Delta-Matrix stammt von H. Fuhrke [25], [26]. Ausgangspunkt ist das in Übertragungsmatrizen angeschriebene Gleichungssystem [s. z.B. (4.40)], das wir hier für die speziellen Randbedingungen des links eingespannten Balkens, d.h. $\overline{W}_0 = \overline{\Psi}_0 = 0$, noch einmal skizzieren:

$$
\left.
\begin{array}{cccccccccccc|l}
\overline{M}_0 & \overline{Q}_0 & \overline{W}_1 & \overline{\Psi}_1 & \overline{M}_1 & \overline{Q}_0 & \cdots & & \overline{W}_{n-1} & \overline{\Psi}_{n-1} & \overline{M}_{n-1} & \overline{Q}_{n-1} & \\
\hline
x & x & -1 & & & & & & & & & & = 0 \\
x & x & & -1 & & & & & & & & & = 0 \\
x & x & & & -1 & & & & & & & & = 0 \\
x & x & & & & -1 & & & & & & & = 0 \\
 & & x & x & x & x & -1 & & & & & & = 0 \\
 & & x & x & x & x & & -1 & & & & & = 0 \\
 & & x & x & x & x & & & -1 & & & & = 0 \\
 & & x & x & x & x & & & & -1 & & & = 0 \\
 & & & & & & & & \ddots & & & & \vdots \\
 & & & & & & & & x & x & x & x & = 0 \\
 & & & & & & & & x & x & x & x & = 0 .
\end{array}
\right\} \qquad (6.1)
$$

H. Fuhrke geht nun nicht den Weg der Elimination der Zwischengrößen. Er bestimmt die Determinante der aus den Übertragungsmatrizen aufgebauten Koeffizientenmatrix direkt, d.h. der Vektor der Zustandsgrößen wird vollständig zu Beginn der Rechnung abgelöst.

Zur Berechnung des Wertes der Determinante entwickelt H. Fuhrke dieses "Riesenschema" in Unterdeterminanten - auch Minoren genannt - der 2. Ordnung. Es wird also nicht nach Zeilen oder Spalten, sondern nach Doppelzeilen entwickelt, bei einem Problem von 2r-ter Ordnung (2r ist die Ordnung der zugehörigen Differentialgleichung) nach Minoren der Ordnung r.

Den Weg, den H. Fuhrke geht, sieht man noch deutlicher, wenn man die Entwicklung der Ausgangsdeterminante des zweifeldrigen, beidseitig eingespannten Balkens ausführlich durchführt. Die Eigenwertdeterminante dieses Balkensystems lautet, wenn a_{ik} und b_{ik} die Elemente der Übertragungsmatrizen des ersten und zweiten Feldes bedeuten,

$$\left|\begin{array}{cc|cccc} a_{13} & a_{14} & -1 & 0 & 0 & 0 \\ a_{23} & a_{24} & 0 & -1 & 0 & 0 \\ a_{33} & a_{34} & 0 & 0 & -1 & 0 \\ a_{43} & a_{44} & 0 & 0 & 0 & -1 \\ \hline 0 & 0 & b_{11} & b_{12} & b_{13} & b_{14} \\ 0 & 0 & b_{21} & b_{22} & b_{23} & b_{24} \end{array}\right| \qquad (6.2)$$

Die spaltenweise Entwicklung nach Unterdeterminanten zweiter Ordnung verwandelt (6.2) in

$$\begin{vmatrix} a_{13} & a_{14} \\ a_{23} & a_{24} \end{vmatrix} \begin{vmatrix} 0 & 0 & -1 & 0 \\ 0 & 0 & 0 & -1 \\ b_{11} & b_{12} & b_{13} & b_{14} \\ b_{21} & b_{22} & b_{23} & b_{24} \end{vmatrix} + \begin{vmatrix} a_{13} & a_{14} \\ a_{33} & a_{34} \end{vmatrix} \begin{vmatrix} 0 & -1 & 0 & 0 \\ 0 & 0 & 0 & -1 \\ b_{11} & b_{12} & b_{13} & b_{14} \\ b_{21} & b_{22} & b_{23} & b_{24} \end{vmatrix} + \dots \qquad (6.2')$$

Man erkennt, daß bei einer Weiterentwicklung der Viererdeterminanten nur eine einzige Zweierdeterminante übrig bleibt. Verwendet man nun zur Bezeichnung der Unterdeterminanten den von H. Fuhrke eingeführten Kombinationsindex (6.5) und schreibt für

$$\begin{vmatrix} a_{11} & a_{12} \\ a_{21} & a_{22} \end{vmatrix} = A_{11}, \begin{vmatrix} a_{11} & a_{13} \\ a_{21} & a_{23} \end{vmatrix} = A_{12}, \dots \begin{vmatrix} a_{13} & a_{14} \\ a_{23} & a_{24} \end{vmatrix} = A_{16}, \begin{vmatrix} a_{13} & a_{14} \\ a_{33} & a_{34} \end{vmatrix} = A_{26}, \dots \qquad (6.3)$$

so kann man (6.2') kürzer

$$B_{11}A_{16} + B_{12}A_{26} + \dots B_{16}A_{66} \qquad (6.4)$$

schreiben. Dieses Ergebnis kann gedeutet werden als das Produkt aus Zeile 1 und Spalte 6 zweier Matrizen, die H. Fuhrke Determinanten- oder Delta-Matrizen nennt [25].

Der entscheidende Beitrag von H. Fuhrke besteht darin, daß er die Unterdeterminanten, die sich aus der Übertragungsmatrix ergeben, durch eine geschickte Indizierung in einer Delta-Matrix zusammengefaßt hat.

Bedeutet $C^{a,b}_{c,d}$ die Unterdeterminante, die aus der Zeilenkombination a, b und der Spaltenkombination c, d der Übertragungsmatrix hervorgegangen ist, so schreibt man dafür C^{Δ}_{pq} und bestimmt die Indizes p und q nach folgender Kombinationsindextabelle:

Zeilen oder Spalten der Übertragungsmatrix	a,b / c,d	1,2	1,3	1,4	2,3	2,4	3,4
Kombinationsindex	p / q	1	2	3	4	5	6

(6.5)

Danach ist z.B.

$$C^{\Delta}_{35} = \begin{vmatrix} t_{12} & t_{14} \\ t_{42} & t_{44} \end{vmatrix}, \qquad C^{\Delta}_{11} = \begin{vmatrix} t_{11} & t_{12} \\ t_{21} & t_{22} \end{vmatrix} \tag{6.6}$$

[s. auch (6.3)].

Das Indexschema schreibt den Aufbau der Delta-Matrix, die wir mit einem hochgesetzten Δ bezeichnen, vor:

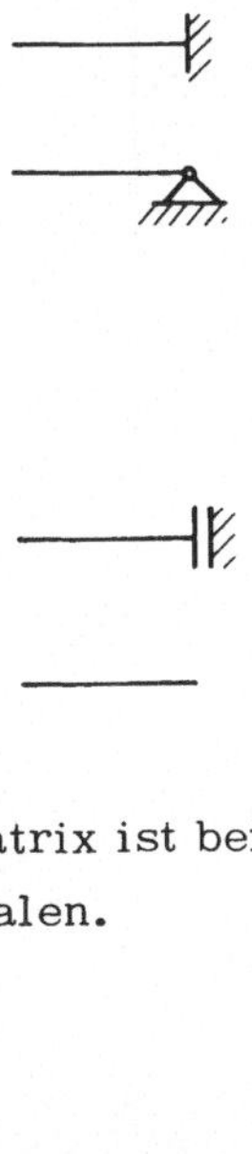

$$\mathbf{C}^{\Delta} = \begin{bmatrix} C^{\Delta}_{11} & C^{\Delta}_{12} & C^{\Delta}_{13} & C^{\Delta}_{14} & C^{\Delta}_{15} & C^{\Delta}_{16} \\ C^{\Delta}_{21} & C^{\Delta}_{22} & C^{\Delta}_{23} & C^{\Delta}_{24} & C^{\Delta}_{25} & C^{\Delta}_{26} \\ C^{\Delta}_{31} & C^{\Delta}_{32} & C^{\Delta}_{33} & C^{\Delta}_{34} & C^{\Delta}_{35} & C^{\Delta}_{36} \\ C^{\Delta}_{41} & C^{\Delta}_{42} & C^{\Delta}_{43} & C^{\Delta}_{44} & C^{\Delta}_{45} & C^{\Delta}_{46} \\ C^{\Delta}_{51} & C^{\Delta}_{52} & C^{\Delta}_{53} & C^{\Delta}_{54} & C^{\Delta}_{55} & C^{\Delta}_{56} \\ C^{\Delta}_{61} & C^{\Delta}_{62} & C^{\Delta}_{63} & C^{\Delta}_{64} & C^{\Delta}_{65} & C^{\Delta}_{66} \end{bmatrix} \tag{6.7}$$

Die Matrix ist bei Balkenproblemen von 6. Ordnung. Sie ist symmetrisch zur Nebendiagonalen.

Die Indizes der Delta-Matrizenelemente geben aber zugleich die für die Randbedingungsformulierung entscheidenden Kombinationen an. So gehört die Kombination 1. und 2. Zeile zu einer Einspannung am rechten, 1. und 2. Spalte zu einem freien linken Rand. Diese Randbedingungssymbole haben wir in das Schema (6.7) eingezeichnet [25].

Bemerkenswert ist, daß nicht für alle Elemente der Deltamatrix eine mechanisch deutbare Randbedingungskombination angegeben werden kann, sondern nur für die in den äußeren Ecken der Delta-Matrix angeordneten Quadrupel.

6.2 Einige Delta-Matrizen zur Lösung von Balkenproblemen

Delta-Matrix des kontinuierlich mit Masse μ und Nachgiebigkeit belegten Balkens

Aus der Übertragungsmatrix (4.20), die noch auf feldfremde Querschnittswerte bezogen ist, ergibt sich [25]

$$\mathbf{C}^{\Delta}_{Sch} = \begin{bmatrix} E^* & \frac{b}{a}A^* & \frac{b^2}{a}S^* & \frac{b^2}{a}S^* & \frac{b^3}{a}B^* & \frac{b^4}{a^2}(1-E^*)\frac{1}{\lambda^4} \\ -\lambda^4\frac{a}{b}B^* & 2E^*-1 & bA^* & bA^* & 2b^2S^* & \frac{b^3}{a}B^* \\ -\lambda^4\frac{a}{b^2}S^* & -\frac{\lambda^4}{b}B^* & E^* & E^*-1 & bA^* & \frac{b^2}{a}S^* \\ -\lambda^4\frac{a}{b^2}S^* & -\frac{\lambda^4}{b}B^* & E^*-1 & E^* & bA^* & \frac{b^2}{a}S^* \\ -\lambda^4\frac{a}{b^3}A^* & -2\frac{\lambda^4}{b^2}S^* & -\frac{\lambda^4}{b}B^* & -\frac{\lambda^4}{b}B^* & 2E^*-1 & \frac{b}{a}A^* \\ \lambda^4\frac{a^2}{b^4}(1-E^*) & -\lambda^4\frac{a}{b^3}A^* & -\lambda^4\frac{a}{b^2}S^* & -\lambda^4\frac{a}{b^2}S^* & -\lambda^4\frac{a}{b}B^* & E^* \end{bmatrix} \tag{6.8}$$

Es bedeuten

$$\left.\begin{aligned} B^* &= \left(1/2\lambda^3\right)\ (\cosh\lambda\,\sin\lambda - \sinh\lambda\,\cos\lambda)\ , \\ S^* &= \left(1/2\lambda^2\right)\ \sinh\lambda\,\sin\lambda\ , \\ A^* &= (1/2\lambda)\ (\cosh\lambda\,\sin\lambda + \sinh\lambda\,\cos\lambda)\ , \\ E^* &= (1/2)\ (1 + \cosh\lambda\,\cos\lambda)\ . \end{aligned}\right\} \tag{6.9}$$

Delta-Matrix des Druckstabes

Aus der Übertragungsmatrix (5.36) folgt

$$\mathbf{C}^{\Delta}_{kn} = \begin{bmatrix} C_B & \frac{b}{a} S_B & \frac{b^2}{a} C_d & \frac{b^2}{a} C_d & \frac{b^3}{a}\left(C_d - S_d\right) & \frac{b^4}{a^2}\left(2C_d - S_B\right)\frac{1}{\lambda_k^2} \\ -\lambda_k^2 \frac{a}{b} S_B & C_B & b\, S_B & b\, S_B & b^2\, S_B & \frac{b^3}{a}\left(C_d - S_d\right) \\ 0 & 0 & 1 & 0 & b\, S_B & \frac{b^2}{a} C_d \\ 0 & 0 & 0 & 1 & b\, S_B & \frac{b^2}{a} C_d \\ 0 & 0 & 0 & 0 & C_B & \frac{b}{a} S_B \\ 0 & 0 & 0 & 0 & -\lambda_k^2 \frac{a}{b} S_B & C_B \end{bmatrix} \tag{6.10}$$

Delta-Matrix der elastischen Stütze mit einer Punktmasse

Aus der Übertragungsmatrix (4.35) findet man

$$\mathbf{C}^{\Delta}_{St} = \begin{bmatrix} 1 & 0 & 0 & 0 & 0 & 0 \\ \Gamma_M & 1 & 0 & 0 & 0 & 0 \\ 0 & 0 & 1 & 0 & 0 & 0 \\ 0 & 0 & 0 & 1 & 0 & 0 \\ \Gamma_Q & 0 & 0 & 0 & 1 & 0 \\ \Gamma_Q \Gamma_M & \Gamma_Q & 0 & 0 & \Gamma_M & 1 \end{bmatrix} \tag{6.11}$$

Delta-Matrix des gewöhnlichen Balkens

Aus (4.31) folgt

$$\mathbf{C}^{\Delta}_{Balken} = \begin{bmatrix} 1 & b/a & b^2/(2a) & b^2/(2a) & b^3/(3a) & b^4/\left(12a^2\right) \\ 0 & 1 & b & b & b^2 & b^2/(3a) \\ 0 & 0 & 1 & 0 & b & b^2/(2a) \\ 0 & 0 & 0 & 1 & b & b^2/(2a) \\ 0 & 0 & 0 & 0 & 1 & b/a \\ 0 & 0 & 0 & 0 & 0 & 1 \end{bmatrix} \tag{6.12}$$

Weitere Delta-Matrizen findet man z.B. in [30] und [64].

6.3 Zahlenbeispiel

Mit Hilfe der Deltamatrizen (6.10), (6.11) und (6.12) wollen wir das Beispiel aus Abschn. 5.7 nochmals durchrechnen.

						$b^3/(3a)$
						b^2
						b
						b
						1
						0
						0
						0
						0
						0
1						$b^3/(3a)$
	1					b^2
$-\lambda_k^2 S_B$	C_B	S_B	S_B	S_B	$(C_d - S_d)$	P_{25}^{Δ}

Abb.6.1. Delta-Matrizenmultiplikationsschema

Wegen der Randbedingungen am linken Rand ($\overline{W}_0 = \overline{M}_0 = 0$) wird (s. auch (6.7)) nur die fünfte Spalte der Matrix (6.12) benötigt. Die Delta-Matrix der Stützfeder (6.11) enthält wegen $\Gamma_M = 0$ zunächst nur zwei von Null verschiedene Elemente. Bevor wir den Grenzübergang $\Gamma_Q = \infty$ machen, dividieren wir die Matrix durch Γ_Q, d.h. in der Matrix bleiben nur zwei Einsen stehen (Abb.6.1). Infolge der Randbedingungen am rechten Balkenrand wird nur die zweite Zeile der Delta-Matrix (6.10) benötigt.

Das Ergebnis der Multiplikation ist das Matrizenelement der Produktmatrix P_{25}^{Δ}. Es lautet, wie man leicht überprüft,

$$\left(b^3/3a\right) S_B + b^2 \left(C_d - S_d\right) . \tag{6.13}$$

Mit den Knickfunktionen gemäß (5.35) wird daraus die Eigenwertbedingung

$$(b/3a)\left(1/\lambda_k\right)\sin\lambda_k + \left(1/\lambda_k^2\right)\left(1 - \cos\lambda_k\right) - \left(1/\lambda_k^3\right)\left(\lambda_k - \sin\lambda_k\right) = 0 \tag{6.13'}$$

oder kürzer (s. auch das Ergebnis (5.41))

$$(b/3a)\,\lambda_k^2 + 1 = \lambda_k/\tan\lambda_k \,. \qquad (6.14)$$

6.4 Vor- und Nachteile der Delta-Matrizen

Die Vorteile der Delta-Matrizen-Methode sind:

a) Die Determinantenbildung wird an den Beginn der Rechnung gestellt. Dadurch werden bei der Bildung der charakteristischen Gleichung diejenigen Matrizenelemente von vornherein eliminiert, die sich beim gewöhnlichen Übertragungsmatrizenverfahren tilgen.

b) Starre Stützen und schlaffe Gelenke können bequem erfaßt werden, da der über alle Grenzen wachsende Faktor abgespaltet werden kann.

An Nachteilen sind zu nennen:

a) Die Ordnung der Delta-Matrix geht mit $\binom{2r}{r}$, wenn $2r$ die Ordnung der zugehörigen Differentialgleichung des Problems ist. Bei einer Ordnung

$2r = 4$ (Balkenproblem) wird die Delta-Matrix von 6. Ordnung,
$2r = 6$ (Kreisbogen) " " " " " 20. " ,
$2r = 8$ (Doppelbalken) " " " " " 70. " .

Für Matrizen von höherer als der 4. Ordnung ist die Rechnung daher nach der Delta-Matrizenmethode praktisch undurchführbar.

b) Da das Delta-Matrizenverfahren unmittelbar die Determinante bestimmt, kann es über die Vektoren keine Auskunft geben. Das bedeutet, daß man zur Bestimmung der Eigenvektoren das übliche Übertragungsmatrizenverfahren unbedingt braucht.

7. Übertragungsmatrizen zur Lösung von Scheiben-, Platten- und Schalenproblemen

7.1 Die Scheibe in rechtwinkligen Koordinaten

Zu den Scheiben zählt man Gebilde, die von zwei im Abstande h angeordneten parallelen Ebenen begrenzt sind. Die Ebene, die die Scheibendicke halbiert, heißt Mittelebene. Von einer Scheibe spricht man besonders dann, wenn die Wirkungslinie der Belastung in die Mittelebene fällt und sich der Verschiebungszustand durch die Verschiebungen u und v in den beiden Koordinatenrichtungen x und y beschreiben läßt (Abb.7.1).

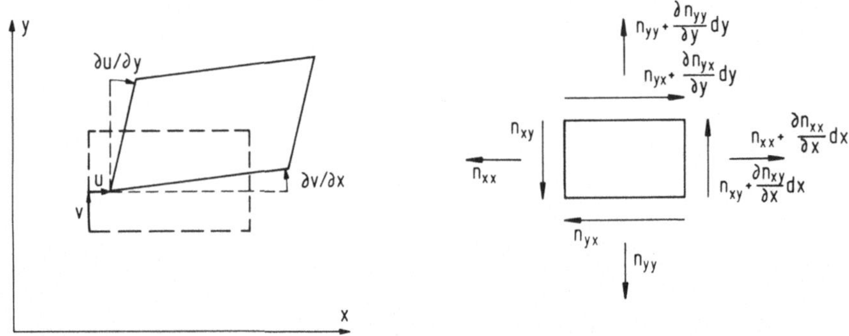

Abb.7.1. Scheibe mit Verschiebungsgrößen und Kraftflüssen

Die Grundgleichungen der Scheibe in rechtwinkligen Koordinaten sind so oft hergeleitet worden, z.B. in [65], [66], daß wir uns auf eine kurze Zusammenstellung der grundlegenden Beziehungen beschränken können. Für die Vertiefung sei auf die Spezialliteratur verwiesen.

Aus dem Gleichgewicht am Scheibenelement (Abb.7.1) folgt für die Kraftflüsse

$$\partial_1 n_{xx} + \partial_2 n_{yx} = 0, \quad \partial_1 n_{xy} + \partial_2 n_{yy} = 0, \quad n_{xy} = n_{yx} . \tag{7.1}$$

Darin sind n_{xx}, n_{yy} die Normalkraftflüsse in x- und y-Richtung, n_{xy}, n_{yx} die Schubflüsse. Sie ergeben sich als Integrale der Spannungen über der Scheibendicke h. Wir haben hier auf die Mitnahme von Trägheitskräften verzichtet, betrachten also im folgenden nur die Elastostatik der Scheibe.

Die Differentialoperatoren-Symbole

$$\partial_1 \mathrel{\hat=} \partial(\,)/\partial x, \quad \partial_2 \mathrel{\hat=} \partial(\,)/\partial y \tag{7.2}$$

haben gegenüber dem bisher beim Balken verwendeten Symbol $' \mathrel{\hat=} d(\,)/d(x/l)$ den Vorzug größerer Flexibilität, insbesondere bieten sie die Möglichkeit, mit ihnen wie mit Zahlen rechnen zu können.

Die Geometriebeziehungen der Scheibe verknüpfen die Dehnungen ε_{xx}, ε_{yy} und die Gleitung γ_{xy} mit den Verschiebungen:

$$\varepsilon_{xx} = \partial_1 u, \quad \varepsilon_{yy} = \partial_2 v, \quad \gamma_{xy} = \partial_2 u + \partial_1 v \,. \tag{7.3}$$

Das Materialgesetz liefert den Zusammenhang zwischen Kraftflüssen und Verzerrungen (Verzerrung steht als Oberbegriff für Dehnung und Gleitung). Unter der Annahme eines isotropen, linearelastischen Materials lautet es für den ebenen Spannungszustand ($n_{zz} = 0$)

$$\begin{bmatrix} n_{xx} \\ n_{yy} \\ n_{xy} \end{bmatrix} = \begin{bmatrix} D & \nu D & 0 \\ \nu D & D & 0 \\ 0 & 0 & S \end{bmatrix} \begin{bmatrix} \varepsilon_{xx} \\ \varepsilon_{yy} \\ \gamma_{xy} \end{bmatrix} - D\alpha(1+\nu)T \begin{bmatrix} 1 \\ 1 \\ 0 \end{bmatrix} . \tag{7.4}$$

Darin bedeutet $D = E\,h/(1-\nu^2)$ die Dehnsteifigkeit, $S = G\,h$ die Schubsteifigkeit mit E dem Elastizitätsmodul, G dem Schubmodul und ν der Querkontraktionsziffer. Wir haben den Einfluß einer Temperaturänderung mitgenommen. Er ist in dem rechts stehenden Spaltenvektor erfaßt. T ist die Temperaturänderung und α der lineare Temperaturausdehnungskoeffizient.

Die Möglichkeiten der Zusammenfassung von (7.1), (7.3) und (7.4) sind in der Spezialliteratur ausführlich geschildert. Wir erwähnen nur den Weg, mit Hilfe einer Oberfunktion - z.B. der Airyschen Spannungsfunktion - Lösungsmöglichkeiten zu finden. Auch die Möglichkeit, Kraftflüsse und Verzerrungen zu eliminieren, um ein Differentialgleichungssystem nur in den Verschiebungen zu bekommen, ist vielfach diskutiert. Wir wollen hier Kraftflüsse und Verschiebungen nebeneinander mitführen, eliminieren also die Verzerrungen.

Bevor wir diesen Eliminationsschritt gehen, müssen wir eine Richtung - die x- oder y-Richtung - als Übertragungsrichtung wählen. Welche Richtung für den Übertragungsprozeß geeignet ist, hängt von der Art der zu lösenden Aufgabe ab und kann nicht allgemein festgelegt werden. Wir wählen für den später zu behandelnden Scheibenstreifen (Abb.7.2) die y-Koordinate als Übertragungsrichtung.

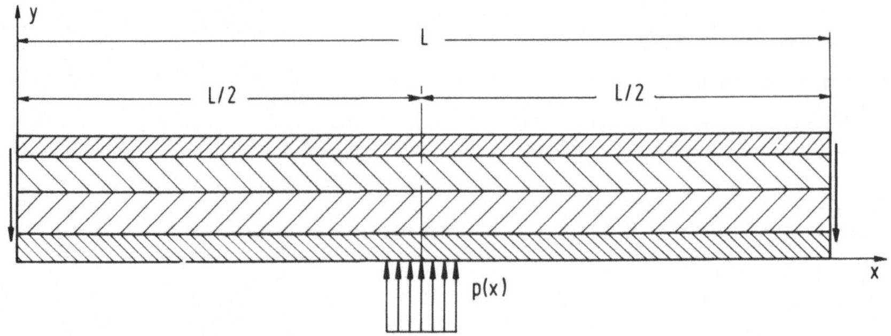

Abb.7.2. Scheibenstreifen unter äußerer Belastung

Eliminiert man in der ersten Zeile des in Ableitungen von u und v geschriebenen Materialgesetzes

$$n_{xx} = D\left[\partial_1 u + \nu\partial_2 v - \alpha(1+\nu)T\right] \tag{7.5}$$

$\nu D\partial_2 v$ mit Hilfe der zweiten Zeile dieses Gesetzes, so findet man

$$n_{xx} = D\left(1-\nu^2\right)\partial_1 u + \nu n_{yy} - D\alpha\left(1-\nu^2\right)T\,. \tag{7.6}$$

Einsetzen von (7.6) in die erste der Gleichgewichtsbeziehungen (7.1) ergibt:

$$\partial_2 n_{xy} = -D\left(1-\nu^2\right)\partial_1^2 u - \nu\partial_1 n_{yy} + D\alpha\left(1-\nu^2\right)\partial_1 T \tag{7.7}$$

$\left(\partial_1^2 \mathrel{\hat{=}} \partial^2(\;)/\partial x^2\right)$. Mit den beiden übrigen Zeilen des Materialgesetzes und der zweiten Gleichgewichtsbeziehung erhält man

$$\partial_2\begin{bmatrix} u \\ v \\ n_{yy} \\ n_{xy}\end{bmatrix} = \begin{bmatrix} 0 & -\partial_1 & 0 & 1/S \\ -\nu\partial_1 & 0 & 1/D & 0 \\ 0 & 0 & 0 & -\partial_1 \\ -D\left(1-\nu^2\right)\partial_1^2 & 0 & -\nu\partial_1 & 0\end{bmatrix}\begin{bmatrix} u \\ v \\ n_{yy} \\ n_{xy}\end{bmatrix} + \alpha\begin{bmatrix} 0 \\ (1+\nu)T \\ 0 \\ D\left(1-\nu^2\right)\partial_1 T\end{bmatrix}. \tag{7.8}$$

Der Längskraftfluß n_{xx} geht in dieses System partieller Differentialgleichungen nicht direkt ein. Er folgt aus (7.6), nachdem man (7.8) gelöst hat.

Die Lösung dieses Systems läßt sich vorteilhaft mit Hilfe eines Produktansatzes für die Verschiebungen und Kraftflüsse finden, d.h. man setzt

$$u(x,y) = f(x)\,u(y), \quad v(x,y) = g(x)\,v(y), \ldots \tag{7.9}$$

Welche Funktionen $f(x)$, $g(x)$ usw. sind zu wählen?

7.1.1 Fourier-Reihenmethode

Am häufigsten werden für die $f(x), g(x), \ldots$ Fourier-Reihen gewählt, die von vornherein voneinander unabhängige (orthogonale) Reihenglieder liefern. Das Gesamtergebnis findet man dann aus der Superposition der Einzellösungen.

Die Fourier-Reihenentwicklung ergibt bei der Scheibe

$$\left.\begin{aligned}
u(x,y) &= u_o(y) + \sum u_m(y)\cos\beta x + \sum \bar{u}_m(y)\sin\beta x\,,\\
v(x,y) &= v_o(y) + \sum v_m(y)\sin\beta x + \sum \bar{v}_m(y)\cos\beta x\,,\\
n_{xx}(x,y) &= n_{xxo}(y) + \sum n_{xxm}(y)\sin\beta x + \sum \bar{n}_{xxm}(y)\cos\beta x\,,\\
n_{yy}(x,y) &= n_{yyo}(y) + \sum n_{yym}(y)\sin\beta x + \sum \bar{n}_{yym}(y)\cos\beta x\,,\\
n_{xy}(x,y) &= n_{xyo}(y) + \sum n_{xym}(y)\cos\beta x + \sum \bar{n}_{xym}(y)\sin\beta x\,.\\
&\beta = m\pi/L, \qquad m = 1,2,3,\ldots\infty.
\end{aligned}\right\} \tag{7.10}$$

L ist die Länge des Scheibenstreifens in x-Richtung (Abb.7.2), m gibt die Ordnung des Reihengliedes an.

Die am Rande $y = 0$ angreifende äußere Belastung und das Temperaturfeld werden ebenfalls in Fourrierreihen entwickelt:

$$\left.\begin{aligned}
p(x) &= p_o + \sum p_m \sin\beta x + \sum \bar{p}_m \cos\beta x\,,\\
T(x,y) &= T_o(y) + \sum T_m(y)\sin\beta x + \sum \overline{T}_m(y)\cos\beta x\,.
\end{aligned}\right\} \tag{7.11}$$

Zur Vereinfachung des Rechnungsganges wollen wir annehmen, daß die von x unabhängigen und die überstrichenen Funktionen $\bar{u}_m$, $\bar{v}_m$, $\bar{n}_{xxm}$ usw. überall verschwinden, d.h. wir setzen Symmetrie der Belastung zur Achse $x = L/2$ voraus.

Für den Satz der nicht überstrichenen Fourierglieder findet man aus (7.8), wenn man noch überall die Faktoren $\sin\beta x$, $\cos\beta x$ wegläßt, folgendes System gewöhnlicher Differentialgleichungen:

$$\partial_2 \begin{bmatrix} u_m \\ v_m \\ n_{yym} \\ n_{xym} \end{bmatrix} = \begin{bmatrix} 0 & -\beta & 0 & 1/S \\ \nu\beta & 0 & 1/D & 0 \\ 0 & 0 & 0 & \beta \\ D(1-\nu^2)\beta^2 & 0 & -\nu\beta & 0 \end{bmatrix} \begin{bmatrix} u_m \\ v_m \\ n_{yym} \\ n_{xym} \end{bmatrix} + \alpha T_m \begin{bmatrix} 0 \\ (1+\nu) \\ 0 \\ D(1-\nu^2)\beta \end{bmatrix} . \qquad (7.12)$$

Das m-te Fourier-Reihenglied des Normalkraftflusses n_{xxm} ergibt sich aus (7.6) zu

$$n_{xxm} = -D(1-\nu^2)\beta u_m + \nu n_{yym} - D\alpha(1-\nu^2)T_m . \qquad (7.13)$$

Die Lösung der homogenen Differentialgleichungen gewinnt man zweckmäßig mit Hilfe des in Kap. 12 angegebenen Iterationsverfahrens, wobei man die Iteration in allgemeinen Zeichen durchführt und nachträglich die Potenzen von y zu den Hyperbelfunktionen $\cosh\beta y$, $\sinh\beta y$ zusammenfaßt.

Mit der Abkürzung $a = Eh/(\bar{E}\bar{h})$ ($\bar{E}$ ist ein Bezugselastizitätsmodul, $\bar{h}$ eine Bezugsdicke) erhält die homogene Lösung für die bezogenen Zustandsgrößen

$$u_m^* = u_m, \quad v_m^* = -v_m, \quad n_{yym}^* = n_{yym} L/\bar{E}\bar{h}, \quad n_{xym}^* = n_{xym} L/\bar{E}\bar{h} \qquad (7.14)$$

die Form

$$\begin{bmatrix} u_m^* \\ v_m^* \\ n_{yym}^* \\ n_{xym}^* \end{bmatrix} = \begin{bmatrix} C + \frac{1+\nu}{2}\beta y S & \frac{1+\nu}{2}\beta y C + \frac{1-\nu}{2} S & -\frac{(1+\nu)^2}{2aL} y S & \frac{(1+\nu)^2}{2aL}\left[\frac{3-\nu}{1+\nu}\frac{1}{\beta} S + y C\right] \\ \frac{1-\nu}{2} S - \frac{1+\nu}{2}\beta y C & C - \frac{1+\nu}{2}\beta y S & \frac{(1+\nu)^2}{2aL}\left[y C - \frac{3-\nu}{1+\nu}\frac{1}{\beta} S\right] & -\frac{(1+\nu)^2}{2aL} y S \\ \frac{aL}{2}\beta^2 y S & \frac{aL}{2}\beta(\beta y C - S) & C - \frac{1+\nu}{2}\beta y S & \frac{1+\nu}{2}\beta y C + \frac{1-\nu}{2} S \\ \frac{aL}{2}\beta(\beta y C + S) & \frac{aL}{2}\beta^2 y S & \frac{1-\nu}{2} S - \frac{1+\nu}{2}\beta y C & C + \frac{1+\nu}{2}\beta y S \end{bmatrix} \begin{bmatrix} u_m^* \\ v_m^* \\ n_{yym}^* \\ n_{xym}^* \end{bmatrix}_0$$

$$(C = \cosh\beta y \; ; \; S = \sinh\beta y \, .) \qquad (7.15)$$

Zur Berechnung des inhomogenen Lösungsanteiles von (7.12) approximieren wir das Temperaturfeld in y-Richtung durch den linearen Ansatz

$$T_m(y) = T_{om} + k_{Tm} y \qquad (7.16)$$

mit

$$k_{Tm} = (T_{1m} - T_{om})/Y . \qquad (7.16')$$

Darin sind T_{om}, T_{1m} die Temperaturen an den Rändern des Scheibenstreifens $y = 0$ und $y = Y$ (Abb.7.3). Dieser Ansatz führt zu folgendem, in Form eines matriziellen

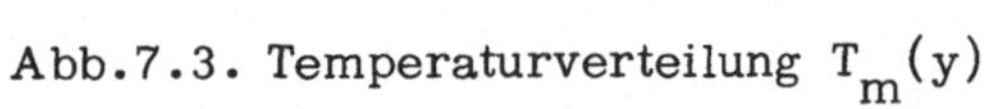
Abb.7.3. Temperaturverteilung $T_m(y)$

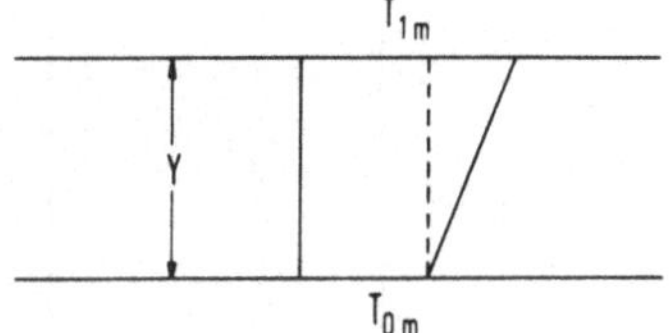

Vektors dargestellten inhomogenen Teil der Differentialgleichung (7.12) (s. auch Kap.12):

$$\mathbf{a}(y) = \begin{bmatrix} 0 \\ \alpha(1+\nu)\left(T_{om} + k_{Tm}\, y\right) \\ 0 \\ \alpha\beta a\left(T_{om} + k_{Tm}\, y\right) \end{bmatrix} . \tag{7.17}$$

Zur Berechnung der inhomogenen Lösung führen wir nun die einzelnen Berechnungsschritte nach Kap.12, (12.25), aus. Das Produkt $\mathbf{T}(-y)\,\mathbf{a}(y)$ ergibt

$$\left\{ \begin{bmatrix} -\frac{1+\nu}{2}\beta y C - \frac{1-\nu}{2} S \\ C - \frac{1+\nu}{2}\beta y S \\ -\frac{aL}{2}\beta(\beta y C - S) \\ \frac{aL}{2}\beta^2 y S \end{bmatrix} \alpha(1+\nu) + \begin{bmatrix} -\frac{(1+\nu)^2}{2aL}\left[\frac{3-\nu}{1+\nu}\frac{1}{\beta} S + y C\right] \\ -\frac{(1+\nu)^2}{2aL} y S \\ -\frac{1+\nu}{2}\beta y C - \frac{1-\nu}{2} S \\ C + \frac{1+\nu}{2}\beta y S \end{bmatrix} \alpha\beta a \right\} \left(T_{om} + k_{Tm}\, y\right) . \tag{7.18}$$

Die Integration $\int\limits_0^y \mathbf{T}(-y)\,\mathbf{a}(y)\,dy$ liefert

$$\begin{bmatrix} -\alpha(1+\nu)\left[\frac{T_{om}}{\beta}(C-1) + k_{Tm}\left(\frac{y}{\beta} C - S/\beta^2\right)\right] \\ -\alpha(1+\nu)\left[\frac{T_{om}}{\beta} S + k_{Tm}\left(\frac{y}{\beta} S - (C-1)/\beta^2\right)\right] \\ \cdot a\alpha\beta \left[\frac{T_{om}}{\beta}(C-1) + k_{Tm}\left(\frac{y}{\beta} C - S/\beta^2\right)\right] \\ a\alpha\beta \left[\frac{T_{om}}{\beta} S + k_{Tm}\left(\frac{y}{\beta} S - (C-1)/\beta^2\right)\right] \end{bmatrix} . \tag{7.19}$$

Diesen Vektor muß man noch mit $\mathbf{T}(y)$ multiplizieren, um den inhomogenen Lösungsanteil der Differentialgleichung zu finden. Das Ergebnis ist

$$+\frac{\alpha T_{om}}{\beta}\begin{bmatrix}(1+\nu)(C-1)\\ -(1+\nu)S\\ aL\beta(C-1)\\ aL\beta\, S\end{bmatrix} + \alpha k_{Tm}\begin{bmatrix}(1+\nu)(S/\beta-y)/\beta\\ (1+\nu)(1-C)/\beta^2\\ aL(S/\beta-y)\\ -aL(1-C)/\beta\end{bmatrix} . \qquad (7.15')$$

Mit Hilfe von (7.15) und (7.15') ist die Berechnung der Zustandsgrößen eines aus vielen Einzelstreifen aufgebauten Scheibengebildes möglich. Der in der Übertragungsmatrizenbeziehung nicht mitgeführte, bezogene Normalkraftgluß $n^*_{xxm} = n_{xxm} L/(\bar{E}\,\bar{h})$ folgt anschließend aus

$$n^*_{xxm} = -aL\beta u^*_m + \nu n^*_{yym} - aL\alpha\left(T_{om} + k_{Tm}y\right) . \qquad (7.20)$$

(s. auch [75], worin frühere Arbeiten des Verfassers von [71]-[74] mit Hilfe von Übertragungsmatrizen dargestellt sind. Die dort angegebenen Übertragungsmatrizen gelten für den hier nicht behandelten ebenen Verzerrungszustand eines geschichteten Körpers. Gleichzeitig findet sich dort die Übertragungsmatrizenbeziehung für den axialsymmetrischen Verzerrungszustand, bei dem die Hankel-Transformation zu einem geeigneten Funktionsansatz in einer Koordinatenrichtung führte.)

7.1.2 Streifenmethode

Der zuvor gewählte Fourier-Reihenansatz setzt voraus, daß der Scheibenstreifen an den Rändern $x = 0$ und $x = L$ "gelenkig" gelagert ist, d.h.

$$v(0) = n_{xx}(0) = v(L) = n_{xx}(L) = 0 .$$

Aufgaben mit ungleichen Randbedingungskombinationen - z.b. "gelenkige" Lagerung am linken und "Einspannung" am rechten Rand - entziehen sich einer Fourier-Reihenentwicklung. Zur Berechnung dieser Fälle eignet sich das folgende halbanalytische Verfahren, das Differenzenausdrücke mit dem Verfahren der Übertragunsmatrizen kombiniert [87], [112]. Man nennt es Methode der Parameterlinien, Geraden- oder Streifenmethode.

Der Grundgedanke ist folgender: Man überzieht das durch die parallelen Ränder in $x = 0$ und $x = L$ begrenzte Scheibengebilde mit einer Schar paralleler, möglichst äquidistanter Linien (Parameterlinien, Abb.7.4). Ihr Abstand voneinander sei Δx.

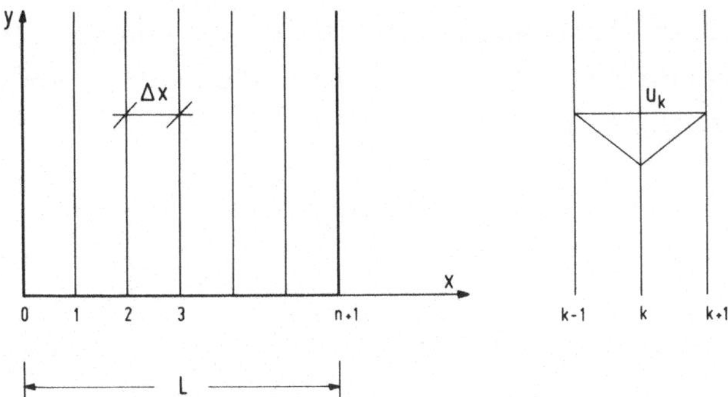

Abb.7.4. Einteilung eines Scheibengebildes in n Einzelstreifen mit n+2 Parameterlinien

Den Funktionsverlauf von $u, v, n_{xx}, n_{yy}, n_{xy}$ beschreibt man nun durch eine Vielzahl von Einzelfunktionen auf diesen Parameterlinien:

$$\left.\begin{array}{l} u_1 = u_1(y), \ldots, u_k = u_k(y), \ldots, u_{n+1} = u_{n+1}(y) , \\ v_1 = v_1(y), \ldots, v_k = v_k(y), \ldots, v_{n+1} = v_{n+1}(y) , \\ \ldots \end{array}\right\} \qquad (7.21)$$

Diese Funktionen faßt man in matriziellen Vektoren

$$\mathbf{u} = \begin{bmatrix} u_0 \\ u_1 \\ \vdots \\ u_{n+1} \end{bmatrix}, \quad \mathbf{v} = \begin{bmatrix} v_0 \\ v_1 \\ \vdots \\ v_{n+1} \end{bmatrix}, \quad \mathbf{n}_{yy} = \begin{bmatrix} n_{yy0} \\ n_{yy1} \\ \vdots \\ n_{yyn+1} \end{bmatrix}, \quad \mathbf{n}_{xy} = \begin{bmatrix} n_{xy0} \\ n_{xy1} \\ \vdots \\ n_{xyn+1} \end{bmatrix} \qquad (7.22)$$

zusammen. An die Stelle der Ableitungen dieser Funktionen nach x werden Differenzenausdrücke

$$\left.\begin{array}{l} \partial_1 u_k \Rightarrow \left(-u_{k-1} + u_{k+1}\right)/(2\,\Delta x) , \\ \partial_1^2 u_k \Rightarrow \left(u_{k-1} - 2u_k + u_{k+1}\right)/\Delta x^2 \text{ usw.} \end{array}\right\} \qquad (7.23)$$

gesetzt. Die Randausdrücke formuliert man, wenn man keine Symmetriebedingungen ausnutzen kann, in einseitigen Differenzen, denn Funktionen außerhalb des Scheibengebildes gibt es nicht. Wir geben diese Differenzenausdrücke hier an und verweisen auf [117]:

$$\left.\begin{array}{l} \partial_1 u_0 \Rightarrow \left(-u_0 + u_1\right)/\Delta x , \\ \partial_1^2 u_0 \Rightarrow \left(2u_0 - 5u_1 + 4u_2 - u_3\right)/\Delta x^2 \end{array}\right\} \qquad (7.24)$$

Die Differenzenausdrücke (7.23) und (7.24), die für die einzelnen Parameterlinien angeschrieben werden müssen, schreibt man unter Verwendung der Vektoren **u**, **v**, ... zweckmäßig in Matrizenform, z.B.

$$\mathbf{D}_1\mathbf{u}, \qquad \mathbf{D}_2\mathbf{u} \tag{7.25}$$

mit Differenzenmatrizen

$$\mathbf{D}_1 = \frac{1}{2\Delta x}\begin{bmatrix} -2 & 2 & & & & \\ -1 & 0 & 1 & & & \\ & -1 & 0 & 1 & & \\ & & & \ddots & & \\ & & & -1 & 0 & 1 \\ & & & & -2 & 2 \end{bmatrix}, \quad \mathbf{D}_2 = \frac{1}{\Delta x^2}\begin{bmatrix} 2 & -5 & 4 & -1 & & \\ 1 & -2 & 1 & & & \\ & 1 & -2 & 1 & & \\ & & & \ddots & & \\ & & & 1 & -2 & 1 \\ & & -1 & 4 & -5 & 2 \end{bmatrix}. \tag{7.26}$$

$\mathbf{D}_1$, $\mathbf{D}_2$ sind Matrizen der Differenzen 1. und 2. Ordnung. Mit den Vektoren (7.22) und den Differenzenmatrizen (7.26) geht man in das Differentialgleichungssystem (7.8). Man findet ein System 1. Ordnung für die Vektoren der Zustandsgrößen

$$\partial_2 \begin{bmatrix} \mathbf{u} \\ \mathbf{v} \\ \mathbf{n}_{yy} \\ \mathbf{n}_{xy} \end{bmatrix} = \begin{bmatrix} 0 & -\mathbf{D}_1 & 0 & \mathbf{E}/S \\ -\nu\mathbf{D}_1 & 0 & \mathbf{E}/D & 0 \\ 0 & 0 & 0 & -\mathbf{D}_1 \\ -D\left(1-\nu^2\right)\mathbf{D}_2 & 0 & -\nu\mathbf{D}_1 & 0 \end{bmatrix} \begin{bmatrix} \mathbf{u} \\ \mathbf{v} \\ \mathbf{n}_{yy} \\ \mathbf{n}_{xy} \end{bmatrix} + \alpha \begin{bmatrix} 0 \\ (1+\nu) \\ 0 \\ D\left(1-\nu^2\right)\mathbf{D}_1 \end{bmatrix} \mathbf{t}\,. \tag{7.27}$$

Der Vektor **t** umfaßt darin die Temperaturen T_0, T_1, ... auf den einzelnen Parameterlinien.

Die numerische Berechnung der Übertragungsmatrix, die als Lösung dieses Systems erscheint, ist mit dem in Kap. 12 angegebenen Iterationsverfahren möglich. Wir können daher mit der Angabe des Differentialgleichungssystems die Aufgabe als gelöst ansehen. (Man treffe jedoch Vorsorge gegen die hier sicher bei Übertragungsmatrizen auftretenden numerischen Schwierigkeiten, s. Kap. 8).

7.1.3 Funktionsansätze in x-Richtung

Nachdem wir in dem vorigen Kap. die Verschiebungen und Kraftflüsse durch eine Vielzahl einfachster Ansätze in x-Richtung approximiert haben, liegt es nahe, bei einem regelmäßig aufgebauten Gebilde "Gruppenverschiebungen" (oder "Gruppenkraftflüsse") als Zustandsgrößen einzuführen (s. auch das in Abschn. 5.5 angedeutete Verfahren). Man wählt für die Verschiebungen

$$u(x,y) = \sum f_i(x)\, U_i(y), \qquad v(x,y) = \sum g_j(x)\, V_j(y) \tag{7.28}$$

mit Funktionsansätzen $f_i(x)$, $g_j(x)$, die das physikalische Verhalten des Gebildes möglichst gut erfassen. Je größer die Zahl der physikalischen Informationen ist, die man in diese Ansatzfunktionen hineinsteckt, desto besser wird das Ergebnis sein, das sich erzielen läßt.

Mit Hilfe dieser fest vorgegebenen Funktionen f_i, g_j findet man über eine auf dem Prinzip der virtuellen Verrückungen beruhenden Integralbedingung - das Ritzsche oder das Galerkinsche Verfahren - angenäherte Ersatz-Differentialgleichungen.

Da hier die Prinzipien der Mechanik und die darauf aufbauenden Näherungsmethoden nicht geschildert werden konnten, sei auf die Spezialliteratur verwiesen, z.B. [70].

7.1.4 Physikalische Vereinfachungen

Die Möglichkeit, durch physikalisch begründete Vereinfachungen Gleichungen zu gewinnen, die sich leicht integrieren lassen, bietet sich bei orthotrop versteiften Scheibengebilden an. Die Längssteifen in x- und die Quersteifen in y-Richtung haben zur Folge, daß der Querkontraktionseinfluß klein ist. Das rechtfertigt die Vernachlässigung von ν. Die weitere, physikalisch begründete Vereinfachung "verschmiert" die Quersteifen, beläßt dagegen die Längssteifen an den Rändern der Teilscheiben. Die Folgerung daraus ist, daß man in dem Scheibenstreifen den Normalkraftfluß $n_{xx} = 0$ setzen darf.

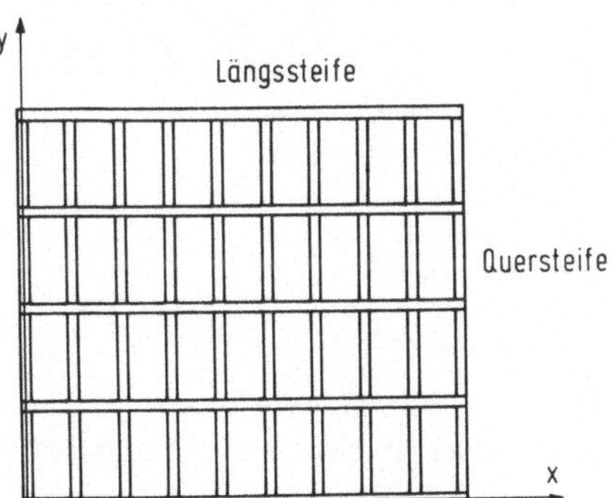

Abb.7.5. Orthotrop versteifte Scheibe

Diese Vereinfachungen treffen das physikalische Verhalten eines bei Sandwichbauteilen vielfach verwendeten "Honigwabenkernes" besonders gut, weshalb wir die derart spezialisierte Scheibe *Honigwabenscheibe* nennen wollen.

Die maßgebenden Beziehungen der Honigwabenscheibe findet man, wenn man in (7.8) die Vereinfachungen $\nu = 0$ und $n_{xx} = 0$ einsetzt. Man erhält

$$\partial_2 \begin{bmatrix} u \\ v \\ n_{yy} \\ n_{xy} \end{bmatrix} = \begin{bmatrix} 0 & -\partial_1 & 0 & 1/S \\ 0 & 0 & 1/D & 0 \\ 0 & 0 & 0 & -\partial_1 \\ 0 & 0 & 0 & 0 \end{bmatrix} \begin{bmatrix} u \\ v \\ n_{yy} \\ n_{xy} \end{bmatrix} . \tag{7.29}$$

(Wir haben hier auf die Mitnahme der Temperaturdehnungen verzichtet, um die Methode klarer zeigen zu können.)

Die Lösung dieser partiellen Differentialgleichungen ist mit Hilfe des Ansatzes

$$\left.\begin{aligned} u(x,y) &= u(x)\,e^{\alpha y}, \qquad v(x,y) = v(x)\,e^{\alpha y}\,, \\ n_{yy}(x,y) &= n_{yy}(x)\,e^{\alpha y}, n_{xy}(x,y) = n_{xy}(x)\,e^{\alpha y} \end{aligned}\right\} \tag{7.30}$$

möglich (s. auch die Arbeit [76], der wir hier weitgehend folgen). Man erhält durch Einsetzen in (7.29)

$$\begin{bmatrix} -\alpha & -\partial_1 & 0 & 1/S \\ 0 & -\alpha & 1/D & 0 \\ 0 & 0 & -\alpha & -\partial_1 \\ 0 & 0 & 0 & -\alpha \end{bmatrix} \begin{bmatrix} u(x) \\ v(x) \\ n_{yy}(x) \\ n_{xy}(x) \end{bmatrix} = 0 . \tag{7.31}$$

Eine von Null verschiedene Lösung ist nur möglich, wenn die Determinante dieser zum Teil mit Differentialoperatoren besetzten Matrix verschwindet. Man findet

$$\alpha^4 = 0 , \tag{7.32}$$

und die Lösung lautet

$$u(x,y) = u_1(x) + u_2(x)\,y + u_3(x)\,y^2 + u_4(x)\,y^3 . \tag{7.33}$$

Entsprechende Ausdrücke findet man für $v(x,y)$, $n_{yy}(x,y)$ und $n_{xy}(x,y)$. Die mathematischen Funktionen $u_i(x)$ usw. drücken wir nun durch die physikalisch anschaulichen Größen des Randes $y = 0$ aus:

$$u(x,0) = u_0(x),\; v(x,0) = v_0(x),\; n_{yy}(x,0) = n_{yy0}(x),\; n_{xy}(x,0) = n_{xy0}(x) . \tag{7.34}$$

Nach kurzer Zwischenrechnung findet man

$$\begin{bmatrix} u(x,y) \\ v(x,y) \\ n_{yy}(x,y) \\ n_{xy}(x,y) \end{bmatrix} = \begin{bmatrix} 1 - y\partial_1 & -(y^2/2D)\partial_1 & \left[(y^3/6D)\partial_1^2 + y/S\right] \\ 0 \quad 1 & y/D & -(y^2/2D)\partial_1 \\ 0 \quad 0 & 1 & -y\,\partial_1 \\ 0 \quad 0 & 0 & 1 \end{bmatrix} \begin{bmatrix} u_0(x) \\ v_0(x) \\ n_{yy0}(x) \\ n_{xy0}(x) \end{bmatrix} \tag{7.35}$$

und erkennt, daß der Schubfluß in dieser Honigwabenscheibe unabhängig von der y-Koordinate ist (s. auch (7.29)).

In einem folgenden Schritt müssen zunächst die grundlegenden Beziehungen für die Längssteifen bestimmt und dann ihr Zusammenhang mit den Honigwabenscheiben formuliert werden. Man erhält auf diesem Wege Gleichungen für die aus mehreren Längsgurten und Honigwabenscheiben aufgebaute V i e l g u r t s c h e i b e.

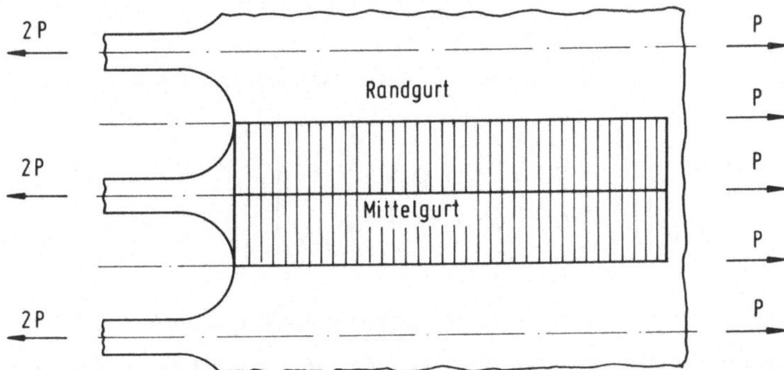

Abb.7.6. Dreigurtscheibe zur Berechnung von Krafteinleitungsproblemen

Um diesen Schritt zeigen zu können, wollen wir jedoch nicht diese komplizierte Scheibe weiter verfolgen, sondern uns auf die Betrachtung eines einfacheren Modells beschränken. Dieses besteht aus drei Gurten und zwei sie verbindenden Honigwabenscheiben, kurz D r e i g u r t s c h e i b e genannt (Abb.7.6 und 7.7). Dieses Ersatzsystem wählt man häufig, um Probleme der Krafteinleitung in dünnwandige Scheiben oder in Laschenverbindungen untersuchen zu können. Die Belastung wird symmetrisch zur Mittelsteife angreifend gedacht, so daß nur die eine Hälfte dieser Dreigurtscheibe betrachtet werden muß.

Für die Weiterrechnung nehmen wir an, daß die Steifen keine Biegemomente und Querkräfte übertragen können. Sie seien biegeschlaff. Dann lauten die Gleichgewichtsbeziehung und das Materialgesetz für den Randgurt:

$$\partial_1 \begin{bmatrix} u_R \\ N_{xR} \end{bmatrix} = \begin{bmatrix} 0 & 1/(EF_R) \\ 0 & 0 \end{bmatrix} \begin{bmatrix} u_R \\ N_{xR} \end{bmatrix} + \begin{bmatrix} 0 \\ n_{xy}(x,Y) \end{bmatrix} . \tag{7.36}$$

Darin ist u_R die Verschiebung eines Steifenpunktes in x-Richtung, N_{xR} die Längskraft in der Steife und EF_R die Dehnsteifigkeit [s. auch (2.44)]. $n_{xy}(x,Y)$ ist der Scheibenschubfluß am Rande der Scheibe $y = Y$.

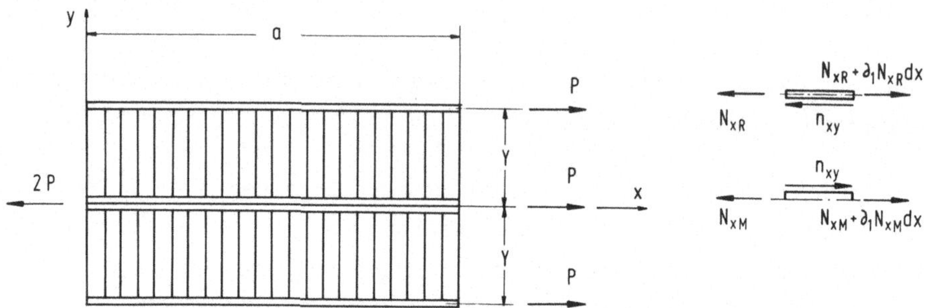

Abb. 7.7. Dreigurtscheibe und losgelöste Gurte

Die entsprechende Beziehung für den halben Mittelgurt lautet (Abb. 7.7)

$$\partial_1 \begin{bmatrix} u_M \\ N_{xM} \end{bmatrix} = \begin{bmatrix} 0 & 1/EF_M \\ 0 & 0 \end{bmatrix} \begin{bmatrix} u_M \\ N_{xM} \end{bmatrix} - \begin{bmatrix} 0 \\ n_{xy}(x,0) \end{bmatrix} . \tag{7.37}$$

In dem folgenden Schritt sind die Zusammenhangsbedingungen zwischen den Gurten und der Honigwabenscheibe zu formulieren. Wir wollen diese Aufgabe hier dadurch weiter vereinfachen, daß wir in der Scheibe $D = \infty$ setzen, d.h. die Honigwabenscheibe in y-Richtung dehnstarr annehmen (s. dagegen [76]). Mit dieser radikalen Vereinfachung verwandelt sich (7.35) in

$$\begin{bmatrix} u(x,y) \\ v(x,y) \\ n_{yy}(x,y) \\ n_{xy}(x,y) \end{bmatrix} = \begin{bmatrix} 1 & 0 & 0 & y/S \\ 0 & 0 & 0 & 0 \\ 0 & 0 & 1 & -y\partial_1 \\ 0 & 0 & 0 & 1 \end{bmatrix} \begin{bmatrix} u_0(x) \\ 0 \\ n_{yy0}(x) \\ n_{xy0}(x) \end{bmatrix} . \tag{7.38}$$

Wegen der Annahme eines biegeschlaffen Randgurtes muß am Rande $y = Y$ der Normalkraftfluß $n_{yy}(x,Y) = 0$ werden. Diese Bedingung liefert die Verknüpfung

$$n_{yy0}(x) = Y\,\partial_1 n_{xy0}(x) . \tag{7.39}$$

Aus der ersten Zeile von (7.38) findet man für $y = Y$, wenn man $u(x,Y) = u_R(x)$ und $u_0(x) = u_M(x)$ bezeichnet,

$$n_{xy0}(x) = (S/Y)\left(u_R - u_M\right) . \tag{7.40}$$

Mit (7.40) läßt sich in (7.36) und (7.37) der Schubfluß ersetzen, und man erhält folgendes System von Differentialgleichungen 1. Ordnung (s. auch [76]):

$$\partial_1 \begin{bmatrix} u_R \\ N_{xR} \\ u_M \\ N_{xM} \end{bmatrix} = \begin{bmatrix} 0 & 1/EF_R & 0 & 0 \\ S/Y & 0 & -S/Y & 0 \\ 0 & 0 & 0 & 1/EF_M \\ -S/Y & 0 & S/Y & 0 \end{bmatrix} \begin{bmatrix} u_R \\ N_{xR} \\ u_M \\ N_{xM} \end{bmatrix} . \tag{7.41}$$

Ihre Lösung führt auf die Übertragungsmatrizenbeziehung

$$\begin{bmatrix} u_R \\ \bar{N}_{xR} \\ u_M \\ \bar{N}_{xM} \end{bmatrix} = \begin{bmatrix} rC_m & rS_m & mc & ms \\ mS_\lambda & rC_m & -mS_\lambda & mc \\ rc & rs & mC_r & mS_r \\ -rS_\lambda & rc & rS_\lambda & mC_r \end{bmatrix} \begin{bmatrix} u_{R0} \\ \bar{N}_{xR} \\ u_M \\ \bar{N}_{xM} \end{bmatrix}_0 . \tag{7.42}$$

Darin sind, wenn a hier die Länge der Dreigurtscheibe in x-Richtung angibt (Abb. 7.7),

$$\bar{N}_{xR} = N_{xR}\, a/\left(EF_R\right), \quad \bar{N}_{xM} = N_{xM}\, a/\left(EF_M\right)$$

bezogene Schnittkräfte mit der Dimension einer Länge, und es bedeuten

$$\left.\begin{aligned} m &= EF_M/\left(EF_R + EF_M\right), & r &= EF_R/\left(EF_R + EF_M\right), \\ C_m &= 1 + (m/r)\cosh(\lambda x/a), & C_r &= 1 + (r/m)\cosh(\lambda x/a), \\ S_m &= x/a + (m/r)(1/\lambda)\sinh(\lambda x/a), & S_r &= x/a + (r/m)(1/\lambda)\sinh(\lambda x/a), \\ c &= 1 - \cosh(\lambda x/a), & s &= x/a - (1/\lambda)\sinh(\lambda x/a), \\ & & S_\lambda &= \lambda \sinh(\lambda x/a), \\ & & \lambda^2 &= \left(\frac{a}{Y}\right)^2 \frac{SY\left(EF_R + EF_M\right)}{EF_R\, EF_M} . \end{aligned}\right\} \tag{7.43}$$

Trotz der starken Vereinfachungen, die wir insbesondere am Schluß der Herleitung von (7.42) gewählt haben, wird das elastostatische Verhalten einer durch Längssteifen verstärkten Scheibe im weiten Bereich außerordentlich gut beschrieben. Nur in unmittelbarer Nähe der Ränder $x = 0$ und $x = a$ läßt sich n_{yy} nicht mehr ausreichend genau berechnen. Hier muß man die Rechnung verfeinern durch Hinzunahme der Dehnelastizität der Honigwabe, d.h. $D \neq \infty$. Dazu sei auf die Arbeit [76] verwiesen, in der auch der Einfluß der biegesteifen und biegestarren Gurtstäbe untersucht ist.

Da die Kräfteumlagerung in dem Scheibengebilde durch den Schubfluß n_{xy} erfolgt [n_{yy} ist nur eine abgeleitete Größe, s. (7.38) oder (7.39)], spricht man im Zusammenhang mit der hier geschilderten Methode im englischen Sprachraum von der Shear-Lag-Theorie (Theorie des "Schubnachhinkens", s. insbesondere [77] und [78]).

7.2 Die Platte in rechtwinkligen Koordinaten

Als Platte bezeichnet man einen dreidimensionalen Punktkörper, dessen Dicke h klein ist gegenüber den beiden anderen Erstreckungen und der auf eine Belastung mit einer Verkrümmung seiner Mittelfläche antwortet.

Durch die Annahme des Ebenbleibens der Querschnitte und der Integration der Spannungen über der Dickenkoordinate werden aus den Grundgleichungen des dreidimensionalen Kontinuums solche eines zweidimensionalen Gebildes. Die Herleitung der Grundbeziehungen ist in vielen Arbeiten gezeigt [65]-[69]. Wir wollen uns daher darauf beschränken, die wesentlichen Gleichungen zusammenzustellen, um dann den Weg zu den Übertragungsmatrizenbeziehungen zu zeigen.

Die Gleichgewichtsbeziehungen am rechteckigen Plattenelement ergeben, wenn man wieder mit $\partial_1 \mathrel{\hat{=}} \partial(\,)/\partial x$, $\partial_2 \mathrel{\hat{=}} \partial(\,)/\partial y$ bezeichnet,

$$\partial_1 m_{xx} + \partial_2 m_{yx} - q_x = 0, \quad \partial_1 m_{xy} + \partial_2 m_{yy} - q_y = 0, \quad \partial_1 q_x + \partial_2 q_y + p = 0. \qquad (7.44)$$

m_{xx}, m_{yy} sind die Biegemomente, m_{xy}, m_{yx} die Drillmomente. q_x, q_y sind die Querkräfte. Diese Schnittkräfte sind durch die Integrale der Normal- und Schubspannungen nach

$$\left.\begin{aligned} m_{xx} &= \int_{-h/2}^{h/2} z\sigma_{xx}\,dz, & m_{yy} &= \int_{-h/2}^{h/2} z\sigma_{yy}\,dz\,, \\ m_{xy} &= \int_{-h/2}^{h/2} z\,\tau_{xy}\,dz, & m_{yx} &= \int_{-h/2}^{h/2} z\,\tau_{yx}\,dz\,, \\ q_x &= \int_{-h/2}^{h/2} \tau_{xz}\,dz, & q_y &= \int_{-h/2}^{h/2} \tau_{yz}\,dz\,. \end{aligned}\right\} \tag{7.45}$$

definiert. p ist die quer zur Plattenebene wirkende äußere Belastung (Abb.7.8).

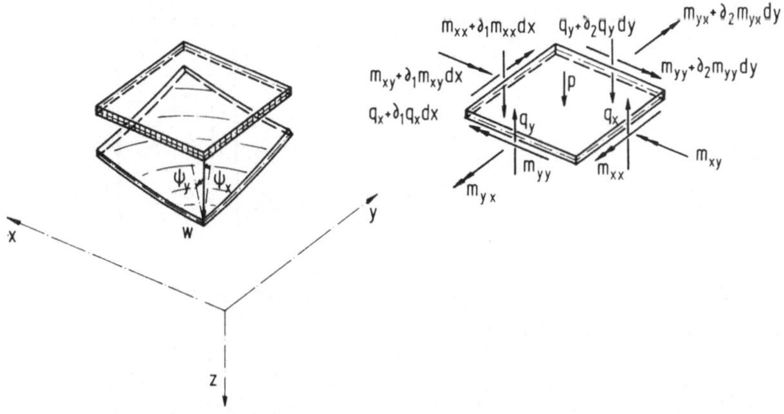

Abb.7.8. Platte mit Verschiebungsgrößen und Schnittkräften

Die Annahmen: Querschnittserhaltung und Ebenbleiben des Querschnittes bei der Verformung bedeuten, daß die Verschiebungen in x-, y- und z-Richtung durch die Ansätze

$$w(z) = w, \quad u(z) = u_0 + z\psi_x, \quad v(z) = v_0 + z\psi_y\,. \tag{7.46}$$

erfaßt werden können. Darin sind u_0, v_0 die Verschiebungen in der Plattenmittelebene, w ist die Verschiebung senkrecht dazu, und ψ_x ist die Querschnittsdrehung um die y-Achse, ψ_y dreht um die x-Achse (Abb.7.8).

Die Schubverzerrungen folgen mit dieser Annahme aus

$$\gamma_{xz} = \partial_1 w + \psi_x, \quad \gamma_{yz} = \partial_2 w + \psi_y\,. \tag{7.47}$$

γ_{xz} ist die Gleitung eines Plattenelementes dx dz, γ_{yz} diejenige eines Elementes dy dz.

Bei der Verformung der Platte wird die Schalenmittelfläche verkrümmt und verdrillt. Die Verkrümmungen $\varkappa_{xx}$, $\varkappa_{yy}$ und die Verdrillungen $\varkappa_{xy}$, $\varkappa_{yx}$ folgen aus den kinematischen Beziehungen

$$\varkappa_{xx} = \partial_1 \Psi_x, \quad \varkappa_{yy} = \partial_2 \Psi_y, \quad \varkappa_{xy} = \partial_1 \Psi_y, \quad \varkappa_{yx} = \partial_2 \Psi_x \,. \tag{7.48}$$

Das Materialgesetz, das die Schnittkräfte mit den Gleitungen, Verkrümmungen und Verdrillungen verknüpft, lautet

$$\begin{bmatrix} q_x \\ q_y \\ m_{xx} \\ m_{yy} \\ m_{xy} \\ m_{yx} \end{bmatrix} = \left[\begin{array}{cc|cccc} D_{44} & & & & & \\ & D_{55} & & & & \\ \hline & & K_{11} & K_{12} & & \\ & & K_{21} & K_{22} & & \\ & & & & K_{33} & K_{34} \\ & & & & K_{43} & K_{44} \end{array}\right] \begin{bmatrix} \gamma_{xz} \\ \gamma_{yz} \\ \partial_1 \Psi_x \\ \partial_2 \Psi_y \\ \partial_1 \Psi_y \\ \partial_2 \Psi_x \end{bmatrix} . \tag{7.49}$$

Die Koeffizienten der Elastizitätsmatrix, die die Verknüpfungskoeffizienten enthält, haben bei isotropem Material das Aussehen:

$$\left.\begin{aligned} & D_{44} = D_{55} = G h_S \quad (h_S \text{ ist die Schubhöhe, vielfach } h \cdot 5/6) \\ & K_{11} = K_{22} = E h^3 / \left[12\left(1-\nu^2\right)\right] \,. \\ & K_{12} = K_{21} = \nu K_{11} \,, \\ & K_{33} = K_{44} = K_{34} = K_{43} = G h^3/12 \,. \end{aligned}\right\} \tag{7.50}$$

Bei orthotropem Material sind die E-Moduli und Schubmoduli in zwei zueinander senkrecht stehenden Richtungen verschieden, und es treten die in (7.49) angegebenen allgemeineren Beziehungen auf. Für den Fall, daß die Platte orthotrop versteift ist, treten in den Koeffizienten $K_{11}, \ldots$ Zusatzglieder auf (z.B. [86]).

Für die Anwendung des Übertragungsmatrizenverfahrens müssen wir wieder eine Übertragungsrichtung wählen (Abschn. 7.1). Wir wählen hierfür die y-Richtung und fassen die Beziehungen (7.44), (7.47), (7.48) und (7.49) in der Weise zusammen, daß auf der einen Seite des Gleichheitszeichens nur einfache Ableitungen in der Übertragungsrichtung vorkommen. Nach kurzer Zwischenrechnung findet man die Beziehung (7.51).

$$\partial_2 \begin{bmatrix} w \\ \Psi_y \\ \Psi_x \\ m_{yx} \\ m_{yy} \\ q_y \end{bmatrix} = \begin{bmatrix} 0 & -1 & 0 & 0 & 0 & 1/D_{55} \\ 0 & 0 & -\frac{K_{21}}{K_{22}}\partial_1 & 0 & 1/K_{22} & 0 \\ 0 & -\frac{K_{43}}{K_{44}}\partial_1 & 0 & 1/K_{44} & 0 & 0 \\ D_{44}\partial_1 & 0 & D_{44}-\left(K_{11}-\frac{K_{12}K_{21}}{K_{22}}\right)\partial_1^2 & 0 & \frac{K_{12}}{K_{22}}\partial_1 & 0 \\ 0 & -\left(K_{33}-\frac{K_{34}K_{43}}{K_{44}}\right)\partial_1^2 & 0 & -\frac{K_{34}}{K_{44}}\partial_1 & 0 & 1 \\ -D_{44}\partial_1^2 & 0 & -D_{44}\partial_1 & 0 & 0 & 0 \end{bmatrix} \begin{bmatrix} w \\ \Psi_y \\ \Psi_x \\ m_{yx} \\ m_{yy} \\ q_y \end{bmatrix} + \begin{bmatrix} 0 \\ 0 \\ 0 \\ 0 \\ 0 \\ -p \end{bmatrix} \tag{7.51}$$

$$\begin{bmatrix} q_x \\ m_{xy} \\ m_{xx} \end{bmatrix} = \begin{bmatrix} D_{44}\partial_1 & 0 & D_{44} & 0 & 0 \\ 0 & \left(K_{33}-\frac{K_{34}K_{43}}{K_{44}}\right)\partial_1 & 0 & \frac{K_{34}}{K_{44}} & 0 \\ 0 & 0 & \left(K_{11}-\frac{K_{12}K_{21}}{K_{22}}\right)\partial_1 & 0 & \frac{K_{12}}{K_{22}} \end{bmatrix} \begin{bmatrix} w \\ \Psi_y \\ \Psi_x \\ m_{yx} \\ m_{yy} \end{bmatrix} \tag{7.52}$$

Die Schnittgrößen, die in diesem System von 6 partiellen Differentialgleichungen nicht mitgeführt werden, folgen aus (7.52).

Damit sind die Ausgangsgleichungen gefunden, die wir nun mit Hilfe der in den Abschn. 7.1.1 bis 7.1.4 angegebenen Methoden in ein System von gewöhnlichen Differentialgleichungen umwandeln können.

Greift in der Plattenmittellinie ein "großer" Normalkraftfluß n_{xxg} an, so ist sein Einfluß auf die Kräfteverteilung nicht mehr zu vernachlässigen. In der letzten Zeile von (7.51) tritt ein Glied

$$n_{xxg}\,\partial_1^2 w \tag{7.53}$$

hinzu, das in die Differentialmatrix eingearbeitet werden muß (s. Abschn. 5.6).

Der Sonderfall der schubstarren Platte, bei der die Schubwinkel $\gamma_{xz} = \gamma_{yz} = 0$ sind, läßt sich aus den zuvor angegebenen Beziehungen leicht herleiten. In diesem Falle ist

$$\Psi_x = -\partial_1 w, \quad \Psi_y = -\partial_2 w\,, \tag{7.54}$$

woraus folgt

$$\partial_2 \Psi_x = \partial_1 \Psi_y\,. \tag{7.55}$$

Für die Querkraftflüsse gibt es nun kein Materialgesetz mehr, d.h. in (7.49) bleiben nur die Biege- und Drillmomentenbeziehungen stehen.

Bei der Umformung der jetzt durch die Annahme der Schubstarrheit eingeschränkten Beziehungen (7.47) bis (7.49) zusammen mit (7.44) in ein System, das auf der einen Seite des Gleichheitszeichens nur einfache Ableitungen in der Übertragungsrichtung besitzt, zeigt sich, daß die nach Kirchhoff benannten Ersatzscherkräfte

$$q_y^* = q_y + \partial_1 m_{yx}, \quad q_x^* = q_x + \partial_2 m_{xy}\,. \tag{7.56}$$

zwangsläufig eingeführt werden müssen. Das Ergebnis der Umformung sind die folgenden Differentialgleichungen:

$$\partial_2 \begin{bmatrix} w \\ \Psi_y \\ m_{yy} \\ q_y^* \end{bmatrix} = \begin{bmatrix} 0 & -1 & 0 & 0 \\ \frac{K_{12}}{K_{22}}\partial_1^2 & 0 & 1/K_{22} & 0 \\ 0 & -(K_{33}+2K_{34}+K_{44})\partial_1^2 & 0 & 1 \\ \frac{K_{11}K_{22}-K_{12}^2}{K_{22}}\partial_1^4 & 0 & -\frac{K_{12}}{K_{22}}\partial_1^2 & 0 \end{bmatrix} \begin{bmatrix} w \\ \Psi_y \\ m_{yy} \\ q_y^* \end{bmatrix} + \begin{bmatrix} 0 \\ 0 \\ 0 \\ -p \end{bmatrix} \tag{7.57}$$

$$\begin{bmatrix} m_{xx} \\ \\ q_x^* \end{bmatrix} = \frac{1}{K_{22}} \begin{bmatrix} (K_{11}K_{22}-K_{12}^2)\delta_1^2 & K_{12} \\ \\ \left[-(K_{11}K_{22}-K_{12}^2)+(K_{33}+2K_{34}+K_{44})K_{12}\right]\delta_1^3 & (K_{12}+K_{33}+2K_{34}+K_{44})\delta_1 \end{bmatrix} \begin{bmatrix} w \\ \\ m_{yy} \end{bmatrix} \tag{7.58}$$

Für die dünne (schubstarre) Platte, die unter großen Normalkraftflüssen n_{xxg} und n_{yyg} steht, wurde in [79] mit Hilfe der Fourier-Reihenmethode (Abschn. 7.1.1) erstmalig die Übertragungsmatrix hergeleitet. Mit einer ebenfalls dort angegebenen Steifen-Übertragungsmatrix, mit der der Übergang über eine diskrete Steife vollzogen werden kann, ist die Berechnung diskret versteifter Platten unter großer Längskraftbelastung möglich.

Die Verwendung von Delta-Matrizen, die aus den in [79] angegebenen Übertragungsmatrizen abgeleitet werden, zeigt [80].

Für die schubweiche Platte unter großer n_{xxg}-Belastung wird erstmalig in [84] die Übertragungsmatrix für die Randbedingungen gelenkiger Lagerung an den Rändern $x = 0$ und $x = L$ angegeben. Die bei der Multiplikation dieser Übertragungsmatrizen sicher auftretenden numerischen Schwierigkeiten (s. Kap.8) werden dadurch umgangen, daß die $6 \cdot 6$-Übertragungsmatrix der schubweichen Platte auf eine Matrix $4 \cdot 4$ reduziert wird [81]-[83].

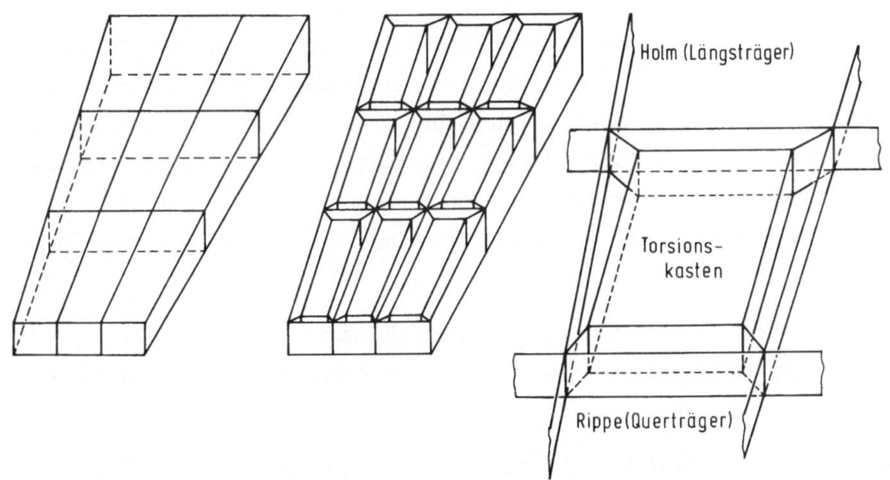

Abb.7.9. Flugzeugtragflügel und mögliches Ersatzsystem

Für die Berechnung eines Flugzeugtragflügels wählt man vielfach den aus ebenen Blechfeldern aufgebauten Flügelkasten (Abb.7.9). Zur Berechnung mit Hilfe von Übertragungsmatrizen wird in [88] und [89] ein Trägerrostsystem gewählt, in das Torsionskästen eingehängt werden. Unterbrechungen in den Holmen oder Verzweigungen lassen sich allerdings nur mit einem recht schwerfälligen Übertragunsschematismus bewältigen.

7.3 Übertragungsmatrizen zur Berechnung von Rotationsschalen

Zu den Schalen zählt man flächenhafte Gebilde, die von zwei gekrümmten Flächen im Abstand h begrenzt sind. Die Fläche, die die Schalendicke an jeder Stelle halbiert, heißt Schalenmittelfläche.

Die grundlegenden Beziehungen werden häufig aus anschaulichen Darstellungen des Verschiebungs- und Kräftezustandes am Schalenelement hergeleitet [65]-[69]. Man findet auf diesem Wege anstelle der für das dreidimensionale elastische Kontinuum geltenden Grundgleichungen Näherungsbeziehungen, in denen die Abhängigkeit der Spannungen und Verschiebungen von der Koordinate in Dickenrichtung durch physikalisch begründete Annahmen beseitigt sind. Meist legt man der Untersuchung die Annahmen vom Ebenbleiben der Querschnitte bei der Verformung und vom Senkrechtstehen der Querschnitte auf der Schalenmittelfläche (Normalenhypothese) zugrunde.

Die so gewonnenen Schalengleichungen sind für die Berechnung dünnwandiger Schalen vom praktischen Standpunkt gesehen ausreichend genau. Sie sind jedoch, was den Approximationsgrad der einzelnen Glieder in den Schalengleichungen angeht, vielfach nicht widerspruchsfrei.

Neuere Arbeiten, die die Herleitung der Schalengleichungen zum Ziel haben [90]-[101], wählen als Ausgangspunkt ihrer Betrachtungen die Grundgleichungen des dreidimensionalen, elastischen Kontinuums und gehen den Weg der stufenweisen Approximation bei Gebilden mit kleiner Erstreckung senkrecht zur Mittelfläche. Die einzelnen Glieder der aus diesen Näherungsschritten folgenden Schalengleichungen sind, gemessen an Potenzen des Verhältnisses Dicke zu Krümmungsradius, von gleichem Genauigkeitsgrad.

Der Vorteil dieser Vorgehensweise liegt vor allem darin, daß man den Grad der Näherung, den man in die Schalengleichungen eingeführt hat, genau überblicken und, wenn notwendig, steigern kann.

Wir wollen hier nicht die beliebige Schale, sondern nur die einfachste Rotationsschale - die geschlossene Kreiszylinderschale - betrachten. Dabei wird zunächst nur das Ebenbleiben der Querschnitte bei der Verformung vorausgesetzt, d.h. die schubweiche Schale behandelt.

Gleichgewicht am Schalenelement liefert für die Kraftflüsse n_{xx}, $n_{\varphi x}$, $n_{x\varphi}$, $n_{\varphi\varphi}$, die Querkräfte q_x, q_φ, die Biegemomente m_{xx}, $m_{\varphi\varphi}$ und Drillmomente $m_{x\varphi}$, $m_{\varphi x}$ die folgenden sechs Gleichungen $\left[\partial_1 \hat{=} \partial(\,)/\partial x,\ \partial_2 \hat{=} \partial(\,)/R\,\partial_\varphi\right]$:

$$\left.\begin{aligned}
\partial_1 n_{xx} + \partial_2 n_{\varphi x} &= -p_x ,\\
\partial_1 n_{x\varphi} + \partial_2 n_{\varphi\varphi} + (1/R) q_\varphi &= -p_\varphi ,\\
-(1/R) n_{\varphi\varphi} + \partial_1 q_x + \partial_2 q_\varphi &= -p_z ,\\
\partial_1 m_{xx} + \partial_2 m_{\varphi x} - q_x &= 0 ,\\
\partial_1 m_{x\varphi} + \partial_2 m_{\varphi\varphi} - q_\varphi &= 0 ,\\
n_{x\varphi} - n_{\varphi x} - (1/R) m_{\varphi x} &= 0 .
\end{aligned}\right\} \qquad (7.59)$$

p_x. p_φ, p_z sind äußere Flächenlasten (Abb.7.10).

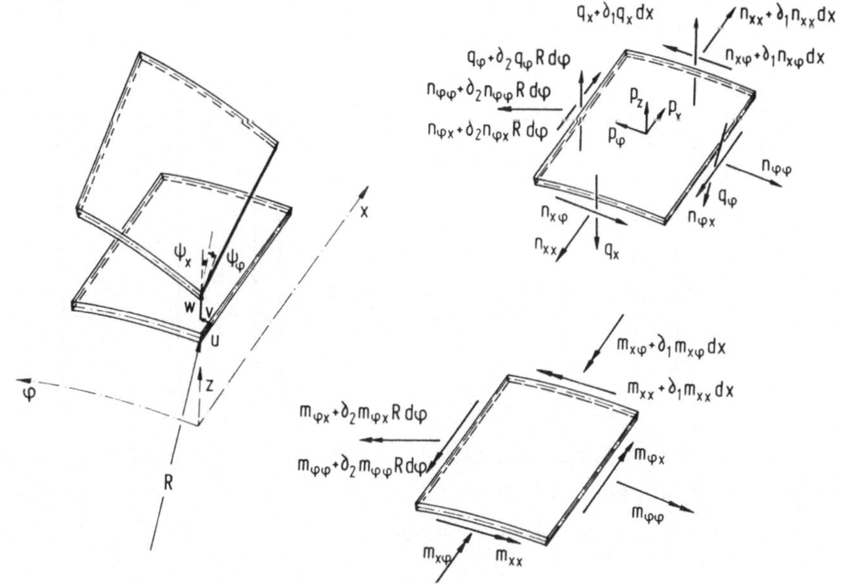

Abb.7.10. Kreiszylinderschale mit Verschiebungs- und Kraftgrößen

Die Verzerrungen und Verkrümmungen folgen aus den Verschiebungsgrößen u, v, w, Ψ_x, Ψ_φ (s. Abb.7.10) nach folgendem Gesetz:

$$\left.\begin{aligned}
&\varepsilon_{xx} = \partial_1 u; \quad \gamma_{x\varphi} = \partial_1 v + \partial_2 u, \quad \varepsilon_{\varphi\varphi} = \partial_2 v + \frac{w}{R} ,\\
&\gamma_{xz} = \partial_1 w + \Psi_x, \quad \gamma_{\varphi z} = \partial_2 w + \Psi_\varphi - \frac{v}{R},\\
&\varkappa_{xx} = \partial_1 \Psi_x, \quad \varkappa_{x\varphi} = \partial_2 \Psi_x + (1/R)\partial_1 v,\\
&\varkappa_{\varphi x} = \partial_1 \Psi_\varphi, \quad \varkappa_{\varphi\varphi} = \partial_2 \Psi_\varphi + (1/R)\left(\partial_2 v + \frac{w}{R}\right) .
\end{aligned}\right\} \qquad (7.60)$$

Darin sind ε_{xx}, $\varepsilon_{\varphi\varphi}$ die Dehnungen, $\gamma_{x\varphi}$, γ_{xz}, $\gamma_{\varphi z}$ die Gleitungen, $\varkappa_{xx}$, $\varkappa_{\varphi\varphi}$ die Verkrümmungen und $\varkappa_{x\varphi}$, $\varkappa_{\varphi x}$ die Verdrillungen der Schalenmittelfläche.

Zur Herleitung dieser kinematischen Beziehungen sei auf [65]-[69] oder auf die neueren Arbeiten [97] und [98] verwiesen.

Das Materialgesetz, für isotropes Hookesches Material angeschrieben, lautet mit

$$D = Eh/\left(1-\nu^2\right), \quad S = Gh, \quad D_{44} = D_{55} = Gh_S, \quad K = Eh^3/\left(12(1-\nu^2)\right), \quad T = Gh^3/12$$

(s. auch die Scheibe (7.4) und Platte (7.49))

$$\left.\begin{aligned}
&\begin{bmatrix} n_{xx} \\ n_{\varphi\varphi} \\ n_{x\varphi} \end{bmatrix} = \begin{bmatrix} D & \nu D & 0 \\ \nu D & D & 0 \\ 0 & 0 & S \end{bmatrix} \begin{bmatrix} \varepsilon_{xx} \\ \varepsilon_{\varphi\varphi} \\ \gamma_{x\varphi} \end{bmatrix}, \\
&\begin{bmatrix} q_x \\ q_\varphi \\ m_{xx} \\ m_{\varphi\varphi} \\ m_{x\varphi} \\ m_{\varphi x} \end{bmatrix} = \left[\begin{array}{cc|cc|cc} D_{44} & & & & & \\ & D_{55} & & & & \\ \hline & & K & \nu K & & \\ & & \nu K & K & & \\ \hline & & & & T & T \\ & & & & T & T \end{array}\right] \begin{bmatrix} \gamma_{xz} \\ \gamma_{\varphi z} \\ \varkappa_{xx} \\ \varkappa_{\varphi\varphi} \\ \varkappa_{x\varphi} \\ \varkappa_{\varphi x} \end{bmatrix}.
\end{aligned}\right\} \quad (7.61)$$

Kraftflüsse, Querkräfte und Schnittmomente können unter Vernachlässigung von Gliedern mit höheren Potenzen von h/R als Integrale 0. und 1. Ordnung der Spannungen über der Schalendicke angesehen werden, d.h.

$$\left.\begin{aligned}
n_{xx} &= \int_{-h/2}^{h/2} \sigma_{xx}(1+z/R)\,dz, & n_{\varphi\varphi} &= \int_{-h/2}^{h/2} \sigma_{\varphi\varphi}\,dz, \\
n_{x\varphi} &= \int_{-h/2}^{h/2} \tau_{x\varphi}(1+z/R)\,dz, & n_{\varphi x} &= \int_{-h/2}^{h/2} \tau_{\varphi x}\,dz, \\
q_x &= \int_{-h/2}^{h/2} \tau_{xz}(1+z/R)\,dz, & q_\varphi &= \int_{-h/2}^{h/2} \tau_{\varphi z}\,dz, \\
m_{xx} &= \int_{-h/2}^{h/2} \sigma_{xx} z(1+z/R)\,dz, & m_{\varphi\varphi} &= \int_{-h/2}^{h/2} \sigma_{\varphi\varphi} z\,dz, \\
m_{x\varphi} &= \int_{-h/2}^{h/2} \tau_{x\varphi} z(1+z/R)\,dz, & m_{\varphi x} &= \int_{-h/2}^{h/2} \tau_{\varphi x} z\,dz.
\end{aligned}\right\} \quad (7.62)$$

$$
\partial_1 \begin{bmatrix} v \\ u \\ n_{xx} \\ n_{x\varphi} \\ w \\ \Psi_x \\ \Psi_\varphi \\ m_{x\varphi} \\ m_{xx} \\ q_x \end{bmatrix} = \left[\begin{array}{cccc|cccccc}
0 & -\partial_2 & 0 & 1/S & 0 & 0 & 0 & 0 & 0 & 0 \\
-\nu\partial_2 & 0 & 1/D & 0 & -\frac{\nu}{R} & 0 & 0 & 0 & 0 & 0 \\
0 & 0 & 0 & -\partial_2 & 0 & 0 & 0 & 0 & 0 & 0 \\
-\left[D(1-\nu^2)\partial_2^2-D_{44}/R^2\right] & 0 & -\nu\partial_2 & 0 & -\left[D(1-\nu^2)+D_{44}\right]\partial_2/R & 0 & -D_{44}/R & 0 & 0 & 0 \\
\hline
0 & 0 & 0 & 0 & 0 & -1 & 0 & 0 & 0 & 1/D_{44} \\
-(\nu/R)\partial_2 & 0 & 0 & 0 & -\nu/R^2 & 0 & -\nu\partial_2 & 0 & 1/K & 0 \\
0 & \frac{\partial_2}{R} & 0 & -\frac{1}{SR} & 0 & -\partial_2 & 0 & 1/T & 0 & 0 \\
-\left[K(1-\nu^2)\partial_2^2+D_{44}\right]1/R & 0 & 0 & 0 & -\left[(K/R^2)(1-\nu^2)-D_{44}\right]\partial_2 & 0 & -\left[K(1-\nu^2)\partial_2^2-D_{44}\right] & 0 & -\nu\partial_2 & 0 \\
0 & 0 & 0 & 0 & 0 & 0 & 0 & -\partial_2 & 0 & 1 \\
\left[D(1-\nu^2)+D_{44}\right]\partial_2/R & 0 & \frac{\nu}{R} & 0 & \left[(D/R^2)(1-\nu^2)-D_{44}\partial_2^2\right] & 0 & -D_{44}\partial_2 & 0 & 0 & 0
\end{array}\right] \begin{bmatrix} v \\ u \\ n_{xx} \\ n_{x\varphi} \\ w \\ \Psi_x \\ \Psi_\varphi \\ m_{x\varphi} \\ m_{xx} \\ q_x \end{bmatrix} - \begin{bmatrix} 0 \\ 0 \\ p_x \\ p_\varphi \\ 0 \\ 0 \\ 0 \\ 0 \\ 0 \\ p_z \end{bmatrix}
$$

(7.63)

$$
\begin{bmatrix} n_{\varphi\varphi} \\ m_{\varphi\varphi} \\ m_{\varphi x} \\ q_\varphi \end{bmatrix} = \begin{bmatrix}
D(1-\nu^2)\partial_2 & +\nu & D(1-\nu^2)/R & 0 & 0 & 0 \\
(K/R)(1-\nu^2)\partial_2 & 0 & (K/R^2)(1-\nu^2) & K(1-\nu^2)\partial_2 & 0 & \nu \\
0 & 0 & 0 & 0 & 1 & 0 \\
-D_{44}/R & 0 & D_{44}\partial_2 & D_{44} & 0 & 0
\end{bmatrix} \begin{bmatrix} v \\ n_{xx} \\ w \\ \Psi_\varphi \\ m_{x\varphi} \\ m_{xx} \end{bmatrix}
$$

Aus den Gleichgewichtsbeziehungen (7.59), von denen die sechste wegen ihrer Unerfüllbarkeit weggelassen wird, den kinematischen Beziehungen (7.60) und dem Materialgesetz (7.61) finden wir das unter (7.63) angegebene System partieller Differentialgleichungen, das in Ableitungen nach ∂_1 von 1. Ordnung ist.

Bei der hier gewählten Reihenfolge der Komponenten des Zustandsvektors erkennt man die Hauptglieder der "Scheiben"-Zustandsgrößen, die bei der Schale Membrangrößen genannt werden, und der bei der Schalenbiegung beteiligten "Platten"-Zustandsgrößen. Beim Übergang $R \Rightarrow \infty$ folgen aus (7.63) die entsprechenden Beziehungen der Scheibe (7.8) und der Platte (7.51), (7.52).

Die meist betrachtete schubstarre Schale geht aus (7.63) durch die einschränkenden Bedingungen hervor, daß die Schubwinkel γ_{xz}, γ_{yz} verschwinden. In diesem Fall folgen die Querschnittsdrehungen ψ_x und ψ_y aus

$$\psi_x = -\partial_1 w, \qquad \psi_\varphi = -\partial_2 w + v/R \, . \tag{7.64}$$

Wie bei der schubstarren Platte ergibt sich zwangsläufig die Einführung von Ersatzscherkräften und einem Ersatzschubfluß nach

$$\left.\begin{aligned} n^*_{x\varphi} &= n_{x\varphi} + (1/R)\, m_{x\varphi}, & q^*_x &= q_x + \partial_2 m_{x\varphi} \, , \\ n^*_{\varphi x} &= n_{\varphi x} \, , & q^*_\varphi &= q_\varphi + \partial_1 m_{\varphi x} \, , \end{aligned}\right\} \tag{7.65}$$

denn nur dann kann in der Differentialmatrix (7.63) der Koeffizient D_{44} schwierigkeitslos beseitigt werden.

Das Ergebnis der Umformung ist das Differentialgleichungssystem (7.66). Die nicht in dem Differentialgleichungssystem mitgeführten Zustandsgrößen findet man aus (7.66') (s. auch [111], wo die gleichen Beziehungen nur in anderer Reihenfolge angegeben sind).

Wir wollen im folgenden noch die im Flugzeugbau häufig verwendete, durch ein orthogonales Netz von Stringern - Längssteifen in x-Richtung - und Spanten - Umfangssteifen - verstärkte Kreiszylinderschale betrachten (Abb.7.11). In ihr kann man mit gutem Recht den Einfluß der Querkontraktion vernachlässigen, d.h. $\nu = 0$ setzen. Die Dehnsteifigkeiten in Längs- und Umfangsrichtung setzen sich aus den "verschmierten" Anteilen der Steifen und der Haut zusammen:

$$D_{11} = E\left(h + F_L/b\right) = E\, h_x, \qquad D_{22} = E\left(h + F_\varphi/a\right) = E\, h_\varphi \tag{7.67}$$

a ist der Spantabstand, b der Stringerabstand (Abb.7.11). h ist die Blechdicke, F_L, F_φ sind die Querschnittsflächen der Längs- und Umfangssteifen. h_x, h_φ sind Ersatzdicken in Längs- und Umfangsrichtung.

$$\partial_1 \begin{bmatrix} v \\ u \\ n_{xx} \\ n^*_{x\varphi} \\ w \\ \Psi_x \\ m_{xx} \\ q^*_x \end{bmatrix} = \left[\begin{array}{cccc|cccc} 0 & -\partial_2 & 0 & 1/S & 0 & -\frac{2T}{SR}\partial_2 & 0 & 0 \\ -\nu\partial_2 & 0 & 1/D & 0 & -\nu/R & 0 & 0 & 0 \\ 0 & -\frac{2T}{R^2}\partial_2^2 & 0 & -\partial_2 & 0 & \frac{2T}{R}\partial_2^2 & 0 & 0 \\ -\left(D+2\frac{K}{R^2}\right)(1-\nu^2)\partial_2^2 & 0 & -\nu\partial_2 & 0 & \left[-\left(D+\frac{K}{R^2}\right)\frac{\partial_2}{R}+\frac{K}{R}\partial_2^3\right](1-\nu^2) & 0 & -\frac{\nu}{R}\partial_2 & 0 \\ \hline 0 & 0 & 0 & 0 & 0 & -1 & 0 & 0 \\ -2\frac{\nu}{R}\partial_2 & 0 & 0 & 0 & -\nu\left(\frac{1}{R^2}-\partial_2^2\right) & 0 & 1/K & 0 \\ 0 & \frac{4T}{R}\partial_2^2 & 0 & -\frac{4T}{SR}\partial_2 & 0 & -4T\partial_2^2 & 0 & 1 \\ (D-2K\partial_2^2)(1-\nu^2)\frac{\partial_2}{R} & 0 & \nu/R & 0 & \left[\frac{D}{R^2}-K\partial_2^2\left(\frac{1}{R^2}-\partial_2^2\right)\right](1-\nu^2) & 0 & -\nu\partial_2^2 & 0 \end{array}\right] \begin{bmatrix} v \\ u \\ n_{xx} \\ n^*_{x\varphi} \\ w \\ \Psi_x \\ m_{xx} \\ q^*_x \end{bmatrix} - \begin{bmatrix} 0 \\ 0 \\ p_x \\ p_\varphi \\ 0 \\ 0 \\ 0 \\ p_z \end{bmatrix} \tag{7.66}$$

$$\begin{bmatrix} n_{\varphi\varphi} \\ m_{\varphi\varphi} \\ m_{x\varphi} \\ q^*_\varphi \end{bmatrix} = \begin{bmatrix} D(1-\nu^2)\partial_2 & 0 & \nu & 0 & \frac{D}{R}(1-\nu^2) & 0 & 0 \\ 2\frac{K}{R}(1-\nu^2)\partial_2 & 0 & 0 & 0 & K(1-\nu^2)\left(\frac{1}{R^2}-\partial_2^2\right) & 0 & 0 \\ & -\frac{2T}{R}\partial_2 & 0 & \frac{2T}{RS} & 0 & 2T\partial_2 & 0 \\ -A\partial_2^2 & 0 & -\frac{2T}{R}\left(\frac{1}{D}-\frac{\nu}{S}\right)\partial_2 & 0 & B & 0 & 2T\left(\frac{2}{K}-\frac{\nu}{SR^2}\right)\partial_2 \end{bmatrix} \begin{bmatrix} v \\ u \\ n_{xx} \\ n^*_{x\varphi} \\ w \\ \Psi_x \\ m_{xx} \end{bmatrix} \tag{7.66'}$$

$$A = \frac{T}{R}\left\{6\nu+\frac{2}{S}\left(D+2\frac{K}{R^2}\right)(1-\nu^2)\right\}; \quad B = 2T\left\{-\frac{\nu}{R^2}-\frac{1}{RS}\left(D+\frac{K}{R^2}\right)(1-\nu^2)\frac{\partial_2}{R}+\left[\frac{K}{SR^2}(1-\nu^2)+2\nu\right]\partial_2^3\right\}.$$

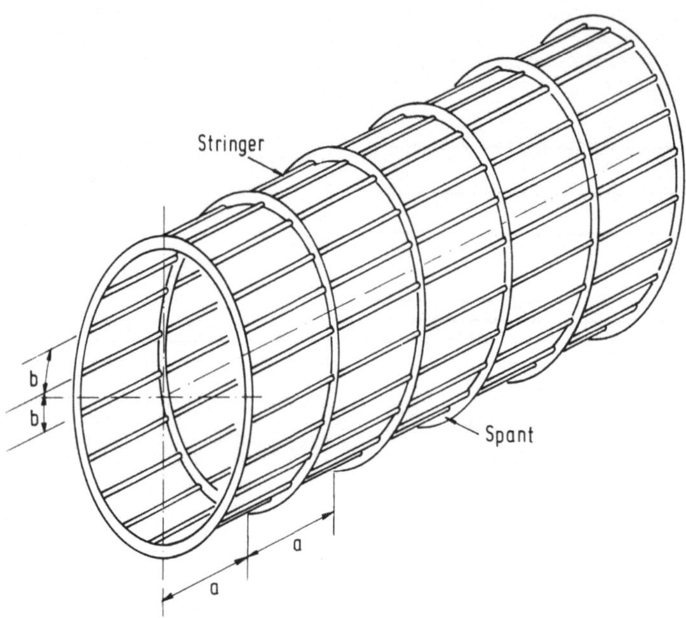

Abb.7.11. Orthogonal versteifte Kreiszylinderschale

In die Schubsteifigkeit S geht nur die Haut ein:

$$S = G h \,. \tag{7.68}$$

Die Biegesteifigkeiten in Längs- und Umfangsrichtung sind

$$K_{11} = E I_x, \quad K_{22} = E I_\varphi \,. \tag{7.69}$$

I_x, I_φ sind Trägheitsmomente, die sich aus Anteilen der Haut und der Stringer bzw. der Spante zusammensetzen. Die Drillsteifigkeit

$$T = G h^3/12 \tag{7.70}$$

ist gegenüber den Biegesteifigkeiten vernachlässigbar klein. Wir setzen sie Null, d.h. Drillmomente werden in der orthotrop versteiften Schale nicht übertragen.

Von dem Materialgesetz (7.61) bleiben nur die Hauptdiagonalglieder stehen:

$$\left.\begin{aligned} n_{xx} &= D_{11}\partial_1 u, \quad n_{\varphi\varphi} = D_{22}\left(\partial_2 v + w/R\right), \quad n_{x\varphi} = S\left(\partial_1 v + \partial_2 u\right), \\ m_{xx} &= K_{11}\partial_1 \Psi_x, \quad m_{\varphi\varphi} = K_{22}\partial_2 \Psi_\varphi \,. \end{aligned}\right\} \tag{7.71}$$

(Das Krümmungsglied $\varkappa_{\varphi\varphi}$ wurde nochmals stark vereinfacht.) Nach kurzer Zwischenrechnung findet man aus den Gleichgewichtsbeziehungen (7.59) und dem Materialgesetz (7.71)

$$\partial_1 \begin{bmatrix} v \\ u \\ n_{xx} \\ n_{x\varphi} \\ w \\ \psi_x \\ m_{xx} \\ q_x \end{bmatrix} = \left[\begin{array}{cccc|cccc} 0 & -\partial_2 & 0 & 1/S & 0 & 0 & 0 & 0 \\ 0 & 0 & 1/D_{11} & 0 & 0 & 0 & 0 & 0 \\ 0 & 0 & 0 & -\partial_2 & 0 & 0 & 0 & 0 \\ -(D_{22}+K_{22}/R^2)\partial_2^2 & 0 & 0 & 0 & -(D_{22}-K_{22}\partial_2^2)\partial_2/R & 0 & 0 & 0 \\ \hline 0 & 0 & 0 & 0 & 0 & -1 & 0 & 0 \\ 0 & 0 & 0 & 0 & 0 & 0 & 1/K_{11} & 0 \\ 0 & 0 & 0 & 0 & 0 & 0 & 0 & 1 \\ (D_{22}-K_{22}\partial_2^2)\partial_2/R & 0 & 0 & 0 & (D_{22}/R^2+K_{22}\partial_2^4) & 0 & 0 & 0 \end{array}\right] \begin{bmatrix} v \\ u \\ n_{xx} \\ n_{x\varphi} \\ w \\ \psi_x \\ m_{xx} \\ q_x \end{bmatrix} - \begin{bmatrix} 0 \\ 0 \\ p_x \\ p_\varphi \\ 0 \\ 0 \\ 0 \\ p_z \end{bmatrix} \qquad (7.72)$$

Die nicht in dem Differentialgleichungssystem mitgeführten Zustandsgrößen ergeben sich aus

$$\left.\begin{aligned} n_{\varphi\varphi} &= D_{22}\left(\partial_2 v + w/R\right) , \\ m_{\varphi\varphi} &= K_{22}\left(-\partial_2^2 w + \partial_2 v/R\right) , \\ q_\varphi &= \partial_2 m_{\varphi\varphi} = K_{22}\left(-\partial_2^3 w + \partial_2^2 v/R\right) . \end{aligned}\right\} \qquad (7.73)$$

Für die Umwandlung des Systems partieller Differentialgleichungen in ein gewöhnliches bietet sich bei der geschlossenen Kreiszylinderschale die Fourier-Reihenmethode direkt an. Man setzt für die Verschiebungen

$$\left.\begin{aligned} u(x,\varphi) &= u_0(x) + \sum_{n=1}^{\infty} u_n \cos n\varphi , \\ v(x,\varphi) &= v_0(x) + \sum_{n=1}^{\infty} v_n \sin n\varphi , \\ w(x,\varphi) &= w_0(x) + \sum_{n=1}^{\infty} w_n \cos n\varphi \end{aligned}\right\} \qquad (7.74)$$

und Schnittkräfte

$$\left.\begin{aligned} n_{xx}(x,\varphi) &= n_{xx0}(x) + \sum_{n=1}^{\infty} n_{xxn} \cos n\varphi , \\ n_{x\varphi}(x,\varphi) &= n_{x\varphi 0}(x) + \sum_{n=1}^{\infty} n_{x\varphi n} \sin n\varphi , \\ m_{xx}(x,\varphi) &= m_{xx0}(x) + \sum_{n=1}^{\infty} m_{xxn} \cos n\varphi , \\ q_x(x,\varphi) &= q_{x0}(x) + \sum_{n=1}^{\infty} q_{xn} \cos n\varphi . \end{aligned}\right\} \qquad (7.75)$$

Entsprechende Entwicklungen wählen wir für die äußere Belastung.

Der weitere Rechenablauf ist damit vorgezeigt. Man erhält - wie bei der Scheibe - für jedes Reihenglied ein System von acht Differentialgleichungen 1.Ordnung, das sich mit den zuvor geschilderten Methoden lösen läßt.

Die beiden in Verergruppen aufspaltbaren Systeme sind allein in v und w gekoppelt. Es liegt daher nahe, nach Möglichkeiten einer Entkopplung zu suchen. Zwei dieser Möglichkeiten wollen wir hier ausführlich diskutieren, um gleichzeitig das Kräftespiel in der Schale besser verfolgen zu können. Wir folgen dabei weitgehend [102].

Man setzt $K_{11} = 0$

Diese aus dem physikalischen Verhalten dünnwandiger Schalen gefundene Vereinfachung läßt kein m_{xx} zu. Damit verschwindet auch q_x und $\partial_1 q_x$. Man erhält, wenn man hier noch auf die äußere Belastung p_z verzichtet, aus der letzten Zeile von (7.72)

$$\partial_1 q_x = 0 = \left(D_{22}\partial_2 - K_{22}\partial_2^3\right)v/R + \left(D_{22}/R^2 + K_{22}\partial_2^4\right)w \,. \qquad (7.76)$$

Für das n-te Fourier-Glied findet man damit

$$D_{22}\left[1 + \left(K_{22}/R^2D_{22}\right)n^2\right] n\, v_n/R^2 = -D_{22}\left[1 + \left(K_{22}/R^2D_{22}\right)n^4\right] w_n/R^2 \qquad (7.77)$$

oder mit

$$\varkappa_{22}^2 = K_{22}/\left(R^2 D_{22}\right) \qquad (7.78)$$

$$\left(1 + \varkappa_{22}^2 n^4\right) w_n/R^2 = -\left(1 + \varkappa_{22}^2 n^2\right) n v_n/R^2 \,. \qquad (7.79)$$

Damit läßt sich in der $n_{x\varphi}$-Zeile von (7.72) w_n durch v_n ausdrücken, und man erhält folgendes, ausführlich angeschriebenes Restsystem für die Verschiebungen und Schnittkräfte der Schalenmittelfläche:

$$\partial_1 \begin{bmatrix} v_n \\ u_n \\ n_{xx_n} \\ n_{x\varphi n} \end{bmatrix} = \begin{bmatrix} 0 & n/R & 0 & 1/S \\ 0 & 0 & 1/D_{11} & 0 \\ 0 & 0 & 0 & -n/R \\ \dfrac{K_{22}}{R^4}\,\dfrac{n^2\left(n^2-1\right)^2}{1+\varkappa_{22}^2\, n^4} & 0 & 0 & 0 \end{bmatrix} \begin{bmatrix} v_n \\ u_n \\ n_{xxn} \\ n_{x\varphi n} \end{bmatrix} \qquad (7.80)$$

Die Lösung besitzt bei $n \geqslant 2$ mit

$$\lambda^4 = \frac{K_{22}}{R^2 D_{11}} \frac{n^4\left(n^2-1\right)^2}{4\left(1+\varkappa_{22}^2 n^4\right)} \tag{7.81}$$

das Aussehen

$$\left.\begin{aligned} v_n = & V_{n1} \cosh(\lambda x/R) \cos(\lambda x/R) + V_{n2} \cosh(\lambda x/R) \sin(\lambda x/R) \\ & + V_{n3} \sinh(\lambda x/R) \cos(\lambda x/R) + V_{n4} \sinh(\lambda x/R) \sin(\lambda x/R)\,. \end{aligned}\right\} \tag{7.82}$$

Gleichgebaute Ausdrücke ergeben sich für u_n, n_{xxn}, $n_{x\varphi n}$. Vereinfacht man (7.80), indem man $S = \infty$ setzt (diese nur physikalisch zu begründende Vereinfachung ist insbesondere bei größerer Umfangswellenzahl erlaubt), so findet man als Lösung die Übertragungsmatrizenbeziehung [102]

$$\begin{bmatrix} v_n/n \\ u_n \\ \left(R/D_{11}\right) n_{xxn} \\ -\left(Rn/D_{11}\right) n_{x\varphi n} \end{bmatrix} = \begin{bmatrix} P_0 & P_1 & P_2 & P_3 \\ -4\lambda^4 P_3 & P_0 & P_1 & P_2 \\ -4\lambda^4 P_2 & -4\lambda^4 P_3 & P_0 & P_1 \\ -4\lambda^4 P_1 & -4\lambda^4 P_2 & -4\lambda^4 P_3 & P_0 \end{bmatrix} \begin{bmatrix} v_n/n \\ u_n \\ \left(R/D_{11}\right) n_{xxn} \\ -\left(Rn/D_{11}\right) n_{x\varphi n} \end{bmatrix}_0 . \tag{7.83}$$

Es bedeuten

$$\left.\begin{aligned} P_0 &= \cosh(\lambda x/R) \cos(\lambda x/R)\,, \\ P_1 &= [\cosh(\lambda x/R) \sin(\lambda x/R) + \sinh(\lambda x/R) \cos(\lambda x/R)]/(2\lambda)\,, \\ P_2 &= [\sinh(\lambda x/R) \sin(\lambda x/R)]/\left(2\lambda^2\right), \\ P_3 &= [\cosh(\lambda x/R) \sin(\lambda x/R) - \sinh(\lambda x/R) \cos(\lambda x/R)]/\left(4\lambda^3\right). \end{aligned}\right\} \tag{7.84}$$

(7.83) beschreibt in guter Näherung den "langsamen" Abbau von Längs- oder Umfangskraftgruppen, die nach der Umlagerung mit Hilfe der Dehnsteifigkeit D_{11} im wesentlichen von Umfangsmomenten $m_{\varphi\varphi}$ und Umfangskräften $n_{\varphi\varphi}$ abgebaut werden.

Die bei der Aufstellung von (7.83) vernachlässigte Schubnachgiebigkeit $1/S$ läßt sich grundsätzlich ohne Schwierigkeit mitnehmen. Man erhält dann allerdings etwas kompliziertere Übertragungsmatrizenelemente [102].

Man setzt $D_{11} = \infty$

Die zweite Möglichkeit zur Entkopplung der Differentialgleichungen (7.72) setzt $D_{11} = \infty$. Dadurch verschwinden die v- und u-Verschiebungen identisch. Es bleibt nur noch

$$\partial_1 \begin{bmatrix} w_n \\ \psi_{xn} \\ m_{xxn} \\ q_{xn} \end{bmatrix} = \begin{bmatrix} 0 & -1 & 0 & 0 \\ 0 & 0 & 1/K_{11} & 0 \\ 0 & 0 & 0 & 1 \\ \left(D_{22}/R^2\right)\left(1+\varkappa_{22}^2 n^4\right) & 0 & 0 & 0 \end{bmatrix} \begin{bmatrix} w_n \\ \psi_{xn} \\ m_{xxn} \\ q_{xn} \end{bmatrix} \tag{7.85}$$

Die Lösung erhält mit dem charakteristischen Wert

$$\lambda_1^4 = \left(D_{22} R^2/4 K_{11}\right)\left(1+\varkappa_{22}^2 n^4\right) \tag{7.86}$$

für den Zustandsvektor, den wir zur Schreibvereinfachung in Zeilenform angeben,

$$\left\{-w_n \quad R\psi_{xn} \quad \left(R^2/K_{11}\right) m_{xxn} \quad \left(R^3/K_{11}\right) q_{xn}\right\} \tag{7.87}$$

die Übertragungsmatrizenform, die bis auf den Parameter λ_1 der Beziehung (7.83) gleicht. Sie beschreibt in guter Näherung den "raschen" Abbau von Randmomenten m_{xx0}, die nach der Umlagerung mit Hilfe der Biegesteifigkeit K_{11} im wesentlichen von dem Umfangsbiegemoment $m_{\varphi\varphi}$ zusammen mit der Umfangskraft $n_{\varphi\varphi}$ getilgt werden.

Die Membranzylinderschale

Eine radikale Vereinfachung von (7.80) findet man durch Nullsetzen der Umfangsbiegesteifigkeit K_{22}. Man spricht in diesem Falle von der Membranzylinderschale. Die letzte Zeile der Differentialmatrix wird Null. Das bedeutet, daß sich der Schubfluß $n_{x\varphi n}$ im Schalenfeld nicht ändert. Die aus diesem vereinfachten System gewonnene Übertragungsmatrizenbeziehung lautet mit $\xi = x/R$ [102]

$$\begin{bmatrix} v_n/n \\ u_n \\ \left(R/D_{11}\right) n_{xxn} \\ -\left(Rn/D_{11}\right) n_{x\varphi n} \end{bmatrix} = \begin{bmatrix} 1 & \xi & \xi^2/2 & \left[\xi^3/6-\left(D_{11}/Sn^2\right)\xi\right] \\ & 1 & \xi & \xi^2/2 \\ & & 1 & \xi \\ & & & 1 \end{bmatrix} \begin{bmatrix} v_n/n \\ u_n \\ \left(R/D_{11}\right) n_{xxn} \\ -\left(Rn/D_{11}\right) n_{x\varphi n} \end{bmatrix}_0 . \tag{7.88}$$

Sie wird häufig gemeinsam mit Spantmatrizen, die die Umfangsbiege- und Dehnsteifigkeit der Schale konzentriert erfassen, benutzt. S. [104], wo für die geschlossene Kreiskegelschale unter Zugrundelegung der Membranschalenvereinfachung die Übertragungsmatrix hergeleitet ist.

Der Kreisspant

Dünnwandige Kreiszylinderschalen müssen zur Querschnittserhaltung in gewissen Abständen durch kräftigere Spante gestützt werden. Diese Spante benutzt man gleichzeitig zur Einleitung konzentrierter äußerer Kräfte in radialer Richtung (z) und Umfangsrichtung (φ). In der Regel betrachtet man den Spant als biegeschlaff senkrecht zur Spantebene, d.h. einer u-Verschiebung setzt er keinen Widerstand entgegen.

Den Wirkungsmechanismus eines Spantes erkennt man deutlich aus der Differentialbeziehung (7.72), wenn man anstelle der Differentiale Differenzen zwischen den Zustandsgrößen links und rechts vom Spant ansetzt. Faßt man anschließend die Länge Δx mit den Größen D_{22} und K_{22} zu der Dehn- und Biegesteifigkeit des Spantes D_{sp} und K_{sp} zusammen, so findet man

$$\begin{bmatrix} v_n \\ u_n \\ n_{xxn} \\ n_{x\varphi n} \\ w_n \\ \Psi_{xn} \\ m_{xxn} \\ q_{xn} \end{bmatrix}_r = \begin{bmatrix} 1 & & & & & & & \\ & 1 & & & & & & \\ & & 1 & & & & & \\ s_{41} & & & 1 & s_{45} & & & \\ & & & & 1 & & & \\ & & & & & 1 & & \\ & & & & & & 1 & \\ s_{81} & & & & s_{85} & & & 1 \end{bmatrix} \begin{bmatrix} v_n \\ u_n \\ n_{xxn} \\ n_{x\varphi n} \\ w_n \\ \Psi_{xn} \\ m_{xxn} \\ q_{xn} \end{bmatrix}_l - \begin{bmatrix} \\ \\ P_{xn} \\ P_{\varphi n} \\ \\ \\ \\ P_{zn} \end{bmatrix} . \tag{7.89}$$

Es ist mit $\varkappa_{sp}^2 = K_{sp}/\left(R^2 D_{sp}\right)$

$$\left.\begin{aligned} s_{41} &= \left(D_{sp}/R^2\right)\left(1+\varkappa_{sp}^2\right)n^2, \quad s_{85} = \left(D_{sp}/R^2\right)\left(1+\varkappa_{sp}^2 n^4\right), \\ s_{45} &= s_{81} = \left(D_{sp}/R^2\right)n\left(1+\varkappa_{sp}^2 n^2\right) \end{aligned}\right\} \tag{7.90}$$

Der Spant koppelt also die v- mit der w-Verschiebung.

Die in (7.89) strichliert eingerahmten Vektorgrößen sind die Amplituden der n-ten Fourier-Reihenglieder einer konzentrierten Ringbelastung P_x, P_φ und P_z.

Will man mit den verkürzten Übertragungsmatrizenbeziehungen (7.83) weiterrechnen, so muß man wieder entsprechend (7.76) mit Hilfe der physikalisch begründeten Vereinfachung $q_{xn} = 0$ setzen und in (7.89) die w-Verschiebung eliminieren.

Man erhält, wenn man noch auf die bezogenen Zustandsgrößen von (7.83) transformiert, eine reduzierte Spantmatrix

$$\mathbf{S}_{sp\,red} = \begin{bmatrix} 1 & & & \\ & 1 & & \\ & & 1 & \\ s^*_{41} & & & 1 \end{bmatrix} \tag{7.91}$$

mit einem Matrixelement

$$s^*_{41} = -\frac{K_{sp}}{R^3 D_{11}} \frac{n^4 \left(n^2 - 1\right)^2}{1 + \varkappa^2_{sp} n^4} . \tag{7.91'}$$

(s. auch [102], nur daß dort s^*_{41} aus der Reihenentwicklung der Beziehungen von (7.83) gewonnen wurde).

Greift am Spant eine äußere Radialbelastung P_{zn} an, so muß sie bei diesem Eliminationsprozeß mitgenommen werden. Man erhält für das Schema der bezogenen Zustandsgrößen eine Ersatzschubbelastung

$$\overline{P}^*_{\varphi n} = -\frac{R}{D_{11}} \frac{n^2 \left(1 + \varkappa^2_{sp} n^2\right)}{\left(1 + \varkappa^2_{sp} n^4\right)} P_{zn} , \tag{7.92}$$

die einer tatsächlichen Schubbelastung $\overline{P}_{\varphi n} = n\, P_{\varphi n} R/D_{11}$ hinzugefügt werden muß.

Damit tritt die zweite Wirkungsweise eines Spantes deutlich hervor: Er setzt eine Radialbelastung P_{zn} in eine Ersatzschubbelastung $P^*_{\varphi n}$ um.

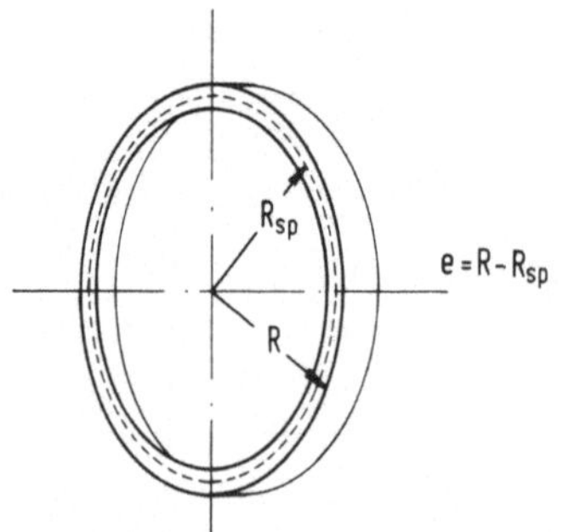

Abb. 7.12. Exzentrisch angeordneter Spant

Im Flugzeugbau, aber auch im allgemeinen Maschinenbau, sind die Spante meist exzentrisch angeordnet. In diesem Falle geht der Abstand Schalenradius R zum Radius der Spantmittellinie R_{sp} entscheidend in das Spantverhalten ein.

Die Wirkung des exzentrisch angeordneten Spantes wird in [104] ausführlich behandelt. Wir geben hier ohne Herleitung das dort aus einer ingenieurmäßigen Betrachtung gefundene Matrizenelement der reduzierten Spantmatrix an:

$$\bar{s}^*_{41} = -\frac{K_{sp}}{R^2 R_{sp} D_{11}} \frac{n^4 (n^2 - 1)^2}{\chi^2 + \kappa^2_{sp} (n^2 - 1)^2} \tag{7.93}$$

$(\chi = 1 - n^2 e/R)$. Die aus einer Radialbelastung folgende Ersatzschubbelastung ist

$$\bar{P}^*_{\varphi n} = -\frac{R_{sp}}{D_{11}} \frac{n^2 \chi}{\chi^2 + \kappa^2_{sp} (n^2 - 1)^2} P_{zn} . \tag{7.94}$$

(s. auch [113] und die dort meist als unveröffentliche Firmenberichte angegebene Literatur).

Zum Ausgangspunkt der Schalenberechnung haben wir stets das System von Differentialgleichungen 1.Ordnung benutzt. Diesen Weg geht erstmalig Kalnins in [106] bei der Berechnung der beliebigen Rotationsschale. Er bestimmt dort die zugehörige Übertragungsmatrix numerisch nach dem hier in Kap.12 geschilderten Verfahren.

8. Das Übertragungsverfahren, seine Vorteile und Grenzen

8.1 Die numerischen Schwierigkeiten und ihre Gründe

Das auf bandförmige Übertragungsmatrizen-Gleichungssysteme zugeschnittene, spezielle Eliminationsverfahren, das wir Übertragungsverfahren nannten, eliminiert alle zwischen den Rändern eines vielgliedrigen Gebildes liegenden Zustandsgrößen. Man erhält [s. auch (4.42)]

$$\mathbf{w}_n = \mathbf{T}_n \mathbf{T}_{n-1} \cdots \mathbf{T}_3 \mathbf{T}_2 \mathbf{T}_1 \mathbf{w}_0 = \mathbf{P} \mathbf{w}_0 \ . \tag{8.1}$$

Da von den 2 r Komponenten des Zustandsvektors r durch die Randbedingungen links festgelegt werden, sind nur r Komponenten unbekannt. Sie ergeben sich aus den r Randbedingungen für den Vektor $\mathbf{w}_n$.

Beim einfachen Balken wird das Gleichungssystem zweigliedrig, und das Endgleichungssystem zur Berechnung der Eigenwerte lautet in diesem Falle

$$\begin{bmatrix} p_{ri} & p_{rk} \\ p_{si} & p_{sk} \end{bmatrix} \begin{bmatrix} w_i \\ w_k \end{bmatrix} = 0 \ . \tag{8.2}$$

Bei der Berechnung der Determinante der Koeffizientenmatrix treten bei höheren λ-Werten und bei Gebilden mit steifen äußeren oder weichen inneren Federn numerische Schwierigkeiten auf, die zum Versagen des Übertragungsverfahrens führen können.

Man erkennt dieses Versagen deutlich, wenn man höhere Eigenfrequenzen des kontinuierlich mit Masse belegten biegeelastischen - aber schubstarren - Balkens berechnen will. Aus der Übertragungsmatrix (4.20) findet man für den gelenkig-gelenkig gelagerten Balken die Eigenwertdeterminante (s. auch (4.49'))

$$\begin{vmatrix} S & s \\ \lambda^4 s & S \end{vmatrix} = S^2 - \lambda^4 s^2 \ . \tag{8.3}$$

Mit den Zahlenwerten

$$EI = 1.047 \cdot 10^8 \text{ daN m}^2, \quad l = 10 \text{ m}, \quad \mu = 0{,}258\,336 \cdot 10^3 \text{ daN s}^2/\text{m}^2 \qquad (8.4)$$

ergeben sich die für einige λ in Tab. 8.1 zusammengestellten Werte S^2 und $S^2 - \lambda^4 S^2$. Man erkennt, daß sich die Determinante bei größerem λ aus einer Differenz großer Zahlen bildet. Bei endlicher Stellenzahl des automatischen Rechners verschwindet

Tabelle 8.1

ω	λ	S^2	$S^2 - \lambda^4 S^2$
101,859	4	11,000	3,5058
407,430	8	$8{,}689\,297 \cdot 10^3$	22,9779
636,620	10	$3{,}031\,978 \cdot 10^5$	-59,4713
1075,880	13	$7{,}238\,546 \cdot 10^7$	544,5082
1432,395	15	$2{,}968\,462 \cdot 10^9$	$1{,}089\,671 \cdot 10^4$
1629,747	16	$1{,}927\,793 \cdot 10^{10}$	bei 8 Stellen nicht mehr berechenbar

der Determinantenwert, gleichgültig, welches λ eingesetzt wird. Bei der Berechnung der Nullstellen der Determinante treten diese numerischen Schwierigkeiten bereits

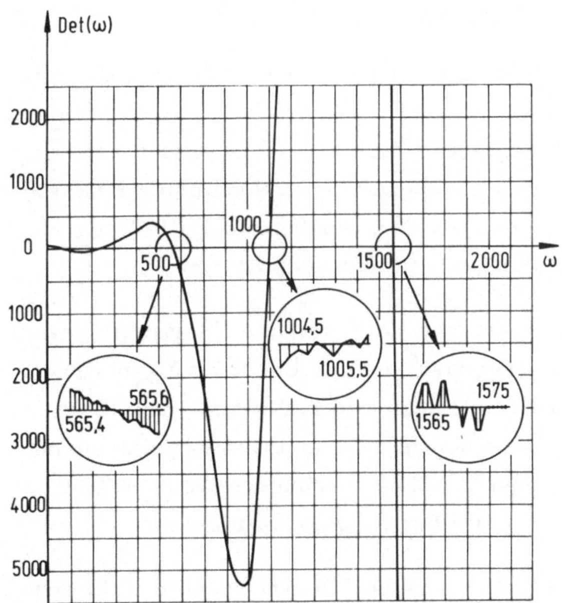

Abb. 8.1. Verlauf der Funktion det(ω) berechnet für die Zahlenwerte von (8.4); die Berechnung wurde mit 8 gültigen Ziffern durchgeführt.

früher auf. Dies zeigt Abb. 8.1, in der für das oben angegebene Zahlenbeispiel der Funktionsverlauf det (λ) = det (ω) aufgetragen ist. Die Nullstellen lassen sich bereits bei dem fünften Nulldurchgang nicht mehr bestimmen.

Das Scheitern des Übertragungsverfahrens läßt sich mit dem physikalischen Verhalten des Balkens erklären. Für einen Balken mit mehreren starren Stützen sind die Randwerte $\mathbf{w}_0$ ungünstige "statisch Unbestimmte"; man kann nicht erwarten, daß der rechte Balkenrand noch brauchbare Bedingungsgleichungen für die links eingeleiteten Kraft- oder Verschiebungsgrößen liefert.

Mathematisch ist das Versagen des Übertragungsverfahrens zu verstehen, worauf S. Falk [116] erstmalig hingewiesen hat, wenn man ein System mit lauter gleichen Übertragungsmatrizen $\mathbf{T}_1 = \mathbf{T}_2 = \ldots \mathbf{T}_n = \mathbf{T}$ betrachtet.

Die vielmalige Multiplikation Matrix mal Vektor hat wie beim v. Misesschen Iterationsprozeß (Kap. 11) die Wirkung, daß die Spaltenvektoren einander immer mehr parallel werden und gegen den Eigenvektor $\mathbf{x}_1$, der zum größten Eigenwert τ_1 der Matrix $\mathbf{T}$ gehört, konvergieren. Diese Erscheinung tritt besonders deutlich beim schubstarren, drehträgheitslosen Balken hervor, wo die Übertragungsmatrix (4.20) für große λ-Werte zu

$$\mathbf{T}_\infty = \frac{e^\lambda}{4} \begin{bmatrix} 1 & 1/\lambda & 1/\lambda^2 & 1/\lambda^3 \\ \lambda & 1 & 1/\lambda & 1/\lambda^2 \\ \lambda^2 & \lambda & 1 & 1/\lambda \\ \lambda^3 & \lambda^2 & \lambda & 1 \end{bmatrix} \tag{8.5}$$

degeneriert. Die Spalten dieser Matrix sind bis auf Vorfaktoren alle gleich. Sie bilden den zum größten Eigenwert τ_{max} der Übertragungsmatrix $\mathbf{T}$ gehörigen Eigenvektor $\mathbf{x}_1$. (Die Zeilenvektoren sind ebenfalls parallel; sie geben den zum größten Eigenwert gehörenden, transponierten Linkseigenvektor $\mathbf{y}_1^T$ an.) Alle zweireihigen Unterdeterminanten werden Null. Die Endgleichungen zur Bestimmung der Funktion det(λ) müssen unbrauchbar werden.

Das numerische Versagen des Übertragungsverfahrens hängt, wie das Beispiel zeigt, mit den Eigenwerten der Übertragungsmatrix zusammen: Der Eigenwert mit positivem Realteil setzt sich bei der mehrmaligen Matrizenmultiplikation oder einem großen λ-Wert durch. Alle anderen Eigenlösungen werden herausgefiltert. Es gilt daher vor Beginn des Übertragungsverfahrens stets zu prüfen, welcher Natur die Eigenwerte τ der Übertragungsmatrix sind.

Einfacher als aus der Übertragungsmatrix erhält man die Eigenwerte τ aus den Eigenwerten α der Differentialmatrix $\mathbf{A}$. Wegen $\mathbf{T} = e^{\mathbf{A}}$ (s. Kap. 12) sind die Eigenwerte von $\mathbf{T}$

$$\tau = e^\alpha . \tag{8.6}$$

Hat α einen positiven Realteil, so ist τ dem Betrage nach > 1, und numerische Schwierigkeiten sind bei großen λ zu erwarten.

Anschaulich kann man dieses Ergebnis in der komplexen Zahlebene darstellen: Besitzt die Differentialmatrix einen Eigenwert α, der rechts von der imaginären Achse liegt (Abb.8.2), so ist mit numerischen Schwierigkeiten zu rechnen.

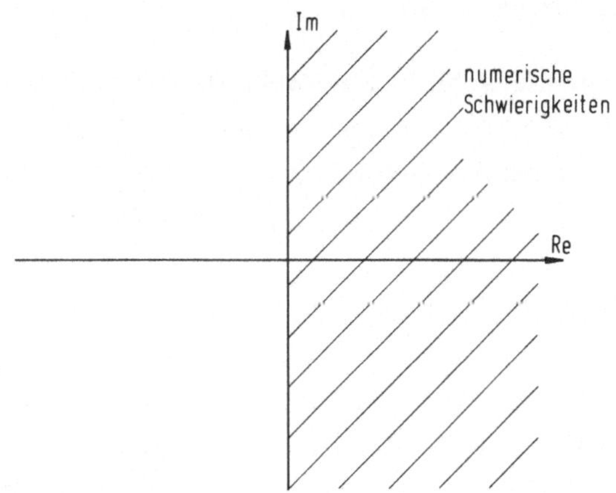

Abb.8.2. Komplexe Zahlenebene für die Eigenwerte der Differentialmatrix

Die Eigenwerte der Balken-Differentialmatrix sind nach (4.17')

$$\alpha_{1,2} = \pm \lambda , \quad \alpha_{3,4} = \pm i\lambda . \tag{8.7}$$

Die Existenz der Wurzel α_1 führt, wie (8.5) zeigt, zu numerischen Schwierigkeiten.

Es verdient erwähnt zu werden, daß der Balken mit Schubnachgiebigkeit und Drehträgheit in der Regel nicht mit numerischen Schwierigkeiten behaftet ist. Seine Eigenwerte sind nach (4.26)

$$\left.\begin{aligned} \alpha_{1,2} &= \pm \lambda \sqrt{\sqrt{1 + (\lambda^4/4)(\delta - \vartheta)^2} - (\lambda^2/2)(\delta + \vartheta)} , \\ \alpha_{3,4} &= \pm i\lambda \sqrt{\sqrt{1 + (\lambda^4/4)(\delta - \vartheta)^2} + (\lambda^2/2)(\delta + \vartheta)} . \end{aligned}\right\} \tag{8.8}$$

Man erkennt, daß der maßgebliche Eigenwert α_1 bei größerem λ zunächst gegen Null geht und dann in den rein imaginären Bereich überwechselt. Bei großem λ gibt es also kein $\alpha > 0$ und - das bestätigen die Rechnungen - numerische Schwierigkeiten treten nicht auf.

8.2 Möglichkeiten zur Umgehung der numerischen Schwierigkeiten

Delta-Matrizen

Von den Wegen zur Beseitigung der numerischen Schwierigkeiten ist der von H. Fuhrke angegebene der eleganteste. Die von ihm benutzten Delta-Matrizen erlauben die Determinanten- und damit die Differenzenbildung nach vorn - also an den Beginn der Rechnung - zu verlegen (Kap. 6).

Die in Kap. 6 geschilderten Nachteile haben jedoch die Delta-Matrizenmethode an einer großen Verbreitung gehindert: Sie erlaubt nicht, den Schwingungsvektor zu bestimmen, und die Ordnung der Delta-Matrizen ist $\binom{2r}{r}$. Die Rechnung ist daher bei Problemen von höherer als 4. Ordnung praktisch undurchführbar.

Modifikation von E. Pestel und H. Mahrenholtz

Eine Modifikation des Übertragungsverfahrens zur Verbesserung seiner numerischen Brauchbarkeit stammt von E. Pestel und H. Mahrenholtz [115]. Das Verfahren schildern wir am Balken, der aus n gleichen Feldern aufgebaut ist. Der Übertragungsschematismus hat folgendes Aussehen:

	$\mathbf{a}_i$	$\mathbf{a}_k$
T	⋮	⋮
T	⋮	⋮
T	⋮	⋮
⋮		
T	$\mathbf{p}_i$	$\mathbf{p}_k$

Die Ausgangsvektoren $\mathbf{a}_i$, $\mathbf{a}_k$ bestehen aus den Beträgen w_{i0}, w_{k0} und den Einheitsvektoren $\mathbf{e}_i$, $\mathbf{e}_k$:

$$\mathbf{a}_i = w_{i0}\mathbf{e}_i, \quad \mathbf{a}_k = w_{k0}\mathbf{e}_k. \tag{8.9}$$

Der Index i,k, der durch die Randbedingungen links festgelegt ist, bestimmt die Stellung der Eins im Einheitsvektor. Multiplikation mit den Übertragungsmatrizen macht aus ihnen die Endvektoren $\mathbf{p}_i$, $\mathbf{p}_k$.

Die Randbedingungen rechts greifen aus diesen Vektoren ein Zeilenpaar r,s heraus und die Eigenwertdeterminante lautet

$$\det(\lambda) = \begin{vmatrix} p_{ri} & p_{rk} \\ p_{si} & p_{sk} \end{vmatrix} . \tag{8.10}$$

Bei großem λ läßt sich der Determinantenwert, wie wir bereits gesehen haben, nicht mehr berechnen. E. Pestel und H. Mahrenholtz schlagen vor, den einen der beiden Ausgangsvektoren zu korrigieren nach der Vorschrift

$$\mathbf{a}_i^* = w_{i0}\left(\mathbf{e}_i - \gamma\,\mathbf{e}_k\right) \tag{8.11}$$

Für γ wählen sie einen Mittelwert aus den Quotienten $p_{ri}/p_{rk} + \dots$ Am nächsten liegt es, das arithmetische Mittel aus den Zeilenquotienten nach

$$\gamma = \left(p_{ri}/p_{rk} + p_{si}/p_{sk}\right)/2 \tag{8.12}$$

zu benutzen.

Beim zweiten Rechnungsgang wird aus der korrigierten Ausgangsspalte der Spaltenvektor $\mathbf{p}_i^*$, der, wie die Zahlenrechnung zeigt, nun nicht mehr parallel zum unkorrigierten und außerdem zahlenmäßig klein ist. Die Enddeterminante

$$\det(\lambda) = \begin{vmatrix} \left(p_{ri} - \gamma\,p_{rk}\right) & p_{rk} \\ \left(p_{si} - \gamma\,p_{sk}\right) & p_{sk} \end{vmatrix} \tag{8.13}$$

läßt sich berechnen.

E. Pestel und H. Mahrenholtz zeigen ihr Verfahren am homogenen Balken, der in n gleiche Felder unterteilt ist. Hier sind alle Übertragungsmatrizen gleich. Daß es in diesem Sonderfall zu guten Ergebnissen führt, läßt sich begründen mit dem Gedanken der "Reinigung" (s. Kap. 11, das Verfahren von J. J. Koch). Die Korrektur des Ausgangsvektors sorgt dafür, daß der korrigierte Vektor $\mathbf{a}_i^*$ orthogonal steht auf dem zum größten Eigenwert τ_{max} der Übertragungsmatrix $\mathbf{T}$ gehörigen Eigenvektor $\mathbf{x}_1$.

Wir zeigen diesen Reinigungsprozeß wieder am homogenen Balken. Die Orthogonalitätsforderung (Kap. 11) lautet mit dem zum größten Eigenwert der Übertragungsmatrix gehörigen Linkseigenvektor $\mathbf{y}_1$

$$\mathbf{y}_1^T \mathbf{a}_i^* = 0 . \tag{8.14}$$

Normiert man $\mathbf{y}_1^T$ [s. die Zeilen der Matrix (8.5)] so, daß $y_k = 1$ ist, so wird bei der Produktbildung mit (8.11)

$$y_i = \gamma , \tag{8.15}$$

d.h. der von E. Pestel und H. Mahrenholtz gewählte Korrekturfaktor γ ist das i-te Element des für $y_k = 1$ normierten Linkseigenvektors.

Wir bestätigen (8.15) am Beispiel des links eingespannten Balkens. In diesem Falle ist wegen $W_0 = \Psi_0 = 0$: $i = 3$ und $k = 4$. Den für $k = 4$ normierten, transponierten Linkseigenvektor $\mathbf{y}_1$ entnehmen wir der letzten Zeile von (8.5):

$$\mathbf{y}_1^T = \left\{\lambda^3 \; \lambda^2 \; \lambda \; 1\right\}. \tag{8.16}$$

Darin ist das i-te Element

$$y_i = \lambda . \tag{8.17}$$

Rechnet man nach der Vorschrift (8.12) den Faktor γ aus, so hat man für den rechts gelenkig gelagerten Balken ($w_n = M_n = 0$), bei dem die Eigenwertdeterminante

$$\det(\lambda) = \begin{vmatrix} c & s \\ & \\ C & S \end{vmatrix} \tag{8.18}$$

lautet, zu bilden:

$$\gamma = \frac{1}{2}\left(\frac{c}{s} + \frac{C}{S}\right) = \frac{\lambda}{2}\left(\frac{\cosh\lambda - \cos\lambda}{\sinh\lambda - \sin\lambda} + \frac{\cosh\lambda + \cos\lambda}{\sinh\lambda + \sin\lambda}\right) . \tag{8.19}$$

Jeder der Brüche in der Klammer geht für große λ gegen 1, so daß sich, was wir zeigen wollen,

$$\gamma = \lambda \tag{8.20}$$

ergibt.

Die Rechenerfahrung zeigt, daß das Verfahren von E. Pestel und H. Mahrenholtz auch bei nicht homogenen Gebilden mit unterschiedlichen Übertragungsmatrizen eine Verbesserung bringt. Für hinreichend große Frequenzen kommt es aber zum Erliegen.

Der Grund ist der folgende: Das Verfahren reinigt in diesem Falle von dem zum größten Eigenwert der Produktmatrix $\mathbf{P}$ gehörigen Eigenvektor. Wenn sich jedoch die

Eigenvektoren der Teilmatrizen bereits sehr stark durchgesetzt haben, so hilft die Reinigung von einem "mittleren" Eigenvektor nichts.

Die Anwendung dieses Verfahrens auf Matrizen höherer als der 4. Ordnung ist möglich, wenn man den eben dargelegten Reinigungsgedanken im Auge behält. Bei einem Problem 6. Ordnung, z.B. dem eben gekrümmten Balken (Kap. 5), mit drei unbekannten Randgrößen w_{i0}, w_{k0}, w_{l0} am linken Rand, werden bei großen λ-Werten drei Spaltenvektoren $\mathbf{p}_i, \mathbf{p}_k, \mathbf{p}_l$ parallel. Eine von Null verschiedene Determinante läßt sich erst bilden, wenn man zwei der drei Spaltenvektoren von dem Eigenvektor, der zum größten reellen Eigenwert gehört, reinigt.

Die näherungsweise Orthogonalisierung mit Hilfe der l-ten Spalte liefert die beiden Korrekturfaktoren

$$\left.\begin{aligned} \gamma_i &= \left(p_{ri}/p_{rl} + p_{si}/p_{sl} + p_{ti}/p_{tl}\right)/3 \,, \\ \gamma_k &= \left(p_{rk}/p_{rl} + p_{sk}/p_{sl} + p_{tk}/p_{tl}\right)/3 \,. \end{aligned}\right\} \tag{8.21}$$

(Die Indizes r, s, t geben die Randbedingungskombinationen am rechten Rande an.) Die "gereinigten" Ausgangsvektoren lauten damit:

$$\mathbf{a}_i^* = w_{i0}\left(\mathbf{e}_i - \gamma_i\,\mathbf{e}_l\right), \quad \mathbf{a}_k^* = w_{k0}\left(\mathbf{e}_k - \gamma_k\,\mathbf{e}_l\right), \tag{8.22}$$

und die Determinante erhält man als

$$\det(\lambda) = \begin{vmatrix} \left(p_{ri} - \gamma_i\,p_{rl}\right) & \left(p_{rk} - \gamma_k\,p_{rl}\right) & p_{rl} \\ \left(p_{si} - \gamma_i\,p_{sl}\right) & \left(p_{sk} - \gamma_k\,p_{sl}\right) & p_{sl} \\ \left(p_{ti} - \gamma_i\,p_{tl}\right) & \left(p_{tk} - \gamma_k\,p_{tl}\right) & p_{tl} \end{vmatrix} \tag{8.23}$$

Da die Spalten einander wegen $\gamma_i \neq \gamma_k$ nun nicht mehr proportional sind, läßt sie sich ohne Schwierigkeit berechnen (s. auch das Zahlenbeispiel in [20]).

Damit ist das Vorgehen bei Problemen (2r)-ter Ordnung vorgezeigt. Werden r Spalten parallel, so benutzt man den am weitesten rechts stehenden für die Reinigung der (r-1) übrigen Spalten.

Beim schwach gekoppelten Doppelbalken (Kap. 5) kann es sein, daß nur Spaltenpaare in sich parallel werden. Dann reinigt man paarweise, d.h. nur die erste Spalte wird mit Hilfe der zweiten und die dritte mit Hilfe der vierten gereinigt.

Bei Problemen 8. und höherer Ordnung könnte es passieren, daß die gereinigten Spaltenvektoren zwar orthogonal zum r-ten Vektor, der für die Reinigung herangezogen wurde, sind, aber untereinander parallel werden. Man müßte dann die parallelen Vektoren nocheinmal von dem Eigenvektor reinigen, der zum zweitgrößten Eigenwert der Übertragungsmatrix gehört. Damit wird jedoch dieser Weg so mühselig, daß er für die praktische Anwendung nicht mehr begehbar ist.

Mitnahme von Zwischengrößen

Alle Reinigungsversuche sind zum Scheitern verurteilt, wenn das System Entartungen aufweist, wenn starre äußere oder schlaffe innere Federn vorhanden sind.

Eine starre Stütze bedeutet, daß in der Gleichung für die Querkraft

$$Q_r = -c\overline{W} + Q_l \tag{8.24}$$

(Abb.8.3) der Koeffizient c über alle Grenzen wächst. Damit tritt aber in der über die Stütze führenden Übertragungsmatrix

$$\mathbf{T}_{St} = \begin{bmatrix} 1 & 0 & 0 & 0 \\ 0 & 1 & 0 & 0 \\ 0 & 0 & 1 & 0 \\ -c & 0 & 0 & 1 \end{bmatrix} \tag{8.25}$$

ein Element ∞ auf. Der Übertragungsschematismus versagt, da alle damit multiplizierten Größen ebenfalls unendlich werden und sich die Enddeterminante nicht mehr bilden läßt. Es ist klar, daß das Verfahren schon numerisch erliegt, wenn c sehr große Werte annimmt.

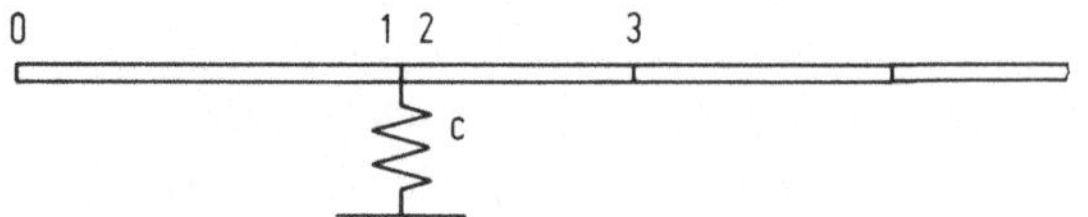

Abb.8.3. Stütze nach dem ersten Balkenfeld

Um die notwendige Modifikation des Übertragungsverfahrens kennenzulernen, betrachten wir das Koeffizientenschema des links freien Balkens, der am Ende des ersten Feldes eine "steife" Stütze besitzt (Abb.8.3):

$$\begin{array}{cc|cccc|cccc|c}
\overline{W}_0 & \Psi_0 & \overline{W}_1 & \Psi_1 & M_1 & Q_1 & \overline{W}_2 & \Psi_2 & M_2 & Q_2 & \cdots \\
\hline
t_{11} & t_{12} & -1 & & & & & & & & = 0 \\
t_{21} & t_{22} & & -1 & & & & & & & = 0 \\
t_{31} & t_{32} & & & -1 & & & & & & = 0 \\
t_{41} & t_{42} & & & & -1 & & & & & = 0 \\
\hline
 & & 1 & & & & -1 & & & & = 0 \\
 & & & 1 & & & & -1 & & & = 0 \\
 & & & & 1 & & & & -1 & & = 0 \\
 & & -c & & & 1 & & & & -1 & = 0 \\
\hline
 & & & & & & & & & & \vdots
\end{array} \qquad (8.26)$$

Faßt man die große Steifigkeit c und die - sehr kleine - Verschiebung $\overline{W}_1$ zu der neuen Unbekannten $\Delta Q_1 = c\overline{W}_1$, einem Querkraftsprung, zusammen und dividiert die dritte Spalte durch die Federsteifigkeit c, so geht das Gleichungssystem (8.26) über in:

$$\begin{array}{cc|cccc|cccc|c}
\overline{W}_0 & \Psi_0 & \Delta Q_1 & \Psi_1 & M_1 & Q_1 & \overline{W}_2 & \Psi_2 & M_2 & Q_2 & \cdots \\
\hline
t_{11} & t_{12} & -1/c & & & & & & & & = 0 \\
t_{21} & t_{22} & & -1 & & & & & & & = 0 \\
t_{31} & t_{32} & & & -1 & & & & & & = 0 \\
t_{41} & t_{42} & & & & -1 & & & & & = 0 \\
\hline
 & & 1/c & & & & -1 & & & & = 0 \\
 & & & 1 & & & & -1 & & & = 0 \\
 & & & & 1 & & & & -1 & & = 0 \\
 & & -1 & & & 1 & & & & -1 & = 0 \\
\hline
 & & & & & & & & & & \vdots
\end{array} \qquad (8.27)$$

Das gewöhnliche Übertragungsverfahren scheitert, da die gestrichelt eingeklammerte Matrix infolge des Elementes 1/c fast singulär und eine Inversion nicht mehr möglich ist. D.h. der Zustandsvektor an der Schnittstelle 1 läßt sich nicht mehr durch die Zustandsgrößen des benachbarten Schnittufers ausdrücken. Man muß die erste Gleichung in (8.27) getrennt anschreiben:

$$t_{11}\overline{W}_0 + t_{12}\Psi_0 - \Delta Q_1/c = 0 \qquad (8.28)$$

und kann nur Ψ_1, M_1, Q_1 aus einem getrennten Übertragungsschritt gewinnen.

Den nächsten Übertragungsschritt rettet man, indem man die fünfte Gleichung in (8.27) mit c multipliziert und $c\,\overline{W}_2 = \Delta Q_2$ setzt, d.h. dem Gleichungssystem wird die Aussage $\Delta Q_1 = \Delta Q_2$ hinzugefügt. Das Übertragungsverfahren läuft dann störungsfrei weiter. Man muß lediglich ΔQ_1 als neue Unbekannte mitübertragen.

Wie der Multiplikationsschematismus abläuft, zeigt das Beispiel des Balkens, der am Übergang zwischen dem ersten und zweiten Feld starr gelagert ist und zwischen zweitem und drittem Feld ein schlaffes Momentengelenk besitzt (Abb.8.4).

0 1 2 3

					$\overline{W}_0$	$\overline{\Psi}_0$	$\Delta\overline{Q}_1$	$\Delta\overline{\Psi}_2$	$\overline{P}$	
					1					
						1				
									-1	
									1	
1	1	1/2	1/6		1	1			-1/6	=0
	1	1	1/2			1			-1/2	
		1	1						- 1	
			1				1		- 1	
				1					1	
1	1	1/2	1/6		1	2	1/6		-1,333	
	1	1	1/2			1	1/2	1	-2	
		1	1				1		-2	=0
			1				1		-1	
				1					1	
1	1	1/2	1/6		1	3	1,333	1	-4,5	=0
	1	1	1/2			1	2	1	-4,5	=0
		1	1				2		- 3	
			1				1		- 1	
				1					1	

Abb.8.4. Multiplikationsschema bei einem Gebilde mit starrer Stütze und schlaffem Gelenk

Die Bedingungsgleichungen für die vier Unbekannten folgen jetzt aus den Zwischenbedingungen $W_1 = 0$ und $M_2 = 0$ sowie den Randbedingungen $W_3 = \Psi_3 = 0$: Wir erhalten

$$\begin{array}{ccccl} \overline{W}_0 & \overline{\Psi}_0 & \Delta Q_1 & \Delta\Psi_2 & P \\ \hline 1 & 1 & 0 & 0 & -0{,}166 = 0 = W_1 , \\ 0 & 0 & 1 & 0 & -2{,}000 = 0 = M_2 , \\ 1 & 3 & 1{,}333 & 1 & -4{,}500 = 0 = W_3 , \\ 0 & 1 & 2 & 1 & -4{,}500 = 0 = \Psi_3 . \end{array} \qquad (8.29)$$

Die Mitnahme der Unbekannten ΔQ_1 und $\Delta\Psi_2$ bedeutet natürlich eine Abkehr von der Grundidee des Übertragungsgedankens: Elimination a l l e r Zwischengrößen.

Elimination vom linken Rande, der Gaußsche Algorithmus

Ein weiterer Schritt in derselben Richtung ist der Vorschlag von S. Falk [116], den er mit Ablösen der Konstanten bezeichnet hat. Er schlägt zur Beseitigung der numerischen Schwierigkeiten vor, nach einigen Übertragungsschritten - oder auch nach j e d e m Schritt - den links von der Schnittstelle liegenden Balkenabschnitt durch eine Matrizeninversion in eine Feder (höherer Ordnung) mit der Steifigkeit $\tilde{\mathbf{S}}_{ii}$ zu verwandeln (Abb.8.5). Dieses Verfahren gestattet es, Entartungen ohne Schwierigkeiten zu bewältigen. Man fängt, wenn man dieses Vorgehen nach j e d e m Schritt wiederholt, sozusagen stets neu an und formuliert die Randbedingungen für den folgenden Schritt so, daß Entartungen mühelos mitgenommen werden können.

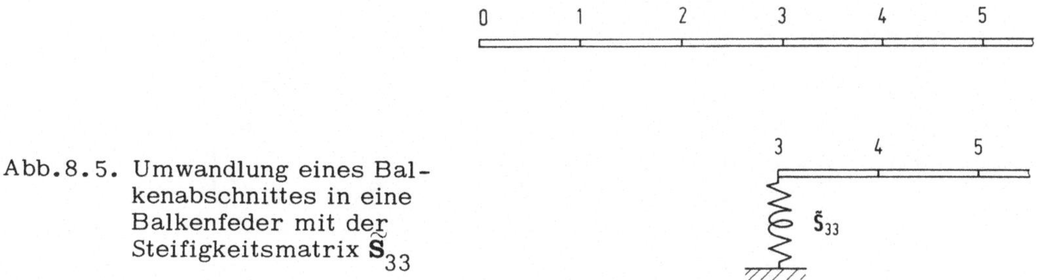

Abb.8.5. Umwandlung eines Balkenabschnittes in eine Balkenfeder mit der Steifigkeitsmatrix $\tilde{\mathbf{S}}_{33}$

S. Falks Ablösen der Konstanten läuft, was wir am einfachen Balken zeigen wollen, darauf hinaus, zum G a u ß s c h e n A l g o r i t h m u s zurückzukehren. Als Beispiel wählen wir den am linken Rand freien Balken. Das Gleichungssystem für die Zustandsgrößen hat mit den aus den Übertragungsmatrizen hervorgehenden Untermatrizen $\mathbf{A}_{ik}$ folgendes Aussehen:

$$\begin{array}{c|cc|c}
(W_0\ \Psi_0) & (W_1\ \Psi_1) & (M_1\ Q_1) & \dots \\
\hline
\mathbf{A}_{11} & -\mathbf{E} & & \\
\mathbf{A}_{21} & & -\mathbf{E} & \\
\hdashline
 & \mathbf{A}_{32} & \mathbf{A}_{33} & \\
 & \mathbf{A}_{42} & \mathbf{A}_{43} & \\
\hdashline
 & & & \ddots
\end{array}
\quad \left.\begin{array}{l} =0 \\ =0 \\ \\ =0 \\ =0 \end{array}\right\} \qquad (8.30)$$

Will man nach jedem Übertragungsschritt mit einem links freien Balkenrand, d.h. mit den Konstanten W und Ψ, weiterrechnen, so muß man Spaltenpaare tauschen, d.h. (8.30) umschreiben in

$$\begin{array}{c|cc|cc} (W_0\ \Psi_0) & (M_1\ Q_1) & (W_1\ \Psi_1) & (M_2\ Q_2) & \dots \\ \hline \mathbf{A}_{11} & & -\mathbf{E} & & = 0 \\ \mathbf{A}_{21} & -\mathbf{E} & & & = 0 \\ \hline & \mathbf{A}_{33} & \mathbf{A}_{32} & & = 0 \\ & \mathbf{A}_{43} & \mathbf{A}_{42} & -\mathbf{E} & = 0 \\ \hline & & & \ddots & \end{array} \qquad (8.31)$$

Die Zerlegung des Gleichungssystems (8.31) nach dem Gaußschen Algorithmus liefert, wenn man Untermatrizen der 2. Ordnung beibehält:

$$\begin{array}{c|cc|c} (W_0\ \Psi_0) & (M_1\ Q_1) & (W_1\ \Psi_1) & \dots \\ \hline \mathbf{A}_{11} & & -\mathbf{E} & = 0 \\ -\mathbf{A}_{21}\mathbf{A}_{11}^{-1} \Rightarrow \widetilde{\mathbf{S}}_{11} & -\mathbf{E} & \widetilde{\mathbf{S}}_{11} & = 0 \\ \hline & \mathbf{A}_{33} & \left(\mathbf{A}_{32}+\mathbf{A}_{33}\widetilde{\mathbf{S}}_{11}\right) \Rightarrow \mathbf{R}_2 & = 0 \\ \hline & & & \ddots \end{array} \qquad (8.32)$$

S. Falk erkennt die physikalische Bedeutung des Matrizenproduktes $\mathbf{A}_{21}\mathbf{A}_{11}^{-1}$ als Steifigkeitsmatrix $\widetilde{\mathbf{S}}_{11}$, die Kraftgrößen (Kräfte und Drehkräfte) infolge von Verschiebungsgrößen auszudrücken gestattet.

Das ebenfalls von S. Falk vorgeschlagene "Umsteigen" von W auf Q, Ψ auf M, das man bei Entartungen wählen muß, ist aus der Sicht des Gaußschen Algorithmus nichts anderes als das Vertauschen von Spalten und Zeilen. Anders gesehen: Der mathematische Prozeß des Spalten- und Zeilentausches findet hier seine physikalische Bedeutung. (W und Q, sowie Ψ und M werden gelegentlich auch konjugierte Größen genannt, um ihre physikalische Verwandtschaft - Verschiebung-Kraft, Drehung-Moment - zu betonen.)

Dieses "Umsteigen" wollen wir an dem zuvor behandelten Beispiel des links freien Balkens mit einem starren Lager am Übergang von Feld 1 zu 2 (Abb.8.3) ausführlich zeigen. Das Gleichungssystem hat, wenn man noch die Spalten umstellt, die bekannte Form (8.27):

(8.33)

$\overline{W}_0$	Ψ_0	M_1	Q_1	ΔQ_1	Ψ_1	M_2	Q_2	$\overline{W}_2$	Ψ_2	...	
t_{11}	t_{12}	0	0	0	0						= 0
t_{21}	t_{22}	0	0	0	-1						= 0
t_{31}	t_{32}	-1	0	0	0						= 0
t_{41}	t_{42}	0	-1	0	0						= 0
		0	0	0	0			-1	0		= 0
		0	0	0	1			0	-1		= 0
		1	0	0	0	-1	0				= 0
		0	1	-1	0	0	-1				= 0
										⋱	

Hier ist bereits der Faktor $c = \infty$ zu der Unbekannten ΔQ_1 zusammengefaßt. Die Stütz-Übertragungsmatrix ist also schon degeneriert.

Zeilentausch (der achten mit der fünften Zeile im angegebenen Schema, was bei der Berechnung der Determinante einen Vorzeichenwechsel zur Folge hat!), ergibt

(8.34)

$\overline{W}_0$	Ψ_0	M_1	Q_1	ΔQ_1	Ψ_1	M_2	Q_2	$\overline{W}_2$	Ψ_2	...	
t_{11}	t_{12}			0	0						= 0
t_{21}	t_{22}			0	-1						= 0
t_{31}	t_{32}	-1	0								= 0
t_{41}	t_{42}	0	-1								= 0
		0	-1	1	0	0	1	0	0		= 0
		0	0	0	1	0	0	0	-1		= 0
		0	1	0	0	-1	0	0	0		= 0
		0	0	0	0	0	0	-1	0		= 0
										⋱	

Man rechnet nun zwangsläufig mit der zu W_1 konjugierten Größe ΔQ_1 weiter. Numerische Schwierigkeiten entstehen nicht.

Bei der Zerlegung der Koeffizientenmatrix des Ausgangsgleichungssystems in eine obere Dreiecksmatrix (Kap. 10) entstehen, wenn man Untermatrizen 2. Ordnung beibehält, als Hauptdiagonalglieder Untermatrizen $\mathbf{B}_{ii}$. Der Wert der Gesamtdeterminante ergibt sich aus der Determinante des Matrizenproduktes

$$\det(\lambda) = \det\left(\mathbf{B}_{nn}\mathbf{B}_{n-1\,n-1} \cdots \mathbf{B}_{22}\mathbf{B}_{11}\right). \tag{8.35}$$

Das aber ist

$$\det(\lambda) = \det \mathbf{B}_{nn} \det \mathbf{B}_{n-1\,n-1} \cdots \det \mathbf{B}_{22} \det \mathbf{B}_{11} . \qquad (8.35')$$

Der Wert der Gesamtdeterminante - das ist der entscheidende Schritt zur Überwindung der numerischen Schwierigkeiten - erscheint als reine Produktsumme von Determinanten. Durch die Berechnung der Determinanten $\det \mathbf{B}_{ii}$ wird die Determinantenbildung "nach vorn" verlegt.

Der Gaußsche Algorithmus arbeitet gut, solange die Untermatrizen $\mathbf{A}_{ik}$ (beim Balken von 2. Ordnung) regulär sind, d.h. eine von Null verschiedene Determinante besitzen. Für die praktische Anwendung heißt das: Die Länge der Teilfelder muß so gewählt werden, daß in den Elementen der Untermatrizen die $e^{\alpha x/l}$-Lösung neben den $e^{i\alpha x/l}$-Lösungen von möglichst derselben Größenordnung ist. Oder anders gesagt: Je größer λ, desto feiner die Unterteilung.

9. Übertragungsmatrizen bei geschlossenen, verzweigten und vermaschten Gebilden

9.1 Die geschlossene Kette

Unter einer geschlossenen Kette versteht man ein Gebilde, dessen n-tes Bauglied wieder mit dem ersten verbunden ist (Abb.9.1). Der Vektor der Zustandsgrößen $\mathbf{w}_n$ am Rande des letzten Bauteiles stimmt also mit $\mathbf{w}_0$ überein.

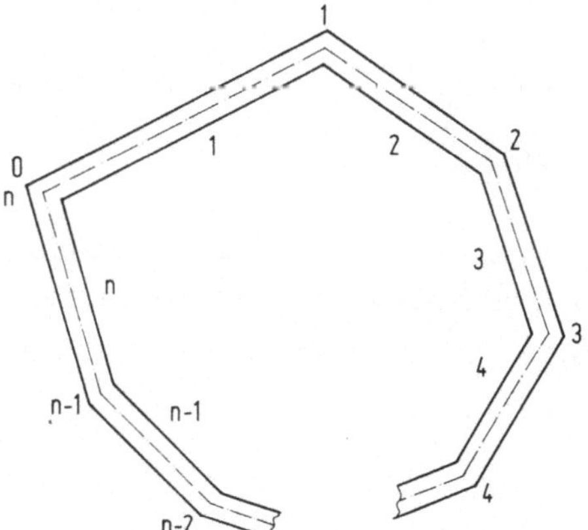

Abb.9.1. Die geschlossene Kette

Die Berechnung eines solchen Gebildes mit Hilfe von Übertragungsmatrizen ist leicht möglich. In dem aus Übertragungsmatrizen aufgebauten Gleichungssystem muß nur in der letzten Zeile die Verknüpfung

$$\mathbf{w}_n = \mathbf{w}_0 \tag{9.1}$$

eingebaut werden:

$$\left.\begin{array}{cccccc|c}
\mathbf{w}_0 & \mathbf{w}_1 & \mathbf{w}_2 \cdots & \mathbf{w}_{n-2} & \mathbf{w}_{n-1} & & \\
\hline
\mathbf{T}_1 & -\mathbf{E} & & & & = 0 \\
 & \mathbf{T}_2 & -\mathbf{E} & & & = 0 \\
 & & \ddots & & & \vdots \\
 & & & \mathbf{T}_{n-1} & -\mathbf{E} & = 0 \\
-\mathbf{E} & & & & \mathbf{T}_n & = 0
\end{array}\right\} \tag{9.2}$$

Die Reduktion des Gleichungssystems mit Hilfe des Übertragungsverfahrens ist möglich [26]. Man erhält zunächst

$$\mathbf{w}_{n-1} = \mathbf{T}_{n-1}\mathbf{T}_{n-2} \cdots \mathbf{T}_2\mathbf{T}_1\mathbf{w}_0 , \qquad (9.3)$$

und aus der letzten Zeile folgt

$$\mathbf{w}_0 = \mathbf{T}_n\mathbf{T}_{n-1}\mathbf{T}_{n-2} \cdots \mathbf{T}_2\mathbf{T}_1\mathbf{w}_0 = \mathbf{P}\,\mathbf{w}_0 \qquad (9.4)$$

oder

$$(\mathbf{P} - \mathbf{E})\,\mathbf{w}_0 = 0 . \qquad (9.4')$$

9.2 Die Verzweigung

Verzweigungen findet man bei Antriebswellensystemen, bei Rahmentragwerken und z.B. bei Schalengebilden (Abb.9.2). Bei einer Verzweigung sind an einem Knotenpunkt nicht, wie bisher, nur zwei Bauteile miteinander verbunden, sondern mehrere.

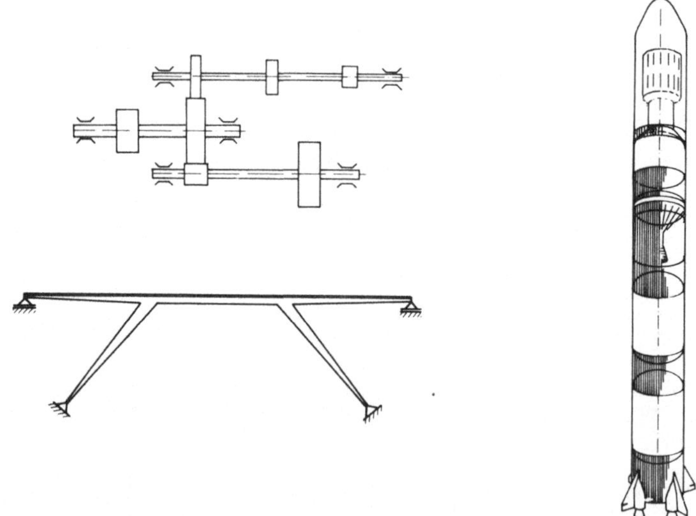

Abb.9.2. Antriebswellensystem, Brückentragwerk und Raketenstruktur mit Verzweigung

Das bedeutet, daß man den geometrischen und den dynamischen Zusammenhang zwischen den Zustandsgrößen an den einzelnen Bauteilrändern gesondert formulieren und in das Gesamtgleichungssystem aufnehmen muß.

Wir zeigen die Vorgehensweise an einem einfach verzweigten Rahmengebilde (Abb.9.3). Die Zustandsvektoren besitzen beim Rahmen (s. Abschn. 5.3) die sechs Komponenten:

$$\mathbf{w}^T = \{U\,N\,W\,\Psi\,M\,Q\}\,. \tag{9.5}$$

Der geometrische Zusammenhang zwischen den Verschiebungsgrößen des Hauptabschnittes und des abzweigenden Astes lautet (Abb.9.3)

$$\begin{bmatrix} U \\ W \\ \Psi \end{bmatrix} = \begin{bmatrix} \cos\varphi & -\sin\varphi & 0 \\ \sin\varphi & \cos\varphi & 0 \\ 0 & 0 & 1 \end{bmatrix} \begin{bmatrix} U^* \\ W^* \\ \Psi^* \end{bmatrix}. \tag{9.6}$$

φ ist der spitze Winkel des abzweigenden Astes gegen die Horizontale. Die mit einem hochgesetzten Stern versehenen Größen gehören zu dem abzweigenden Ast.

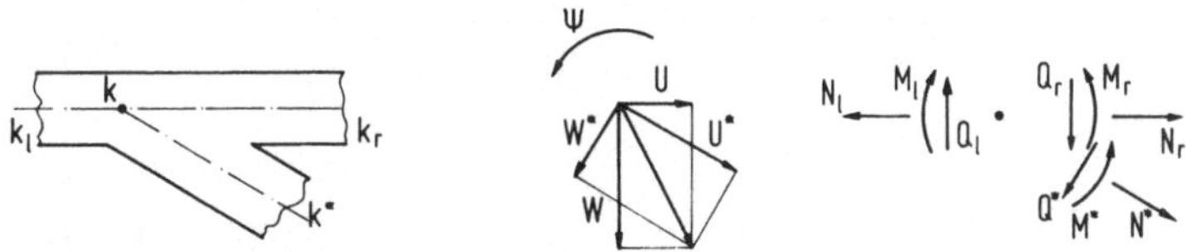

Abb.9.3. Knotenpunkt mit Verzweigung

Das Kräftegleichgewicht am Knoten liefert (Abb.9.3)

$$\begin{bmatrix} N \\ M \\ Q \end{bmatrix}_l - \begin{bmatrix} N \\ M \\ Q \end{bmatrix}_r - \begin{bmatrix} \cos\varphi & 0 & -\sin\varphi \\ 0 & 1 & 0 \\ \sin\varphi & 0 & \cos\varphi \end{bmatrix} \begin{bmatrix} N^* \\ M^* \\ Q^* \end{bmatrix} = 0\,. \tag{9.7}$$

Damit erhält man für die Zustandsgrößen links und rechts vom Knotenpunkt und im abzweigenden Abschnitt ausführlich

$$\left[\begin{array}{cccccc} 1 & 0 & 0 & 0 & 0 & 0 \\ 0 & 1 & 0 & 0 & 0 & 0 \\ 0 & 0 & 1 & 0 & 0 & 0 \\ 0 & 0 & 0 & 1 & 0 & 0 \\ 0 & 0 & 0 & 0 & 1 & 0 \\ 0 & 0 & 0 & 0 & 0 & 1 \\ \hdashline 0 & 0 & 0 & 0 & 0 & 0 \\ 0 & 0 & 0 & 0 & 0 & 0 \\ 0 & 0 & 0 & 0 & 0 & 0 \end{array}\right] \begin{bmatrix} U \\ N \\ W \\ \Psi \\ M \\ Q \end{bmatrix}_l + \left[\begin{array}{cccccc} -1 & 0 & 0 & 0 & 0 & 0 \\ 0 & -1 & 0 & 0 & 0 & 0 \\ 0 & 0 & -1 & 0 & 0 & 0 \\ 0 & 0 & 0 & -1 & 0 & 0 \\ 0 & 0 & 0 & 0 & -1 & 0 \\ 0 & 0 & 0 & 0 & 0 & -1 \\ \hdashline 1 & 0 & 0 & 0 & 0 & 0 \\ 0 & 0 & 1 & 0 & 0 & 0 \\ 0 & 0 & 0 & 1 & 0 & 0 \end{array}\right] \begin{bmatrix} U \\ N \\ W \\ \Psi \\ M \\ Q \end{bmatrix}_r - \left[\begin{array}{cccccc} 0 & 0 & 0 & 0 & 0 & 0 \\ 0 & c & 0 & 0 & 0 & -s \\ 0 & 0 & 0 & 0 & 0 & 0 \\ 0 & 0 & 0 & 0 & 0 & 0 \\ 0 & 0 & 0 & 0 & 1 & 0 \\ 0 & s & 0 & 0 & 0 & c \\ \hdashline c & 0 & -s & 0 & 0 & 0 \\ s & 0 & c & 0 & 0 & 0 \\ 0 & 0 & 0 & 1 & 0 & 0 \end{array}\right] \begin{bmatrix} U \\ N \\ W \\ \Psi \\ M \\ Q \end{bmatrix}^* = 0 \tag{9.8}$$

($c = \cos\varphi$, $s = \sin\varphi$), oder mit den Rechteckmatrizen $\mathbf{G}_l$, $\mathbf{G}_r$, $\mathbf{G}^*$, die die Koeffizienten umfassen, sowie den Zustandsvektoren $\mathbf{w}_l$, $\mathbf{w}_r$ und $\mathbf{w}^*$

$$\mathbf{G}_l \mathbf{w}_l + \mathbf{G}_r \mathbf{w}_r - \mathbf{G}^* \mathbf{w}^* = 0 . \tag{9.8'}$$

In einem größeren Gleichungssystem für die Zustandsvektoren des Hauptabschnittes und Seitenastes ist diese Beziehung einzuordnen. Man erhält:

$$\left.\begin{array}{ccccccccc|cccc|c}
\mathbf{w}_0 & \mathbf{w}_1 & \mathbf{w}_2 & \cdots & \mathbf{w}_{kl} & \mathbf{w}_{kr} & \mathbf{w}_{k+1} & \cdots & \mathbf{w}_{n-1} & \mathbf{w}^*_k & \mathbf{w}^*_{k+1} & \cdots & \mathbf{w}^*_{m-1} & \\ \hline
\mathbf{T}_1 & -\mathbf{E} & & & & & & & & & & & & = 0 \\
 & \mathbf{T}_2 & -\mathbf{E} & & & & & & & & & & & = 0 \\
 & & & \ddots & & & & & & & & & & \vdots \\
 & & & & \mathbf{G}_l & +\mathbf{G}_r & & & & -\mathbf{G}^* & & & & = 0 \\
 & & & & & \mathbf{T}_{k+1} & -\mathbf{E} & & & & & & & = 0 \\
 & & & & & & & \ddots & & & & & & \vdots \\
 & & & & & & & & \mathbf{T}_n & & & & & = 0 \\ \hline
 & & & & & & & & & \mathbf{T}^*_{k+1} & -\mathbf{E} & & & = 0 \\
 & & & & & & & & & & & \ddots & & \vdots \\
 & & & & & & & & & & & & \mathbf{T}^*_m & = 0 \\ \hline
\end{array}\right\} \tag{9.9}$$

Die Auflösung dieses Gleichungssystems wird man zweckmäßig mit Hilfe des Gaußschen Algorithmus durchführen, da die spezielle, für die Anwendung des Übertragungsverfahrens günstige Bandstruktur verlorengegangen ist.

9.3 Vermaschte Gebilde

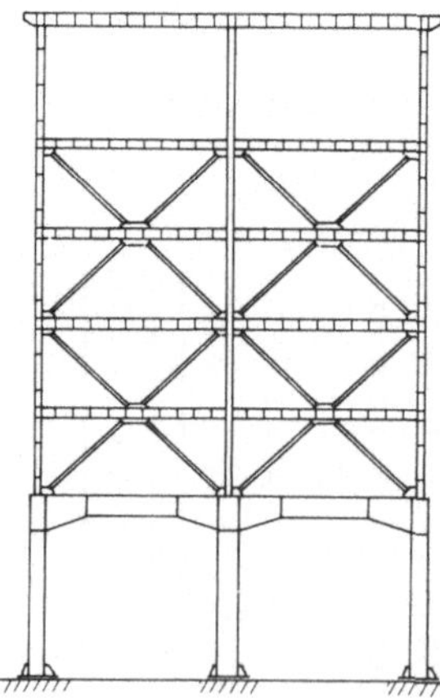

Abb. 9.4. Vermaschtes Gebilde

Ein Gebilde, dessen Knoten durch Bauglieder netzartig verbunden sind (Abb. 9.4), heißt vermascht. Seine Berechnung mit Hilfe von Übertragungsmatrizen ist grundsätzlich möglich. Man muß dabei an jedem Knoten den geometrischen und kräftemäßigen Zusammenhang der einzelnen Bauglieder entsprechend Abschn. 9.2 formulieren und in ein größeres Gleichungssystem für die Verschiebungs- und Kraftgrößen einfügen. Diese Methode ist jedoch bei dem hier gezeigten vermaschten Gebilde außerordentlich schwerfällig. Es ist daher in diesem Falle vorzuziehen, alle Kraftgrößen vor Beginn der Rechnung zu eliminieren und nur mit den einfacher aufzustellenden Verschiebungsgrößengleichungen (s. Gleichung der Stabkette (2.5)) zu rechnen.

10. Anhang I: Grundbegriffe der Matrizenrechnung

10.1 Matrixdefinitionen

Zur Beantwortung der Frage, was eine Matrix ist, gehen wir von einem linearen Gleichungssystem mit konstanten Koeffizienten aus:

$$\left.\begin{array}{l} a_{11}x_1 + a_{12}x_2 + a_{13}x_3 + \dots a_{1n}x_n = a_1 , \\ a_{21}x_1 + a_{22}x_2 + a_{23}x_3 + \dots a_{2n}x_n = a_2 , \\ a_{31}x_1 + a_{32}x_2 + a_{33}x_3 + \dots a_{3n}x_n = a_3 , \\ \vdots \qquad\quad \vdots \qquad\quad \vdots \qquad\qquad\quad \vdots \qquad \vdots \\ a_{n1}x_1 + a_{n2}x_2 + a_{n3}x_3 + \dots a_{nn}x_n = a_n . \end{array}\right\} \tag{10.1}$$

Die Unbekannten x_k $(k = 1 \dots n)$ sind über die Koeffizienten a_{ik} miteinander gekoppelt. Das Gleichungssystem ist inhomogen, d.h. es besitzt eine rechte Seite. Die Koeffizienten faßt man zu dem Koeffizientenschema

$$\begin{bmatrix} a_{11} & a_{12} & a_{13} & \dots & a_{1n} \\ a_{21} & a_{22} & a_{23} & \dots & a_{2n} \\ a_{31} & a_{32} & a_{33} & \dots & a_{3n} \\ \vdots & \vdots & \vdots & & \vdots \\ a_{n1} & a_{n2} & a_{n3} & \dots & a_{nn} \end{bmatrix} \tag{10.2}$$

zusammen und nennt es Matrix. Man schreibt dafür kürzer **A** (große fette Buchstaben kennzeichnen eine Matrix). Die a_{ik} sind die Elemente der Matrix, wobei i die Stellung in der Zeile und k die Stellung in der Spalte angibt. Die Matrix ist in diesem speziellen Fall quadratisch, d.h. die Anzahl der Zeilen und Spalten stimmt überein. Ihre Ordnung ist hier $n \cdot n$, allgemein $m \cdot n$, wenn m die Anzahl der Zeilen, n die der Spalten angibt.

Die Unbekannten und die rechte Seite faßt man zu matriziellen Vektoren

$$\begin{bmatrix} x_1 \\ x_2 \\ x_3 \\ \vdots \\ x_n \end{bmatrix} \text{ und } \begin{bmatrix} a_1 \\ a_2 \\ a_3 \\ \vdots \\ a_n \end{bmatrix} \qquad (10.3)$$

zusammen. Sie werden kürzer mit **x** und **a** bezeichnet (kleine fette Buchstaben kennzeichnen einen Vektor).

Führt man noch die Multiplikationsregel Matrix mal Vektor in der Form

$$\begin{bmatrix} a_{11} & a_{12} & a_{13} & \cdots & a_{1n} \\ a_{21} & a_{22} & a_{23} & \cdots & a_{2n} \\ a_{31} & a_{32} & a_{33} & \cdots & a_{3n} \\ \vdots & \vdots & \vdots & & \vdots \end{bmatrix} \begin{bmatrix} x_1 \\ x_2 \\ x_3 \\ \vdots \end{bmatrix} = \left.\begin{matrix} a_{11}x_1 + a_{12}x_2 + \cdots a_{1n}x_n , \\ a_{21}x_1 + a_{22}x_2 + \cdots a_{2n}x_n , \\ a_{31}x_1 + a_{32}x_2 + \cdots a_{3n}x_n , \\ \vdots \qquad \vdots \qquad \vdots \end{matrix}\right\} \qquad (10.4)$$

ein, so kann man dem Gleichungssystem (10.1) die kürzere Form

$$\begin{bmatrix} a_{11} & a_{12} & a_{13} & \cdots & a_{1n} \\ a_{21} & a_{22} & a_{23} & \cdots & a_{2n} \\ a_{31} & a_{32} & a_{33} & \cdots & a_{3n} \\ \vdots & \vdots & \vdots & & \vdots \\ a_{n1} & a_{n2} & a_{n3} & \cdots & a_{nn} \end{bmatrix} \begin{bmatrix} x_1 \\ x_2 \\ x_3 \\ \vdots \\ x_n \end{bmatrix} = \begin{bmatrix} a_1 \\ a_2 \\ a_3 \\ \vdots \\ a_n \end{bmatrix} \qquad (10.5)$$

geben. Noch kürzer lautet (10.5) mit den zuvor eingeführten Bezeichnungen:

$$\mathbf{A}\mathbf{x} = \mathbf{a} . \qquad (10.5')$$

Folgende Matrixdefinitionen werden gebraucht:

<u>Nullmatrix:</u>

$$\mathbf{O} = \begin{bmatrix} 0 & 0 & 0 & 0 \\ 0 & 0 & 0 & 0 \\ 0 & 0 & 0 & 0 \\ 0 & 0 & 0 & 0 \end{bmatrix} , \qquad (10.6)$$

Einheitsmatrix:

$$\mathbf{E} = \begin{bmatrix} 1 & 0 & 0 & 0 \\ 0 & 1 & 0 & 0 \\ 0 & 0 & 1 & 0 \\ 0 & 0 & 0 & 1 \end{bmatrix}, \qquad (10.7)$$

Diagonalmatrix:

$$\mathbf{D} = \begin{bmatrix} a_{11} & 0 & 0 & 0 \\ 0 & a_{22} & 0 & 0 \\ 0 & 0 & a_{33} & 0 \\ 0 & 0 & 0 & a_{44} \end{bmatrix}, \qquad (10.8)$$

Transponierte Matrix:

Die Transponierte der Matrix **A**, geschrieben $\mathbf{A}^T$, erhält man, indem man die Spalten zu Zeilen umschreibt. Bei einer quadratischen Matrix bedeutet dies die Spiegelung um die Hauptdiagonale. Die Transponierte der unter (10.2) angegebenen Matrix **A** hat z.B. das Aussehen

$$\mathbf{A}^T = \begin{bmatrix} a_{11} & a_{21} & a_{31} & \cdots & a_{n1} \\ a_{12} & a_{22} & a_{32} & \cdots & a_{n2} \\ \vdots & \vdots & \vdots & & \vdots \\ a_{1n} & a_{2n} & a_{3n} & \cdots & a_{nn} \end{bmatrix}. \qquad (10.9)$$

Bei der Transposition eines Vektors wird aus einem Spaltenvektor ein Zeilenvektor und umgekehrt.

Symmetrische Matrix:

Es gilt

$$a_{ki} = a_{ik}. \qquad (10.10)$$

Antimetrische Matrix:

Es gilt

$$a_{ki} = -a_{ik}. \qquad (10.11)$$

10.2 Grundrechnungsarten

Matrizenaddition und -subtraktion

Die Summe zweier Matrizen $\mathbf{A} + \mathbf{B} = \mathbf{C}$ ist definiert als

$$c_{ik} = a_{ik} + b_{ik}. \qquad (10.12)$$

Entsprechend gilt für die Differenz **A** - **B** = **F**

$$f_{ik} = a_{ik} - b_{ik} . \qquad (10.13)$$

Beispiel: Es sei

$$\mathbf{A} = \begin{bmatrix} 3 & -1 \\ 6 & -8 \\ -1 & 4 \end{bmatrix} , \qquad \mathbf{B} = \begin{bmatrix} 7 & 5 \\ 3 & -12 \\ 0 & 2 \end{bmatrix} ,$$

Dann ist

$$\mathbf{A} + \mathbf{B} = \mathbf{C} = \begin{bmatrix} 10 & 4 \\ 9 & -20 \\ -1 & 6 \end{bmatrix} . \qquad (10.13')$$

Matrizenmultiplikation

Bevor wir die allgemeine Rechenregel (10.4) angeben, wollen wir das Produkt zweier matrizieller Vektoren betrachten. Es sei

$$\mathbf{a} = \{a_1 a_2 a_3 \ldots a_n\}$$

ein Zeilenvektor - gekennzeichnet durch geschweifte Klammern - und

$$\mathbf{b} = \begin{bmatrix} b_1 \\ b_2 \\ b_3 \\ \vdots \\ b_n \end{bmatrix}$$

ein Spaltenvektor. Unter der Voraussetzung, daß die Ordnung n beider Vektoren übereinstimmt, ist das Produkt **ab** definiert als

$$c = a_1 b_1 + a_2 b_2 + a_3 b_3 \ldots a_n b_n . \qquad (10.14)$$

c ist das skalare Produkt der beiden Vektoren **a** und **b**. Mit dem von S. Falk erstmalig angegebenen Multiplikationsschema [121] findet man

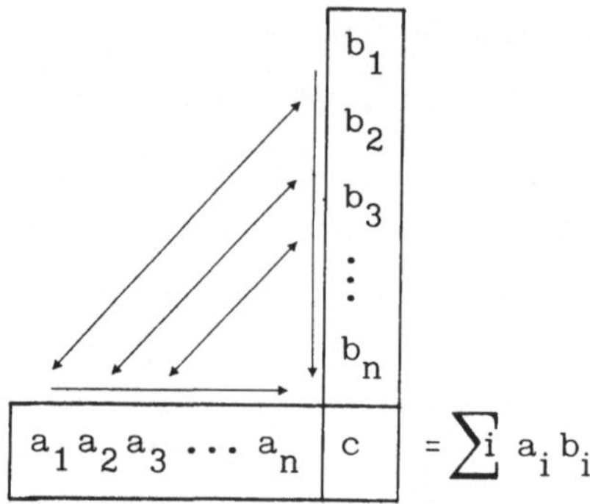

Bestehen die Matrizen **A** und **B** aus mehreren Spaltenvektoren, so verfährt man nach demselben, etwas erweiterten Schema:

				b_{11} b_{12}
		B		b_{21} b_{22}
	A			b_{31} b_{32}
				$\vdots$ $\vdots$
a_{11}	a_{12}	a_{13}	$\dots$	**C**
a_{21}	a_{22}	a_{23}	$\dots$	

(10.15)

Wir erhalten die allgemeine Formel

$$c_{ik} = a_{i1} b_{1k} + a_{i2} b_{2k} + a_{i3} b_{3k} + \dots = \sum_j a_{ij} b_{jk} \qquad (10.15')$$

Zwei Beispiele:

$$\mathbf{A} = \begin{bmatrix} 1 & 1 & 1 \\ 2 & 2 & 2 \\ 5 & 5 & 5 \end{bmatrix}, \qquad \mathbf{B} = \begin{bmatrix} 3 & 4 & 2 \\ -2 & -1 & -1 \\ -1 & -3 & -1 \end{bmatrix}.$$

Wir bilden

	A B		3	4	2
			-2	-1	-1
			-1	-3	-1
1	1	1	0	0	0
2	2	2	0	0	0
5	5	5	0	0	0

	B A		1	1	1
			2	2	2
			5	5	5
3	4	2	21	21	21
-2	-1	-1	-9	-9	-9
-1	-3	-1	-12	-12	-12

Daraus erkennen wir die wichtige Rechenregel

$$\mathbf{AB} \neq \mathbf{BA}\,, \tag{10.16}$$

d.h. das kommutative Gesetz gilt bei der Matrizenmultiplikation nicht.

10.3 Zur Berechnung von Determinanten

Eine Determinante ist ein Zahlenwert, der einer Matrix zugeordnet ist. Man schreibt hierfür

$$\det \mathbf{A} = |\mathbf{A}| = \begin{vmatrix} a_{11} & a_{12} & a_{13} & a_{14} \\ a_{21} & a_{22} & a_{23} & a_{24} \\ a_{31} & a_{32} & a_{33} & a_{34} \\ a_{41} & a_{42} & a_{43} & a_{44} \end{vmatrix}\,. \tag{10.17}$$

Den Wert der Determinante erhält man bei einer Matrix der Ordnung $2 \cdot 2$ als

$$|\mathbf{A}| = \begin{vmatrix} a_{11} & a_{12} \\ a_{21} & a_{22} \end{vmatrix} = a_{11}a_{22} - a_{21}a_{12}\,. \tag{10.18}$$

Ist der Wert der Determinante Null, so spricht man von einer singulären Matrix; ist er ungleich Null, so ist die Matrix regulär.

Bei einer Matrix der Ordnung $3 \cdot 3$ läßt sich der Wert der Determinante nach dem Sarrusschen Schema berechnen:

$$|\mathbf{A}| = \begin{array}{c|ccc|cc} & a_{11} & a_{12} & a_{13} & & \\ & a_{21} & a_{22} & a_{23} & a_{21} & \\ a_{33} & a_{31} & a_{32} & a_{33} & a_{31} & a_{32} \end{array}\,, \tag{10.19}$$

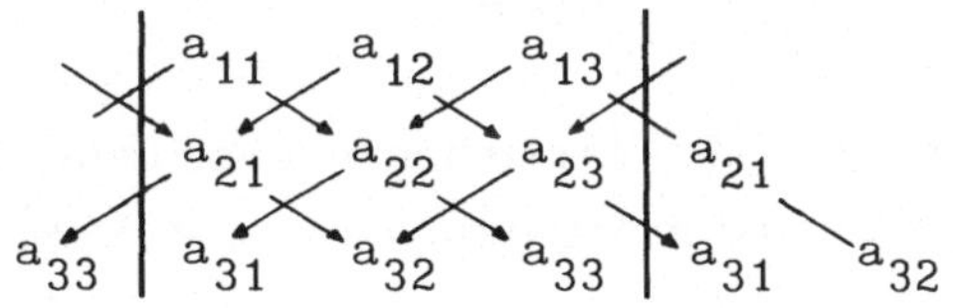

d.h.

$$|\mathbf{A}| = a_{11}a_{22}a_{33} - a_{11}a_{23}a_{32} + a_{12}a_{23}a_{31} - a_{12}a_{21}a_{33} + \\ + a_{13}a_{21}a_{32} - a_{13}a_{22}a_{31}\,.$$

Dieses Ergebnis kann man einfacher schreiben, wenn man die Determinante nach Unterdeterminanten A_{ij} entwickelt in der Form

$$\left.\begin{aligned} |\mathbf{A}| &= a_{11}\underbrace{\left(a_{22}a_{33} - a_{23}a_{32}\right)}_{A_{11}} - a_{12}\underbrace{\left(a_{21}a_{33} - a_{23}a_{31}\right)}_{A_{12}} \\ &\quad + a_{13}\underbrace{\left(a_{21}a_{32} - a_{31}a_{22}\right)}_{A_{13}} \\ &= a_{11}A_{11} - a_{12}A_{12} + a_{13}A_{13}\,. \end{aligned}\right\} \qquad (10.20)$$

Die Berechnung der Determinante einer Matrix mit höherer als 3. Ordnung läßt sich grundsätzlich unter Einführung von Unterdeterminanten, auch Minoren genannt, durchführen. Allerdings besteht die Gefahr, daß das Ergebnis durch die Subtraktion gleich großer Zahlen numerisch unbrauchbar wird. Wir werden später zeigen, wie man den Wert der Determinante gewinnen kann, ohne Gefahr zu laufen, numerischen Schwierigkeiten zu begegnen.

10.4 Matrizeninversion

In der Matrizenrechnung gibt es keine Division im herkömmlichen Sinne. An die Stelle der Division tritt hier die Inversion. Die Frage nach der Inversen der Matrix **A** - von der vorausgesetzt werden muß, daß sie quadratisch und ihre Determinante von Null verschieden ist - stellt sich mathematisch dar in der Suche nach einer Matrix **R**, die die Forderung

$$\mathbf{A}\mathbf{R} = \mathbf{E} \qquad (10.21)$$

erfüllt. Wenn es eine derartige Matrix gibt, so schreiben wir für

$$\mathbf{R} = \mathbf{A}^{-1}$$

und nennen $\mathbf{A}^{-1}$ die Inverse von **A**. Wir gehen aus von dem Gleichungssystem (10.5'). Zur Bestimmung der Unbekannten multiplizieren wir beide Seiten formal mit **R**:

$$\mathbf{R}\mathbf{A}\mathbf{x} = \mathbf{R}\mathbf{a}\,. \qquad (10.22)$$

Wegen $\mathbf{A}\mathbf{R} = \mathbf{E}$ (10.21) erhalten wir damit die Lösung

$$\mathbf{x} = \mathbf{R}\mathbf{a} = \mathbf{A}^{-1}\mathbf{a}\,. \qquad (10.23)$$

Um die Frage, wie man die Inverse einer Matrix **A** findet, zu beantworten, betrachten wir zunächst die Matrix der Ordnung 2 · 2:

$$\mathbf{A} = \begin{bmatrix} a_{11} & a_{12} \\ a_{21} & a_{22} \end{bmatrix}.$$

Die Inverse hierzu ist

$$\mathbf{R} = \begin{bmatrix} r_{11} & r_{12} \\ r_{21} & r_{22} \end{bmatrix}.$$

Das Produkt **AR** soll laut Definition die Einheitsmatrix **E** ergeben, d.h.

$$\begin{bmatrix} (a_{11}r_{11} + a_{12}r_{21}) & (a_{11}r_{12} + a_{12}r_{22}) \\ (a_{21}r_{11} + a_{22}r_{21}) & (a_{21}r_{12} + a_{22}r_{22}) \end{bmatrix} = \begin{bmatrix} 1 & 0 \\ 0 & 1 \end{bmatrix}. \tag{10.24}$$

Daraus folgen vier Gleichungen für die vier Elemente der **R**-Matrix. Aufgrund elementarer Rechenoperationen lassen sich die beiden Paare von Gleichungssystemen nach den Unbekannten auflösen. Arbeitet man mit Zähler- und Nenner-Determinanten, so erhält man:

Nennerdeterminante:

$$\det\mathbf{A} = a_{11}a_{22} - a_{12}a_{21}.$$

Die entsprechenden Zählerdeterminanten, die man durch Einsetzen der rechten Seiten in die entsprechenden Spalten erhält, lauten:

$$A_{11} = a_{22}, \quad A_{12} = -a_{12}, \quad A_{21} = -a_{21}, \quad A_{22} = a_{11}.$$

Damit ergibt sich

$$r_{11} = A_{11}/|\mathbf{A}|, \; r_{21} = A_{12}/|\mathbf{A}|, \; r_{12} = A_{21}/|\mathbf{A}|, \; r_{22} = A_{22}/|\mathbf{A}|,$$

und die Inverse von **A** lautet

$$\mathbf{A}^{-1} = \frac{1}{a_{11}a_{22} - a_{12}a_{21}} \begin{bmatrix} a_{22} & -a_{12} \\ -a_{21} & a_{11} \end{bmatrix}. \tag{10.25}$$

Die Matrix ohne den Vorfaktor $1/|\mathbf{A}|$ nennt man auch die adjungierte Matrix zu $\mathbf{A}$ und schreibt dafür $\mathbf{A}_{adj}$.

Diese Methode zur Bestimmung der Inversen einer Matrix könnte man bei Matrizen höherer Ordnung wiederholen, d.h. mit einer Vielzahl von Bedingungsgleichungen jedes Element der inversen Matrix berechnen. Diese recht umfangreiche Aufgabe hat Gauß in ein äußerst übersichtliches Schema gebracht.

10.5 Der Gaußsche Algorithmus

Wir gehen aus von dem eingangs benutzten Gleichungssystem (10.1). Dieses soll nun unter Ausklammerung der ersten Zeile reduziert werden auf ein solches, dessen erste Spalte Nullen enthält. Man erreicht dies durch Multiplikation der ersten Zeile mit $-a_{21}/a_{11}$ und Addition zur zweiten Zeile. Entsprechend erhält man nach der Multiplikation der ersten Zeile mit $-a_{31}/a_{11}$ und Addition zur dritten Zeile eine Null im ersten Zeilenelement. Man erhält

$$\left.\begin{array}{llllll} a_{11}x_1 & + a_{12}x_2 & + a_{13}x_3 + \ldots = & a_1 , \\ 0 & \left(a_{22}-a_{12}\frac{a_{21}}{a_{11}}\right)x_2 & + \left(a_{23}-a_{13}\frac{a_{21}}{a_{11}}\right)x_3 + \ldots = & \left(a_2-a_1\frac{a_{21}}{a_{11}}\right) , \\ 0 & \left(a_{32}-a_{12}\frac{a_{31}}{a_{11}}\right)x_2 & + \left(a_{33}-a_{13}\frac{a_{31}}{a_{11}}\right)x_3 + \ldots = & \left(a_3-a_1\frac{a_{31}}{a_{11}}\right) , \\ \vdots & \vdots & \vdots & \vdots \end{array}\right\} \quad (10.26)$$

Nennt man die umgeformten Elemente a'_{ik} und die auf der rechten Seite des Gleichungssystems stehenden a'_i, so schreibt sich (10.26) kürzer

$$\left.\begin{array}{llll} a_{11}x_1 + & a_{12}x_2 + & a_{13}x_3 + \ldots = & a_1 , \\ 0 & a'_{22}x_2 + & a'_{23}x_3 + \ldots = & a'_2 , \\ 0 & a'_{32}x_2 + & a'_{33}x_3 + \ldots = & a'_3 , \\ \vdots & \vdots & \vdots & \vdots \end{array}\right\} \quad (10.27)$$

Mit

ergibt sich

$$\left.\begin{array}{ll} c_{i1} = a_{i1}/a_{11} & (i = 2,3,\ldots n) \\ a'_{ik} = a_{ik} - c_{i1}a_{1k} & (i = 2,3,\ldots n,\ k = 2,3,\ldots n) . \end{array}\right\} \quad (10.28)$$

Die rechte Seite des veränderten Gleichungssystems erhält man durch Ausdehnung des Rechenprozesses auf die a_i:

$$a_i' = a_i - c_{i1} a_1 \quad (i = 2, 3, \ldots n) . \tag{10.28'}$$

Das reduzierte Gleichungssystem wird nun weiterbehandelt nach dem soeben geschilderten Schema. Bezeichnen wir die in dem nächsten Rechenschritt gewonnenen Matrizenelemente mit a_{ik}'', so ergibt sich

$$\left.\begin{array}{lllll}
a_{11} x_1 & + a_{12} x_2 & + a_{13} x_3 & + \ldots = a_1 & , \\
0 & a_{22}' x_2 & + a_{23}' x_3 & + \ldots = a_1' & , \\
0 & 0 & a_{33}'' x_3 & + \ldots = a_3'' & , \\
0 & 0 & a_{43}'' x_3 & + \ldots = a_4'' & , \\
\vdots & \vdots & \vdots & \qquad \vdots &
\end{array}\right\} \tag{10.29}$$

Die Fortsetzung dieses Eliminationsprozesses liefert schließlich ein gestaffeltes Gleichungssystem, dessen Matrizenelemente nun nicht mehr a_{ik}, a_{ik}', a_{ik}'' usw., sondern allgemein b_{ik} heißen sollen; die rechten Seiten nennen wir b_i:

$$\left.\begin{array}{llllll}
b_{11} x_1 & + b_{12} x_2 & + b_{13} x_3 & + & \ldots & = b_1 , \\
0 & b_{22} x_2 & + b_{23} x_3 & + & \ldots & = b_2 , \\
0 & 0 & b_{33} x_3 & + & \ldots & = b_3 , \\
0 & 0 & 0 & & & = b_4 , \\
\vdots & \vdots & \vdots & & & \ \vdots \\
0 & 0 & 0 & & b_{nn} x_n & = b_n
\end{array}\right\} \tag{10.30}$$

oder kürzer

$$\mathbf{B x} = \mathbf{b} . \tag{10.30}$$

B ist eine obere Dreiecksmatrix, **b** ist der Vektor der b_i.

Für die gliedweise Berechnung der Elemente dieser Matrix ergibt sich

$$\left.\begin{array}{l}
b_{ik} = a_{ik} - \text{skalares Produkt aus i-ter Zeile } c_{i\rho} \text{ mal k-ter} \\
\qquad \text{Spalte } b_{\rho k}, \ \rho \leqslant (i-1) ; \\[1ex]
c_{ik} = \left(a_{ik} - \text{skalares Produkt aus i-ter Zeile } c_{i\rho} \text{ mal k-ter} \right. \\
\qquad \left. \text{Spalte } b_{\rho k}\right) / b_{kk}, \ \rho \leqslant (i-1) .
\end{array}\right\} \tag{10.31'}$$

Die Multiplikationsfaktoren faßt man zu einer unteren Dreiecksmatrix **C** zusammen:

$$\mathbf{C} = \begin{bmatrix} 1 & 0 & 0 & 0 & \cdots \\ c_{21} & 1 & 0 & 0 & \cdots \\ c_{31} & c_{32} & 1 & 0 & \cdots \\ c_{41} & c_{42} & c_{43} & 1 & \cdots \\ \vdots & \vdots & \vdots & & \vdots \end{bmatrix}. \tag{10.32}$$

(Die Diagonalelemente 1 sind ergänzt). Damit wird

$$\mathbf{A} = \mathbf{C}\mathbf{B} \tag{10.33}$$

Den ganzen Rechenprozeß kann man in folgendes Schema bringen (s. [120]):

x_1	x_2	x_3	$\cdots$	x_n	
a_{11}	a_{12}	a_{13}	$\cdots$	a_{1n}	a_1
a_{21}	a_{22}	a_{23}	$\cdots$	a_{2n}	a_2
a_{31}	a_{32}	a_{33}	$\cdots$	a_{3n}	a_3
$\vdots$	$\vdots$	$\vdots$		$\vdots$	$\vdots$
a_{n1}	a_{n2}	a_{n3}	$\cdots$	a_{nn}	a_n
b_{11}	b_{12}	b_{13}	$\cdots$	b_{1n}	b_1
$-c_{21}$	b_{22}	b_{23}	$\cdots$	b_{2n}	b_2
$-c_{31}$	$-c_{32}$	b_{33}	$\cdots$	b_{3n}	b_3
$-c_{41}$	$-c_{42}$	$-c_{43}$	$\cdots$		
$\vdots$	$\vdots$	$\vdots$		$\vdots$	$\vdots$
$-c_{n1}$	$-c_{n2}$	$-c_{n3}$	$\cdots$	b_{nn}	b_n

(10.34)

Nach der Zerlegung der Ausgangsmatrix in die beiden Matrizen **C** und **B** gewinnt man die Unbekannten x_k durch Rückrechnen:

$$\left.\begin{aligned} x_n &= b_n/b_{nn}, \\ x_{n-1} &= \left(b_{n-1} - b_{n-1\,n}x_n\right)/b_{n-1\,n-1}, \\ &\vdots \\ x_1 &= \left(b_1 - b_{1n}x_n - b_{1\,n-1}x_{n-1} - \cdots - b_{13}x_3 - b_{12}x_2\right)/b_{11}. \end{aligned}\right\} \tag{10.35}$$

Zum Ermitteln der Inversen von **A** wählt man denselben Zerlegungsprozeß. Nur die rechte Seite wird durch die Einheitsmatrix **E** ersetzt. Bei der Ausdehnung des Zerlegungsprozesses auf die Einheitsmatrix verwandelt sich das Schema (10.34) in

$$\begin{array}{|ccccc|ccccc|}
\hline
a_{11} & a_{12} & a_{13} & \cdots & a_{1n} & 1 & & & & \\
a_{21} & a_{22} & a_{23} & \cdots & a_{2n} & & 1 & & & \\
a_{31} & a_{32} & a_{33} & \cdots & a_{3n} & & & 1 & & \\
\vdots & \vdots & \vdots & & \vdots & & & & \ddots & \\
a_{n1} & a_{n2} & a_{n3} & \cdots & a_{nn} & & & & & 1 \\
\hline
b_{11} & b_{12} & b_{13} & \cdots & b_{1n} & 1 & & & & \\
-c_{21} & b_{22} & b_{23} & \cdots & b_{2n} & \gamma_{21} & 1 & & & \\
-c_{31} & -c_{32} & b_{33} & \cdots & b_{3n} & \gamma_{31} & \gamma_{32} & 1 & & \\
\vdots & \vdots & \vdots & & \vdots & \vdots & \vdots & & \ddots & \\
-c_{n1} & -c_{n2} & -c_{n3} & \cdots & b_{nn} & \gamma_{n1} & \gamma_{n2} & \cdots & & 1 \\
\hline
\end{array} \qquad (10.36)$$

In Matrixdarstellung heißt das:

1. Schritt: Zerlegung der Matrix **A** in **CB** und Bildung von **Γ** (Matrix der γ_{ik}) nach $\mathbf{C\Gamma} = \mathbf{E}$.
2. Schritt: Aufrechnung der Koeffizienten der Kehrmatrix, d. ist ein Satz von Unbekannten x_k, die in eine Matrix **R** eingeschrieben werden. Das liefert, beginnend mit der letzten Zeile,

$$\mathbf{R} = \mathbf{A}^{-1} = \begin{bmatrix} \alpha_{11} & \alpha_{12} & \alpha_{13} & \cdots & \alpha_{1n} \\ \vdots & \vdots & \vdots & & \vdots \\ \alpha_{n1} & \alpha_{n2} & \alpha_{n3} & \cdots & \alpha_{nn} \end{bmatrix}, \qquad (10.37)$$

d.h.

$$\alpha_{nn} = 1/b_{nn},$$
$$\alpha_{n\,n-1} = \gamma_{n\,n-1}/b_{nn}, \quad \text{usw.}$$

Selbstverständlich wird man bei der Matrizenzerlegung mit Hilfe einer Tischrechenmaschine Kontrollen einbauen. R. Zurmühl [120] empfiehlt Zeilen- und Spaltenkontrollen. Außerdem sollte man stets das Ergebnis durch Einsetzproben kontrollieren.

Das Rechenschema (10.34) verwendet man auch vorteilhaft zur Bestimmung der Determinante der Matrix **A**. Da

$$\det \mathbf{A} = \det [\mathbf{C}\mathbf{B}] = \det \mathbf{C} \det \mathbf{B} \tag{10.38}$$

ist,
(allgemein:

$$\det \mathbf{A} = \det [\mathbf{B}\,\mathbf{C}\,\mathbf{D}\mathbf{F}] = \det \mathbf{B} \det \mathbf{C} \det \mathbf{D} \ldots ,) \tag{10.38'}$$

besteht die Aufgabe darin, die Determinante von **C** und **B** zu berechnen.

Wegen der Dreiecksförmigkeit beider Matrizen läßt sich das Ergebnis leicht finden. Man entwickelt die **C**-Matrix zeilenweise und die **B**-Matrix spaltenweise und erhält

$$\left.\begin{aligned} &\det \mathbf{C} = 1 , \\ &\det \mathbf{B} = b_{11} \cdot b_{22} \cdot b_{33} \cdots b_{nn} , \\ \text{d.h.}\quad & \\ &\det \mathbf{A} = \det \mathbf{B} . \end{aligned}\right\} \tag{10.39}$$

Bei symmetrischer Matrix läßt sich das Auflösungsverfahren nach einem Vorschlag von T. Banachiewicz [122] stark vereinfachen. Dann ist

$$-c_{ik} = -b_{ik}/b_{kk} .$$

Eine Verfeinerung des Zerlegungsverfahrens läßt sich in Sonderfällen benutzen. Es stammt von Cholesky [123], s. auch [120].

10.6 Zahlenbeispiele

Zahlenbeispiel a

Gegeben ist das Gleichungssystem

$$\left.\begin{aligned} 2x_1 + 3x_2 - x_3 &= 20 , \\ -6x_1 - 5x_2 x_4 &= -45 , \\ 2x_1 - 5x_2 + 6x_3 - 6x_4 &= -3 , \\ 4x_1 + 6x_2 + 2x_3 - 3x_4 &= 58 . \end{aligned}\right\} \tag{10.40}$$

Gesucht sind die Unbekannten x_k, die Determinante der Koeffizientenmatrix und die Inverse dieser Matrix.

Das Rechenschema zur Zerlegung der Matrix **A** in die Matrizen **C** und **B** besitzt das Aussehen:

+2	+3	-1	0	+20
-6	-5	0	+2	-45
+2	-5	+6	-6	- 3
+4	+6	+2	-3	+58
+2	+3	-1	0	+20
+3	+4	-3	+2	+15
-1	+2	+1	-2	+ 7
-2	0	-4	+5	-10

Daraus folgt

$$x_4 = -10/5 = -2\,,$$
$$x_3 = (+7 + 2(-2)) = +3\,,$$
$$x_2 = (+15 - 2(-2) + 3(+3))/4 = 28/4 = +7\,,$$
$$x_1 = (+20 - 0 + 1(+3) - 3(7))/2 = 2/2 = 1\,.$$

und der Wert der Determinante von **A** ist 40.

Die Berechnung der Inversen erfolgt mit dem nachfolgenden Schema:

+2	+3	-1	0	1			
-6	-5	0	+2		1		
+2	-5	+6	-6			1	
+4	+6	+2	-3				1
+2	+3	-1	0	1			
+3	+4	-3	+2	3	1		
-1	+2	+1	-2	5	2	1	
-2	0	-4	+5	-22	-8	-4	1

Durch Rückrechnung ergibt sich

$$\mathbf{A}^{-1} = \begin{bmatrix} -1.55 & -0.825 & -0.225 & -0.100 \\ 0.100 & 0.150 & -0.050 & 0.200 \\ -3.800 & -1.200 & -0.600 & 0.400 \\ -4.400 & -1.600 & -0.800 & 0.200 \end{bmatrix}$$

Kontrolle $\mathbf{A}\mathbf{A}^{-1} = \mathbf{E}$ nicht vergessen.

Zahlenbeispiel b

Gegeben ist das Gleichungssystem

$$\left.\begin{aligned} x_1 - 2x_2 + 4x_3 - 3x_4 &= 4, \\ -2x_1 + 4x_2 - 8x_3 + 8x_4 &= -5, \\ 3x_1 - 4x_2 + 9x_3 - 5x_4 &= 7, \\ x_1 + 3x_2 - 2x_3 + x_4 &= -10, \end{aligned}\right\} \qquad (10.41)$$

Gesucht ist die Lösung des Gleichungssystems und der Wert der Determinante der Koeffizientenmatrix.

Bei der Reduzierung des Gleichungssystems mit Hilfe des Gaußschen Algorithmus entsteht in der zweiten Zeile und zweiten Spalte ein Element Null. Der Zerlegungsprozeß wird durch Spaltentausch (Bestimmung des größten Zeilenelementes) aufrechterhalten.

Man tauscht die zweite mit der vierten Spalte und rechnet mit diesem System weiter. Da jedoch das unter Umständen mehrmalige Umschreiben von Spalten bei der Handrechnung lästig ist, hat R. Zurmühl [120] empfohlen, die zu tauschenden Spalten an der ursprünglichen Stelle zu belassen und nur das Hauptdiagonalelement der oberen Dreiecksmatrix durch Einrahmung zu kennzeichnen. Man erhält das folgende Schema zur Berechnung des reduzierten Gleichungssystems:

+1	-2	+4	-3	+ 4
-2	+4	-8	+8	- 5
+3	-4	+9	-5	+ 7
+1	+3	-2	+1	-10
+1	-2	+4	-3	+ 4
+2	0	0	+2	+ 3
-3	+2	-3	-2	-11
-1	+1	-2	-2	+ 2

Umgespeicherte Spalten:

(1)	(4)	(3)	(2)	
1	-3	+4	-2	+ 4
+2	+2	0	0	+ 3
-3	-2	-3	+2	-11
-1	-2	-2	+1	+ 2

Die Unbekannten sind:

$$x_2 = 2, \quad x_3 = 5, \quad x_4 = 3/2, \quad x_1 = 15/2 .$$

Da bei der Determinantenbildung ein Spaltentausch mit einem Vorzeichenwechsel verbunden ist, wird

$$\det \mathbf{A} = 6 .$$

11. Anhang II: Einige Verfahren zur Berechnung der Eigenwerte

11.1 Das Eigenwertproblem

In der Schulmathematik stellte sich die Frage: Wie findet man aus der Ellipsengleichung

$$A x^2 + B y^2 + C xy + D = 0 \tag{11.1}$$

die Mittelpunkts- oder Hauptachsengleichung

$$(\bar{x}/a)^2 + (\bar{y}/b)^2 = 1\,? \tag{11.2}$$

Die überstrichenen Größen sind die Hauptkoordinaten, a und b die Hauptachsenlängen.

Für (11.1) schreiben wir mit $x_1 = x$, $x_2 = y$ und

$$a_{11} = -A/D, \quad a_{12} = -C/2D, \quad a_{22} = -B/D: \tag{11.3}$$

$$a_{11} x_1 x_1 + a_{12} x_1 x_2 + a_{12} x_2 x_1 + a_{22} x_2 x_2 = 1\,. \tag{11.4}$$

Dafür können wir die matrizielle Form

$$\{x_1 \quad x_2\} \begin{bmatrix} a_{11} & a_{12} \\ a_{12} & a_{22} \end{bmatrix} \begin{bmatrix} x_1 \\ x_2 \end{bmatrix} = 1 \tag{11.4'}$$

wählen, die sich mit dem Vektor $\mathbf{x}$ der x_1, x_2 und der Matrix $\mathbf{A}$ der Koeffizienten a_{ik} noch kürzer

$$\mathbf{x}^T \mathbf{A} \mathbf{x} = 1 \tag{11.4''}$$

schreiben läßt.

Zur Bestimmung der Hauptachsenrichtungen dreht man die Koordinaten x_1, x_2 um den Winkel φ in die neuen Koordinaten $\bar{x}_1$, $\bar{x}_2$, für die die Beziehung gilt:

$$\left\{\bar{x}_1 \quad \bar{x}_2\right\} \begin{bmatrix} \bar{a}_{11} & 0 \\ 0 & \bar{a}_{22} \end{bmatrix} \begin{bmatrix} \bar{x}_1 \\ \bar{x}_2 \end{bmatrix} = 1 \tag{11.5}$$

Die Koordinatendrehung (Abb. 11.1) erfolgt zweckmäßig mit der Transformationsbeziehung

$$\begin{bmatrix} x_1 \\ x_2 \end{bmatrix} = \begin{bmatrix} \cos\varphi & -\sin\varphi \\ \sin\varphi & \cos\varphi \end{bmatrix} \begin{bmatrix} \bar{x}_1 \\ \bar{x}_2 \end{bmatrix}, \tag{11.6}$$

für die wir kürzer

$$\mathbf{x} = \mathbf{U}\bar{\mathbf{x}} \tag{11.6'}$$

schreiben. $\bar{\mathbf{x}}$ ist der Vektor der neuen Koordinaten und $\mathbf{U}$ die Transformationsmatrix. Man beachte, daß $\det \mathbf{U}$ stets 1 und $\mathbf{U}^{-1} = \mathbf{U}^T$ ist.

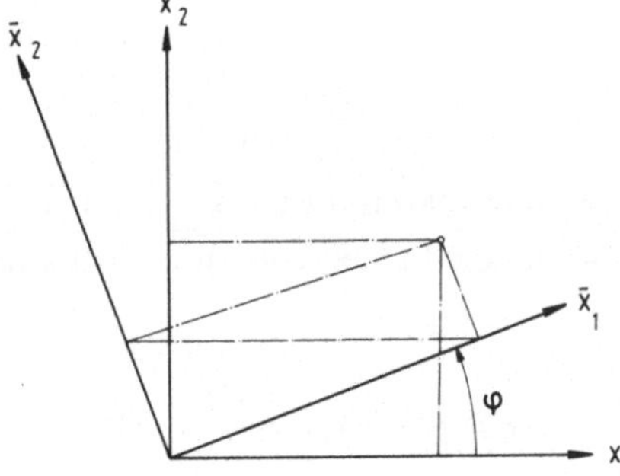

Abb. 11.1. Ursprüngliches und gedrehtes Koordinatensystem

Ersetzt man in (11.4'') $\mathbf{x}$ durch $\bar{\mathbf{x}}$, so folgt

$$\bar{\mathbf{x}}^T \mathbf{U}^T \mathbf{A} \mathbf{U} \bar{\mathbf{x}} = 1, \tag{11.7}$$

oder kürzer

$$\bar{\mathbf{x}}^T \bar{\mathbf{A}}^* \bar{\mathbf{x}} = 1, \tag{11.7'}$$

wenn man mit $\bar{\mathbf{A}}^*$ das Matrizenprodukt $\mathbf{U}^T \mathbf{A} \mathbf{U}$ bezeichnet.

Das Ergebnis der Transformation, das man vorteilhaft wieder mit Hilfe des Falkschen Multiplikationsschemas findet, lautet

$$\left.\begin{aligned}
\bar{a}_{11}^* &= a_{11}\cos^2\varphi + a_{12}\cos\varphi\sin\varphi + a_{12}\cos\varphi\sin\varphi + a_{22}\sin^2\varphi,\\
\bar{a}_{12}^* &= -a_{11}\cos\varphi\sin\varphi + a_{12}(\cos^2\varphi - \sin^2\varphi) + a_{22}\cos\varphi\sin\varphi,\\
\bar{a}_{21}^* &= \bar{a}_{12}^*,\\
\bar{a}_{22}^* &= a_{11}\sin^2\varphi - 2a_{12}\cos\varphi\sin\varphi + a_{22}\cos^2\varphi.
\end{aligned}\right\} \quad (11.8)$$

Der charakteristische Winkel φ_c, der $\bar{a}_{12} = \bar{a}_{21}$ zu Null macht, folgt aus

$$a_{12}\left(\cos^2\varphi_c - \sin^2\varphi_c\right) + \left(a_{22} - a_{11}\right)\cos\varphi_c\sin\varphi_c = 0. \quad (11.9)$$

Mit den trigonometrischen Beziehungen

$$2\cos\varphi\sin\varphi = \sin 2\varphi,\quad \cos^2\varphi - \sin^2\varphi = \cos 2\varphi \quad (11.10)$$

folgt daraus

$$\tan 2\varphi_c = -2a_{12}/\left(a_{22} - a_{11}\right). \quad (11.11)$$

Die Hauptachsenlängen $\bar{a}_{11}$ und $\bar{a}_{22}$ findet man durch Einsetzen des Winkels in die Beziehungen (11.8). Man erhält mit

$$\left.\begin{aligned}
\cos^2\varphi &= (1+\cos 2\varphi)/2, & \sin^2\varphi &= (1-\cos 2\varphi)/2,\\
\cos 2\varphi &= 1/\sqrt{1+\mathrm{tg}^2\, 2\varphi}, & \sin 2\varphi &= \mathrm{tg}\, 2\varphi/\sqrt{1+\mathrm{tg}^2\, 2\varphi},
\end{aligned}\right\} \quad (11.12)$$

$$\bar{a}_{11} = \frac{a_{11}}{2}\left(1 + \frac{\left(a_{22}-a_{11}\right)}{\sqrt{\left(a_{22}-a_{11}\right)^2+4a_{12}^2}}\right) - \frac{2a_{12}a_{12}}{\left(a_{22}-a_{11}\right)}\,\frac{\left(a_{22}-a_{11}\right)}{\sqrt{\left(a_{22}-a_{11}\right)^2+4a_{12}^2}}$$

$$+\frac{a_{22}}{2}\left(1 - \frac{\left(a_{22}-a_{11}\right)}{\sqrt{\left(a_{22}-a_{11}\right)^2+4a_{12}^2}}\right). \quad (11.13)$$

Daraus findet man

$$\bar{a}_{11} = \frac{a_{11} + a_{22}}{2} - \frac{a_{11}a_{22} - a_{11}^2 - 4a_{12}^2 - a_{22}^2 + a_{11}a_{22}}{2\sqrt{\left(a_{22} - a_{11}\right)^2 + 4a_{12}^2}} ,$$

$$= \frac{a_{11} + a_{22}}{2} - \frac{1}{2}\sqrt{\left(a_{22} - a_{11}\right)^2 + 4a_{12}^2} . \qquad (11.14)$$

Aus einer gleichartigen Rechnung ergibt sich

$$\bar{a}_{22} = \frac{a_{11} + a_{22}}{2} + \frac{1}{2}\sqrt{\left(a_{22} - a_{11}\right)^2 + 4a_{12}^2} . \qquad (11.14')$$

Die Hauptachsenlängen findet man schneller aus der Lösung der Aufgabe

$$\begin{bmatrix} a_{11} & a_{12} \\ a_{21} & a_{22} \end{bmatrix} \begin{bmatrix} x_1 \\ x_2 \end{bmatrix} = \lambda \begin{bmatrix} x_1 \\ x_2 \end{bmatrix} . \qquad (11.15)$$

Darin ist λ mit $\bar{a}_{22}$ bzw. $\bar{a}_{11}$ identisch und heißt der Eigenwert der Aufgabe.

Allgemein lautet (11.15):

$$[\mathbf{A} - \lambda\mathbf{E}]\,\mathbf{x} = 0 . \qquad (11.16)$$

Dieses homogene Gleichungssystem besitzt nur dann eine nichttriviale Lösung, wenn die Determinante der Koeffizientenmatrix verschwindet. Das ergibt die charakteristische Determinante

$$\det[\mathbf{A} - \lambda\mathbf{E}] = |\mathbf{A} - \lambda\mathbf{E}| = 0 . \qquad (11.17)$$

Für das Gleichungssystem (11.15) folgt

$$\begin{vmatrix} \left(a_{11} - \lambda\right) & a_{12} \\ a_{21} & \left(a_{22} - \lambda\right) \end{vmatrix} = 0 . \qquad (11.18)$$

Durch Ausmultiplizieren findet man die charakteristische Gleichung oder das Eigenwertpolynom des Problems

$$\lambda^2 - \left(a_{11} + a_{22}\right)\lambda + \left(a_{11}a_{22} - a_{12}^2\right) = 0 . \qquad (11.19)$$

Die Lösungen des Polynoms sind:

$$\left.\begin{aligned} \lambda_{1,2} &= \frac{a_{11}+a_{22}}{2} \pm \frac{1}{2}\sqrt{\left(a_{11}+a_{22}\right)^2 - 4\left(a_{11}a_{22}-a_{12}^2\right)}\,, \\ &= \frac{a_{11}+a_{22}}{2} \pm \frac{1}{2}\sqrt{\left(a_{22}-a_{11}\right)^2 + 4a_{12}^2}\,. \end{aligned}\right\} \qquad (11.20)$$

Die Eigenwerte der in allgemeinen Koordinaten geschriebenen Ellipsengleichung sind also die Hauptachsenlängen. Die Matrix der Ordnung $n \cdot n$ besitzt in der Regel n voneinander unabhängige Eigenwerte.

Die gleiche Aufgabe stellt sich bei der Bestimmung der Hauptspannungen und ihrer Richtungen - bei einem ebenen oder auch einem räumlichen Spannungszustand - oder bei der Bestimmung der Hauptträgheitsmomente. Stets ist eine Matrizeneigenwertaufgabe vom Typ (11.17) zu lösen.

Man hat graphische Methoden entwickelt, um diese Aufgabe bei einfachen Problemen zu lösen: Der Mohrsche Spannungs- und Trägheitskreis führt sogar für dreidimensionale Probleme in der Ebene zum Ziele. Der Klottersche Frequenzkreis führt dasselbe beim Zweimassenschwinger aus. Beim vielgliedrigen Gebilde sind graphische Methoden jedoch nicht mehr praktikabel.

11.2 Eigenvektoren

Zu jedem Eigenwert λ_j der charakteristischen Determinante $\det(\mathbf{A} - \lambda\mathbf{E})$ gehört eine *Eigenlösung*, auch *Eigenrichtung* oder *Eigenvektor* genannt. Dieser Eigenvektor enthält die Amplitudenverhältnisse, mit denen eine Lösung des homogenen Gleichungssystems (11.16) möglich ist. Wir bezeichnen ihn mit $\mathbf{x}_j$, wobei der Index j auf den j-ten Eigenwert hinweist. Bei n Eigenwerten gibt es n zugehörige Eigenvektoren. Man faßt sie zweckmäßig in einer Matrix $\mathbf{X}$ - der *Modalmatrix* - zusammen:

$$\mathbf{X} = \left[\mathbf{x}_1 \mathbf{x}_2 \ldots \mathbf{x}_n\right]\,. \qquad (11.21)$$

(Besonderheiten treten bei mehrfachen Nullstellen der charakteristischen Determinante auf. S. hierzu: R. Zurmühl [120].)

Dem System von Eigenvektoren einer Matrix ist ein zweites, das System der Eigenvektoren der transponierten Matrix, zugeordnet. Man nennt diese Vektoren *Linkseigenvektoren* und findet sie aus

$$\mathbf{A}^T\mathbf{y} = \lambda\mathbf{y} \quad \text{oder} \quad \mathbf{y}^T\mathbf{A} = \lambda\mathbf{y}^T\,. \qquad (11.22)$$

Die Eigenwerte dieser Aufgabe stimmen mit denjenigen der Beziehung (11.17) überein. Die Linkseigenvektoren $\mathbf{y}_j$ sind jedoch im allgemeinen von den $\mathbf{x}_j$ verschieden. Nur für den technisch häufigen Fall, daß $\mathbf{A}$ symmetrisch ist, fallen die $\mathbf{y}_j$ und $\mathbf{x}_j$ zusammen.

Aus den Eigenwertgleichungen (11.16) und (11.22) folgt für verschiedene Eigenwerte $\lambda_i \neq \lambda_k$

$$\mathbf{A}\,\mathbf{x}_i = \lambda_i \mathbf{x}_i\,, \quad \mathbf{y}_k^T \mathbf{A} = \lambda_k \mathbf{y}_k^T\,. \tag{11.23}$$

Multiplikation der ersten Gleichung mit $\mathbf{y}_k^T$, der zweiten mit $\mathbf{x}_i$ und Subtraktion liefert

$$0 = \left(\lambda_i - \lambda_k\right) \mathbf{y}_k^T \mathbf{x}_i\,. \tag{11.24}$$

Daraus folgt wegen $\lambda_i \neq \lambda_k$ der wichtige Satz: Das System von Rechts- und Linkseigenvektoren einer Matrix $\mathbf{A}$ ist zueinander orthogonal. Mit der Modalmatrix der Linkseigenvektoren $\mathbf{Y}^T$ lautet dieser Satz

$$\mathbf{Y}^T \mathbf{X} = \mathbf{N}_{diag}\,, \tag{11.25}$$

worin $\mathbf{N}_{diag}$ eine Diagonalmatrix bedeutet. Wenn man die beiden Vektorsysteme in der Weise normiert, daß

$$\mathbf{y}_i^T \mathbf{x}_i = 1 \tag{11.26}$$

ist, so wird aus der Matrix $\mathbf{N}_{diag}$ die Einheitsmatrix $\mathbf{E}$.

11.3 Zur Berechnung von Eigenwerten und Eigenvektoren

Wir wollen im folgenden einige Methoden zusammenstellen, mit denen die Eigenwerte und -vektoren reeller Matrizen berechnet werden können. Es sei vorausgesetzt, daß die Matrix n voneinander unabhängige Eigenwerte besitzt und daß diese Eigenwerte reell sind. Wegen der Besonderheiten, die bei Mehrfachwurzeln und komplexen Eigenwerten auftreten, s. R. Zurmühl [120].

11.3.1 Das Restgrößenverfahren

Das wohl einfachste, vielleicht primitivste Verfahren zur Bestimmung der Nullstellen der Eigenwertdeterminante det $(\mathbf{A} - \lambda\mathbf{E})$ setzt in das Koeffizientenschema einen Wert

λ ein und berechnet den Wert der Determinante. Trägt man diese als Rest bezeichnete Größe R als Funktion von λ auf (Abb.11.2), so ergeben sich in der Regel n Nulldurchgänge. Die zu den Nullstellen gehörigen Werte sind die Eigenwerte λ_j des Problems. Für die Einschachtelung der Nullstelle hat sich die Regula Falsi als besonders geeignet erwiesen (s. [120]).

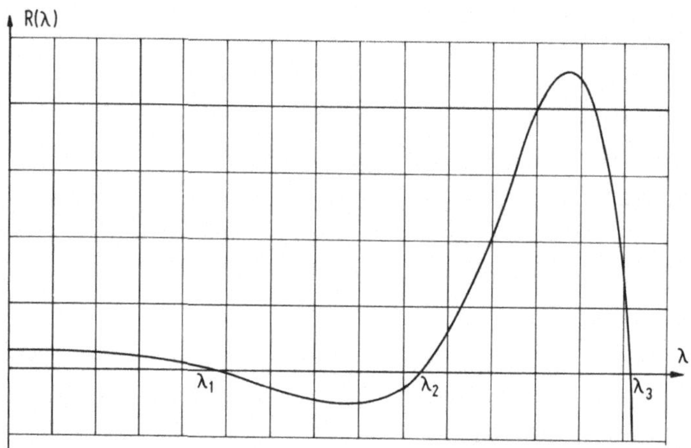

Abb.11.2. Restgröße R als Funktion von λ

Liegt die Eigenwertaufgabe nicht in der speziellen Form (11.16) sondern in der allgemeinsten

$$\widetilde{\mathbf{A}}\,\mathbf{x} = 0 \tag{11.27}$$

vor, mit einer Matrix $\widetilde{\mathbf{A}}$, deren Koeffizienten eigenwertabhängig sind, so gibt es keinen anderen Weg zur Eigenwertbestimmung als den hier geschilderten.

Zur Determinantenberechnung transformiert man die Ausgangsmatrix $(\mathbf{A} - \lambda\mathbf{E})$ oder $\widetilde{\mathbf{A}}$ in eine obere Dreiecksmatrix $\mathbf{B}$ mit Hilfe des Gaußschen Algorithmus. Da wir voraussetzen, daß Eigenwerte nicht mehrfach auftreten, muß in einem Eigenwert λ_j das letzte Element der $\mathbf{B}$-Matrix - b_{nn} - Null sein. Man erhält

$$\begin{bmatrix} b_{11} & b_{12} & b_{13} & \cdots & & b_{1n} \\ & b_{22} & b_{23} & \cdots & & b_{2n} \\ & & b_{33} & \cdots & & b_{3n} \\ & & & \ddots & & \\ & & & & b_{n-1\,n-1} & b_{n-1\,n} \\ & & & & & 0 \end{bmatrix} \begin{bmatrix} x_1 \\ x_2 \\ x_3 \\ \vdots \\ x_{n-1} \\ x_n \end{bmatrix} = 0\,. \tag{11.28}$$

Mit dem nunmehr um die letzte Zeile verkürzten Gleichungssystem lassen sich die Komponenten des Eigenvektors bestimmen. Man erhält z.B.

$$\left.\begin{aligned} x_{n-1}/x_n &= -b_{n-1\,n}/b_{n-1\,n-1}, \\ x_{n-2}/x_n &= -\left(b_{n-2\,n-1} - b_{n-2\,2}\, b_{n-1\,n}/b_{n-1\,n-1}\right)/b_{n-2\,n-2} \end{aligned}\right\} \qquad (11.29)$$

usw. Auf diesem Wege der Rückwärtsaufrechnung erhält man die Komponenten des Eigenvektors in Abhängigkeit von $\mathbf{x}_n$. Zweckmäßig wird man in einem zweiten Rechenschritt den Eigenvektor normieren in der Weise, daß

$$\mathbf{x}_i^T \mathbf{x}_i = 1$$

wird.

Bei sehr großen Gleichungssystemen ist darauf zu achten, daß sich der Fehler, der sich in dem numerisch stets von Null verschiedenen b_{nn} befindet, nicht bei der Rückwärtsaufrechnung in den Vordergrund drängt. Hier kann die Möglichkeit, das Element b_{nn} mit doppelter Stellenzahl zu berechnen, Abhilfe schaffen.

11.3.2 Direkte Verfahren zur Lösung der Eigenwertaufgabe

Die direkten Verfahren haben die Aufstellung des charakteristischen Polynoms

$$\det[\mathbf{A} - \lambda \mathbf{E}] = \lambda^n + f_{n-1}\lambda^{n-1} + f_{n-2}\lambda^{n-2} + \ldots f_1 \lambda + f_0 = 0 \qquad (11.30)$$

zum Ziel. Sie arbeiten vorwiegend mit Hilfe einer Ähnlichkeitstransformation, bei der die Ausgangsmatrix **A** in eine andere Matrix **B** überführt wird:

$$\mathbf{U}^{-1}\mathbf{A}\mathbf{U} = \mathbf{B}. \qquad (11.31)$$

U ist die Transformationsmatrix. Entscheidend ist, daß bei dieser Ähnlichkeitstransformation die Eigenwerte nicht verändert werden.

Das Verfahren von K. Hessenberg

An erster Stelle der direkten Verfahren steht das nach Hessenberg benannte Verfahren [124]. Es besteht in einer Ähnlichkeitstransformation der Ausgangsmatrix **A** in eine fast dreiecksförmige Matrix **P**, der Hessenbergmatrix, mit Hilfe einer dreiecksförmigen Matrix **Z**. Die Matrizen **Z** und **P** besitzen das Aussehen

$$\mathbf{Z} = \begin{bmatrix} 1 & 0 & 0 & \dots & 0 \\ 0 & z_{22} & 0 & \dots & 0 \\ 0 & z_{32} & z_{33} & \dots & 0 \\ \cdot & \cdot & \cdot & \dots & \cdot \\ 0 & z_{n2} & z_{n3} & \dots & z_{nn} \end{bmatrix}, \quad \mathbf{P} = \begin{bmatrix} p_{11} & p_{12} & \dots & \cdot & p_{1n} \\ -1 & p_{22} & \dots & \cdot & p_{2n} \\ 0 & -1 & & \cdot & p_{3n} \\ \cdot & \cdot & \dots & \cdot & \cdot \\ 0 & 0 & \dots & -1 & p_{nn} \end{bmatrix}. \tag{11.32}$$

Aus

$$\mathbf{Z}^{-1}\mathbf{A}\,\mathbf{Z} + \mathbf{P} = 0 \tag{11.33}$$

folgt

$$\mathbf{A}\,\mathbf{Z} + \mathbf{Z}\,\mathbf{P} = 0\,. \tag{11.33'}$$

Die schrittweise Berechnung der Elemente der Matrizen **Z** und **P** läßt sich mit Hilfe des in [120] angegebenen Schemas

$$\begin{array}{|c|c|} \hline \mathbf{A} & \mathbf{Z} \\ \hline & \mathbf{P} \\ \cline{2-2} \end{array}$$

leicht durchführen. Man beginnt mit der ersten Spalte der **Z**- und **P**-Matrix und bildet nach (11.33') die Produkte mit der **A**- und **Z**-Matrix. Dieser erste Schritt liefert

$$\left.\begin{aligned} a_{11} + p_{11} \qquad &= 0\,, \\ a_{21} \qquad - z_{22} &= 0\,, \\ a_{31} \qquad - z_{32} &= 0\,, \\ \vdots \qquad\qquad \vdots\;\; &\;\;\vdots \\ a_{n1} \qquad - z_{n2} &= 0\,. \end{aligned}\right\} \tag{11.33''}$$

In dem nächstfolgenden Schritt bildet man mit der zweiten Spalte der **Z**- und **P**-Matrix die Produkte mit der **A**- und **Z**-Matrix:

$$\left.\begin{aligned} a_{12}z_{22} + a_{13}z_{32} \dots + a_{1n}z_{n2} + p_{12} \qquad\qquad &= 0\,, \\ a_{22}z_{22} + a_{23}z_{32} \dots + a_{2n}z_{n2} + z_{22}p_{22} \qquad &= 0\,, \\ a_{32}z_{22} + a_{33}z_{32} \dots + a_{3n}z_{n2} + z_{32}p_{22} - z_{33} &= 0\,, \\ \vdots \qquad\qquad \vdots \qquad\qquad \vdots \qquad\qquad \vdots \qquad \vdots\;\; &\;\;\vdots \\ a_{n2}z_{22} + a_{n3}z_{32} \dots + a_{nn}z_{n2} + z_{n2}p_{22} - z_{n3} &= 0\,. \end{aligned}\right\} \tag{11.33'''}$$

usw.

Nach dieser schrittweisen Berechnung der Matrizen **Z** und **P** ergibt sich das charakteristische Polynom durch Entwicklung von det $[\mathbf{P} + \lambda\mathbf{E}]$ in Hauptabschnittsdeterminanten F_i nach der letzten Spalte der **P**-Matrix:

$$\left.\begin{aligned} F_1 &= \left(p_{11} + \lambda\right), \\ F_2 &= \left(p_{22} + \lambda\right)F_1 + p_{12}, \\ F_3 &= \left(p_{33} + \lambda\right)F_2 + p_{23}F_1 + p_{13}, \\ &\vdots \\ F_n &= \left(p_{nn} + \lambda\right)F_{n-1} + p_{n-1\,n}F_{n-2} + \dots p_{2n}F_1 + p_{1n}. \end{aligned}\right\} \qquad (11.34)$$

Die letzte Abschnittsdeterminante ist zugleich das Eigenwertpolynom.

Für die Ausrechnung der Koeffizienten des Polynoms hat sich ein Rechenschema als brauchbar erwiesen, das rekursiv mit Hilfe einer Art Matrixmultiplikation zu dem Ergebnis findet. S. auch R. Zurmühl [120].

Unter Einführung einer unteren Dreiecksmatrix **F** nach dem Muster

$$\begin{array}{|cccccc|ccccc|} \hline & & & & & 1 & p_{11} & p_{12} & p_{13} & \cdots & p_{1n} \\ & & & & 1 & f_{10} & (-1) & p_{22} & p_{23} & \cdots & p_{2n} \\ & & & 1 & f_{21} & f_{20} & & (-1) & p_{33} & \cdots & p_{3n} \\ & & \cdot^{\cdot^{\cdot}} & f_{32} & f_{31} & f_{30} & & & (-1) & \cdots & p_{4n} \\ & 1 & & \vdots & \vdots & \vdots & & & & (-1) & p_{nn} \\ \hline 1 & f_{n\,n-1} & \cdots & f_{n2} & f_{n1} & f_{n0} & & & & & \\ \hline \end{array}\,, \qquad (11.35)$$

in das zugleich die Hessenberg-Matrix **P** eingefügt ist, findet man

$$\left.\begin{aligned} f_{10} &= p_{11}, \\ f_{20} &= p_{12} + p_{22}f_{10}, \\ f_{30} &= p_{13} + p_{23}f_{10} + p_{33}f_{20}, \\ &\vdots \\ f_{n0} &= p_{1n} + p_{2n}f_{10} + p_{3n}f_{20} + \dots p_{nn}f_{n-1\,0}. \end{aligned}\right\} \qquad (11.36)$$

Die nächste Spalte ergibt sich aus

$$\left.\begin{aligned} f_{21} &= p_{22} + f_{10}, \\ f_{31} &= p_{23} + p_{33}f_{21} + f_{20}, \\ &\vdots \\ f_{n1} &= p_{2n} + p_{3n}f_{21} + \dots p_{nn}f_{n-11} + f_{n-10}, \end{aligned}\right\} \qquad (11.37)$$

usw.

Man kann diese Rechenoperation deuten als skalares Produkt aus den Elementen der k-ten Spalte der **P**-Matrix mit den Elementen derselben Spalte der **F**-Matrix - allerdings unter Aussparung der (-1)-Elemente in der **P**-Matrix und unter Hinzufügung des rechts neben dem vorletzten Element stehenden Matrix-Elementes. Die f_{ni} sind die Koeffizienten des Polynoms.

Die Berechnung der Nullstellen des Polynoms erfolgt mit Hilfe des Horner-Schemas, bei komplexen Eigenwerten mit Hilfe des doppelzeiligen Horner-Schemas oder des Graeffe-Verfahrens [119].

Über andere direkte Verfahren zur Bestimmung des Eigenwertpolynoms, von denen es in der Literatur eine Vielzahl gibt, wird in [120] berichtet.

11.3.3 Iterative Methoden zur Lösung der Eigenwertaufgabe

Iterative Methoden zur Lösung der Eigenwertaufgabe haben den Vorteil, daß sie gleichzeitig mit dem Eigenwert λ_i auch den zugehörigen Eigenvektor $\mathbf{x}_i$ liefern. Sie werden insbesondere dort vorteilhaft angewendet, wo nur wenige - meist die untersten oder obersten - Eigenwerte und die zugehörigen Eigenvektoren gesucht sind.

Das v. Misessche Iterationsverfahren [125]

Das v. Misessche Iterationsverfahren ist wohl das einfachste, das sich bei Matrizen mit reellen Eigenwerten außerordentlich gut bewährt hat. Man geht aus von einem geschätzten Eigenvektor $\mathbf{z}_0$, der der Grundschwingungsform des Gebildes möglichst nahekommt. Wenn keine Schätzung möglich ist, setzt man

$$\mathbf{z}_0 = \{1000 \dots 0\}^T. \qquad (11.38)$$

Mit diesem Vektor bildet man den iterierten Vektor

$$\mathbf{z}_1 = \mathbf{A}\,\mathbf{z}_0 \qquad (11.39)$$

usw.

Die allgemeine Vorschrift für den ν-ten Iterationsschnitt lautet

$$\mathbf{z}_\nu = \mathbf{A}\,\mathbf{z}_{\nu-1} = \mathbf{A}^\nu\,\mathbf{z}_0 \,. \tag{11.40}$$

Die Vektoren $\mathbf{z}$ konvergieren unter der Voraussetzung, daß der größte Eigenwert λ_1 einen genügend großen Abstand von dem nächst folgenden besitzt, zu dem zu λ_1 gehörigen Eigenvektor $\mathbf{x}_1$.

Zur Erklärung dieses Verhaltens nehmen wir an, daß der Ausgangsvektor $\mathbf{z}_0$ Anteile aller Eigenvektoren besitzt:

$$\mathbf{z}_0 - c_1\mathbf{x}_1 + c_2\mathbf{x}_2 + \dots \tag{11.41}$$

Damit ergibt sich

$$\mathbf{z}_1 = \mathbf{A}\,\mathbf{z}_0 = \lambda_1 c_1 \mathbf{x}_1 + \lambda_2 c_2 \mathbf{x}_2 + \dots \tag{11.42}$$

Unter der Voraussetzung, daß $c_1 \neq 0$ und $\lambda_1 > \lambda_2 > \lambda_3 \dots$ ist, überwiegt der mit λ_1 multiplizierte Anteil des zum größten Eigenwert gehörigen Eigenvektors. Der Faktor, um den sich nach einem Iterationsschritt der Vektor ändert, ist der Eigenwert. Näherungsweise folgt er aus

$$\lambda_1^* = \left(z_1^\nu / z_1^{\nu-1}\right), \tag{11.43}$$

worin der hochgesetzte Stern auf den Näherungswert hinweist.

Man kann den Rechenprozeß zur Bestimmung des Eigenwertes beschleunigen, indem man statt des oben angegebenen Quotienten eine Mittelwertbildung mit Hilfe des Rayleigh-Quotienten vornimmt. Bei symmetrischer Matrix, bei der Rechts- und Linkseigenvektor zusammenfällt, erhält man damit (s. [120])

$$\lambda_1^* = \left(\mathbf{z}_{\nu+1}^T\,\mathbf{z}_\nu\right) / \left(\mathbf{z}_\nu^T\,\mathbf{z}_\nu\right). \tag{11.44}$$

Bei unsymmetrischer Matrix muß der Rayleigh-Quotient mit Hilfe eines gleichfalls zu berechnenden Linkseigenvektors gebildet werden:

$$\lambda_1^* = \left(\mathbf{y}_\mu^T\,\mathbf{z}_{\nu+1}\right) / \left(\mathbf{y}_\mu^T\,\mathbf{z}_\nu\right) \tag{11.45}$$

(μ, ν geben den Iterationsschritt an).

Besonderheiten, die bei Doppelwurzeln oder bei enger Nachbarschaft des nächstliegenden Eigenwertes auftreten, werden hier nicht behandelt. S. hierzu [120].

Bestimmung höherer Eigenwerte

Bei der Iteration konvergiert der iterierte Vektor stets zu dem zum betragsgrößten Eigenwert λ_1 gehörigen Eigenvektor $\mathbf{x}_1$. Um nun eine Konvergenz zu einem Eigenvektor zu erzwingen, der zu dem nächst höheren Eigenwert λ_2 gehört, gibt es verschiedene Möglichkeiten.

Das Verfahren von Koch [126] wählt einen Ausgangsvektor $\bar{\mathbf{z}}_0$, der keinen Anteil des Eigenvektors $\mathbf{x}_1$ enthält, d.h. der Faktor c_1 in (11.41) wird zu Null gemacht. Der Linkseigenvektor $\mathbf{y}_1$ steht aufgrund der Orthogonalitätsbeziehung auf diesem Vektor $\bar{\mathbf{z}}_0$ senkrecht:

$$\mathbf{y}_1^T \bar{\mathbf{z}}_0 = 0 \,. \tag{11.46}$$

Da Rundungsfehler den Vektor $\mathbf{x}_1$ immer wieder in $\bar{\mathbf{z}}_0$ hervortreten lassen, muß man den iterierten Vektor nach jedem Iterationsschritt reinigen.

Dazu bildet man mit einem beliebigen Ausgangsvektor $\mathbf{z}_0$ das Produkt

$$\mathbf{y}_1^T \mathbf{z}_0 = c_1 \tag{11.47}$$

und gewinnt den gereinigten Vektor

$$\bar{\mathbf{z}}_0 = \mathbf{z}_0 - c_1 \mathbf{x}_1 \,. \tag{11.48}$$

Anstelle der in (11.48) durchgeführten Abänderung aller Komponenten des Ausgangsvektors genügt es auch, nur eine einzige Komponente, z.B. die r-te nach

$$\bar{\mathbf{z}}_0 = \mathbf{z}_0 + \alpha \mathbf{e}_r \tag{11.49}$$

zu verändern. $\mathbf{e}_r$ ist die r-te Spalte der Einheitsmatrix. Den Faktor α findet man aus der Forderung

$$\mathbf{y}_1^T \bar{\mathbf{z}}_0 = \mathbf{y}_1^T \mathbf{z}_0 + \alpha y_{r1} = 0 \tag{11.50}$$

d.h.

$$\alpha = -\mathbf{y}_1^T \mathbf{z}_0 / y_{r1} \,. \tag{11.50'}$$

Ist der Linkseigenvektor in der Weise normiert, daß die r-te Komponente $y_{r1} = 1$ ist - was jederzeit möglich ist - so vereinfacht sich (11.50') noch weiter.

Sind zwei Eigenwerte λ_1, λ_2 und die zugehörigen Eigenvektoren bekannt, so erfolgt die Orthogonalisierung des Ausgangsvektors, den wir jetzt $\bar{\bar{\mathbf{z}}}_0$ nennen, durch Abänderung zweier Komponenten nach

$$\bar{\bar{\mathbf{z}}}_0 = \mathbf{z}_0 + \alpha \mathbf{e}_r + \beta \mathbf{e}_s . \tag{11.51}$$

Die Faktoren α, β folgen aus der Bedingung

$$\left.\begin{aligned} \mathbf{y}_1^T \bar{\bar{\mathbf{z}}}_0 &= \mathbf{y}_1^T \mathbf{z}_0 + \alpha y_{r1} + \beta y_{s1} = 0 , \\ \mathbf{y}_2^T \bar{\bar{\mathbf{z}}}_0 &= \mathbf{y}_2^T \mathbf{z}_0 + \alpha y_{r2} + \beta y_{s2} = 0 . \end{aligned}\right\} \tag{11.52}$$

Damit ist erkennbar, wie dieses Verfahren bei der Bestimmung noch höherer Eigenwerte fortzuführen ist.

Weitere iterativ arbeitende Berechnungsverfahren, wie die der Matrix-Deflation von Hotelling, der gebrochenen Iteration, der Wielandt-Korrektur am einzelnen Eigenwert und andere, sind in [120] ausführlich geschildert.

12. Anhang III: Lösung von Differentialgleichungen

12.1 Die Lösung eines Systems n homogener Differentialgleichungen 1. Ordnung

Beim Stab mit kontinuierlich verteilter Masse und Nachgiebigkeit hatten wir ein System von zwei Differentialgleichungen 1. Ordnung mit konstanten Koeffizienten gefunden (2.44), beim Balken waren es vier (4.16).

Das System von n Differentialgleichungen 1. Ordnung mit konstanten Koeffizienten lautet, wenn $\cdot$ Ableitung nach t bedeutet

$$\left.\begin{array}{l} \dot{x}_1 = a_{11} x_1 + a_{12} x_2 + \dots a_{1n} x_n , \\ \dot{x}_2 = a_{21} x_1 + a_{22} x_2 + \dots a_{2n} x_n , \\ \vdots \qquad \vdots \qquad \vdots \qquad \vdots \\ \dot{x}_n = a_{n1} x_1 + a_{n2} x_2 + \dots a_{nn} x_n . \end{array}\right\} \tag{12.1}$$

Unter Einführung des Spaltenvektors $\mathbf{x}$ für die x_k und der Differentialmatrix $\mathbf{A}$ schreiben wir dafür kürzer

$$\dot{\mathbf{x}} = \mathbf{A}\,\mathbf{x} . \tag{12.1'}$$

Die Lösung dieses Systems gewinnt man mit dem Ansatz

$$\mathbf{x} = \mathbf{c}\, e^{\lambda t} , \tag{12.2}$$

worin der Vektor $\mathbf{c}$ die mathematischen Integrationskonstanten C_i enthält.

Einsetzen von (12.2) in (12.1') ergibt wegen $\dot{\mathbf{x}} = \lambda \mathbf{x}$ das homogene Gleichungssystem

$$[\mathbf{A} - \lambda \mathbf{E}]\, \mathbf{c} = 0 . \tag{12.3}$$

Die Bedingung für die nichttriviale Lösung lautet:

$$\det [\mathbf{A} - \lambda \mathbf{E}] = 0 , \tag{12.4}$$

d.h. die n Wurzeln λ_i der Differentialmatrix $\mathbf{A}$ sind die Lösungen der charakteristischen Gleichung (s. auch Abschn. 2.5).

Die Amplitudenverhältnisse der C_k, die zu der $e^{\lambda_i t}$-Lösung gehören, werden von den Eigenvektoren $\mathbf{x}_i$ wiedergegeben. Damit erhält die Lösung von (12.1') das Aussehen

$$\mathbf{x} = \overline{C}_1 \mathbf{x}_1 e^{\lambda_1 t} + \overline{C}_2 \mathbf{x}_2 e^{\lambda_2 t} + \dots \overline{C}_n \mathbf{x}_n e^{\lambda_n t} . \tag{12.5}$$

Die noch freien Integrationskonstanten $\overline{C}_i$ müssen an die Rand- oder Anfangsbedingungen $\mathbf{x}(0) = \mathbf{x}_0$ angepaßt werden. Daraus ergibt sich das Gleichungssystem

$$\overline{C}_1 \mathbf{x}_1 + \overline{C}_2 \mathbf{x}_2 + \dots \overline{C}_n \mathbf{x}_n = \mathbf{x}_0 , \tag{12.6}$$

das man mit dem Vektor $\overline{\mathbf{c}}$ der $\overline{C}_k$ und der Modalmatrix $\mathbf{X}$ (s. Kap. 11) kürzer

$$\mathbf{X}\overline{\mathbf{c}} = \mathbf{x}_0 \tag{12.6'}$$

schreibt. (S. auch Kap. 3, wo wir bei der Lösung der Aufgabe bereits diesen Weg gegangen sind.)

Eine Lösung des Differentialgleichungssystems (12.1'), in der die Lösung der Anfangs- oder Randbedingungen $\mathbf{x}_0$ unmittelbar eingeht, erhält man in der Form

$$\mathbf{x} = e^{\mathbf{A} t} \mathbf{x}_0 . \tag{12.7}$$

Dieser Ausdruck ist das Analogon zur Lösung von $\dot{x} = a x$, die mit dem Anfangswert x_0 bekanntlich $x = x_0 e^{a t}$ lautet.

Man sieht, daß der Ansatz (12.7) die Differentialgleichung (12.1') erfüllt, denn es gilt

$$\dot{\mathbf{x}} = \mathbf{A} \mathbf{x} . \tag{12.8}$$

Der Vergleich von (12.7) mit (2.54) oder (4.20) zeigt ferner, daß

$$e^{\mathbf{A} t} = \mathbf{T} \tag{12.9}$$

die Übertragungsmatrix des Problems ist.

Wie findet man $e^{\mathbf{A}t}$? Im Hinblick auf den Einsatz eines automatischen Rechners hat sich der Weg der Reihenentwicklung als besonders vorteilhaft erwiesen. Man berechnet daher die Übertragungsmatrix genauso aus einer Potenzreihe, wie man e^{at} aus

$$e^{at} = 1 + at + (at)^2/2! + (at)^3/3! + \dots \tag{12.10}$$

findet:

$$e^{\mathbf{A}t} = \mathbf{E} + \mathbf{A}t + (\mathbf{A}t)^2/2! + (\mathbf{A}t)^3/3! + \dots \tag{12.11}$$

Weitere Methoden zur Bestimmung der Übertragungsmatrix, die auch bei Differentialgleichungen mit nicht konstanten Koeffizienten zum Ziele führen, entnehme man [119], [120], [7] sowie [128].

Zahlenbeispiel a: Die numerische Bestimmung der Übertragungsmatrix des kontinuierlich mit Masse und Nachgiebigkeit belegten Stabes. Ausgangspunkt ist die Differentialbeziehung (2.44)

$$\begin{bmatrix} u \\ \overline{N} \end{bmatrix}' = \begin{bmatrix} 0 & 1 \\ -\sigma^2 & 0 \end{bmatrix} \begin{bmatrix} u \\ \overline{N} \end{bmatrix} \tag{12.12}$$

(s. auch (2.45) und (2.46)). Die Potenzen der Differentialmatrix haben das Aussehen

$$\mathbf{A}^2 = \begin{bmatrix} -\sigma^2 & 0 \\ 0 & -\sigma^2 \end{bmatrix}, \quad \mathbf{A}^3 = \begin{bmatrix} 0 & -\sigma^2 \\ \sigma^4 & 0 \end{bmatrix},$$

$$\mathbf{A}^4 = \begin{bmatrix} \sigma^4 & 0 \\ 0 & \sigma^4 \end{bmatrix}, \quad \mathbf{A}^5 = \begin{bmatrix} 0 & \sigma^4 \\ -\sigma^6 & 0 \end{bmatrix}.$$

Mit Hilfe von (12.11) ergibt sich die Übertragungsmatrix

$$\mathbf{T} = \begin{bmatrix} \left(1 - \sigma^2/2! + \sigma^4/4! - \dots\right) & \left(\sigma - \sigma^3/3! + \sigma^5/5! - \dots\right)/\sigma \\ \sigma\left(\sigma - \sigma^3/3! + \sigma^5/5! - \dots\right) & \left(1 - \sigma^2/2! + \sigma^4/4! - \dots\right) \end{bmatrix}. \tag{12.13}$$

Die Klammerausdrücke in der Übertragungsmatrix sind die Potenzreihen der $\cos\sigma$- und $\sin\sigma$-Funktionen (s. (2.55)).

Zahlenbeispiel b: Bestimmung der Übertragungsmatrix des masselosen, schubnachgiebigen Balkens. Die Differentialbeziehung des masselosen, schubnachgiebigen Balkens lautet gemäß (4.29)

$$\begin{bmatrix} \overline{w} \\ \overline{\Psi} \\ \overline{M} \\ \overline{Q} \end{bmatrix}' = \begin{bmatrix} 0 & 1 & 0 & -\delta \\ 0 & 0 & 1 & 0 \\ 0 & 0 & 0 & 1 \\ 0 & 0 & 0 & 0 \end{bmatrix} \begin{bmatrix} \overline{w} \\ \overline{\Psi} \\ \overline{M} \\ \overline{Q} \end{bmatrix} . \tag{12.14}$$

Die von einer Nullmatrix verschiedenen Potenzen von $\mathbf{A}$ sind

$$\mathbf{A}^2 = \begin{bmatrix} 0 & 0 & 1 & 0 \\ 0 & 0 & 0 & 1 \\ 0 & 0 & 0 & 0 \\ 0 & 0 & 0 & 0 \end{bmatrix} , \quad \mathbf{A}^3 = \begin{bmatrix} 0 & 0 & 0 & 1 \\ 0 & 0 & 0 & 0 \\ 0 & 0 & 0 & 0 \\ 0 & 0 & 0 & 0 \end{bmatrix} .$$

Höhere Potenzen von $\mathbf{A}$ verschwinden. Damit erhält die Übertragungsmatrix gemäß (4.30) die Form

$$\mathbf{T} = \begin{bmatrix} 1 & 1 & 1/2 & (1/6-\delta) \\ 0 & 1 & 1 & 1/2 \\ 0 & 0 & 1 & 1 \\ 0 & 0 & 0 & 1 \end{bmatrix} . \tag{12.15}$$

12.2 Der inhomogene Lösungsanteil

Das System von n Differentialgleichungen 1. Ordnung mit inhomogenem Anteil hat das Aussehen

$$\dot{\mathbf{x}} = \mathbf{A}\mathbf{x} + \mathbf{a} . \tag{12.16}$$

Der Vektor $\mathbf{a}$ enthält die aus der äußeren Belastung folgenden Differentialbeziehungen, z.B. den Anteil aus statischer Last oder aus äußerer Erregung.

Für die Lösung wählt man den Weg der Variation der Konstanten:

$$\mathbf{x} = e^{\mathbf{A}t}\mathbf{y}(t) \tag{12.17}$$

mit einem noch zu bestimmenden Lösungsvektor $\mathbf{y}(t)$. Mit (12.17) folgt

$$\dot{\mathbf{x}} = \mathbf{A}\mathbf{x} + e^{\mathbf{A}t}\dot{\mathbf{y}} . \tag{12.18}$$

Der Vergleich mit (12.16) ergibt

$$e^{\mathbf{A}t}\dot{\mathbf{y}} = \mathbf{a}\,. \tag{12.19}$$

Da $e^{\mathbf{A}t}$ stets eine nichtsinguläre Matrix ist, findet man

$$\dot{\mathbf{y}} = e^{-\mathbf{A}t}\mathbf{a}\,. \tag{12.19'}$$

Unter Berücksichtigung der Anfangsbedingungen $\mathbf{x}(0) = \mathbf{x}_0$ liefert die Integration

$$\mathbf{y} = \int_0^t e^{-\mathbf{A}\tau}\,\mathbf{a}(\tau)\,d\tau + \mathbf{x}_0 \tag{12.20}$$

(τ ist unter dem Integranden an die Stelle von t getreten.) Damit erhält die vollständige Lösung die Form

$$\mathbf{x} = e^{\mathbf{A}t}\mathbf{x}_0 + e^{\mathbf{A}t}\int_0^t e^{-\mathbf{A}\tau}\,\mathbf{a}(\tau)\,d\tau\,. \tag{12.21}$$

$e^{\mathbf{A}t}$ ist die Übertragungsmatrix $\mathbf{T}$. Entsprechend ist

$$e^{-\mathbf{A}t} = \mathbf{T}(t)^{-1}\,. \tag{12.22}$$

Nun gilt

$$\mathbf{T}(t)^{-1} = \mathbf{T}(-t)\,. \tag{12.23}$$

(In den Regelfällen, in denen $\det\mathbf{T} = 1$ ist, läßt sich die Inverse von $\mathbf{T}$ durch schachbrettartige Änderung der Vorzeichen der Matrizenelemente leicht bilden. In den Sonderfällen, in denen $\det\mathbf{T} \neq 1$ (Kap. 8), muß man $e^{-\mathbf{A}t}$ explizit bilden.)

Mit (12.23) wird aus (12.21)

$$\mathbf{x} = \mathbf{T}(t)\mathbf{x}_0 + \mathbf{T}(t)\int_0^t \mathbf{T}(-\tau)\mathbf{a}(\tau)\,d\tau\,. \tag{12.24}$$

Mit

$$\mathbf{r}(t) = \mathbf{T}(t)\int_0^t \mathbf{T}(-\tau)\mathbf{a}(\tau)\,d\tau \tag{12.25}$$

erhält (12.24) die knappere Form

$$\mathbf{x} = \mathbf{T}(t)\mathbf{x}_0 + \mathbf{r}(t) \; . \tag{12.26}$$

In den Fällen, in denen eine geschlossene Integration des Ausdruckes

$$\int_0^t \mathbf{T}(-\tau)\mathbf{a}(\tau)\,d\tau$$

nicht möglich ist, kann man z.B. mit Hilfe der Simpson-Regel [119] einen brauchbaren Näherungswert finden.

13. Literaturverzeichnis

Zu Kap. 1

1. Marguerre, K.: Technische Mechanik I, II, III; Heidelberger Taschenbücher Nr. 20, 21, 22. Berlin/Heidelberg/New York: Springer 1967 u. 1968.

2. Marguerre, K.: Abriß der Schwingungslehre; Stahlbau Hdb. Berlin: Ernst & Sohn 1961, S. 386.

3. Magnus, K.: Schwingungen, Teubner Studienbücher. Stuttgart: Teubner 1969.

4. Wagner, K. W.: Einführung in die Lehre von den Schwingungen und Wellen. Wiesbaden: Dietrichsche Verlagsbuchhandl. 1947.

5. Weigand, A.: Einführung in die Berechnung mechanischer Schwingungen I, II, III. Leipzig: VEB Fachbuchverlag 1962, 1965.

6. Klotter, K.: Technische Schwingungslehre II, 2. Aufl. Berlin/Göttingen/Heidelberg: Springer 1960.

7. Pestel, E.C., Leckie, F. A.: Matrix Methods in Elastomechanics. New York: McGraw-Hill Book Comp. 1963.

8. Bishop, R. E. D., Gladwell, G. M. L., Michaelson, S.: The Matrix Analysis of Vibration. Cambridge: University Press 1965.

9. Den Hartog, J. P.: Mechanical Vibrations, New 4 Ed. New York/Toronto/London: McGraw-Hill Book Comp. 1956.

10. Thomson, W. T.: Vibration Theory and Applications. New York: Prentice-Hall 1965.

11. Biezeno, C. B., Grammel, R.: Technische Dynamik I, II, 2. Aufl. Berlin/ Göttingen/Heidelberg: Springer 1953.

12. Bolotin, W. W.: Kinetische Stabilität elastischer Systeme. Moskau 1956. Deutsche Übers.: Berlin: VEB Deutscher Verlag d. Wissenschaften 1961.

13. Harris, C. M., Crede, Ch. E.: Shock and Vibration Handbook, Vol. 1, 2, 3. New York/Toronto/London: McGraw-Hill Book Comp. 1961.

14. Scanlan, R. H., Rosenbaum, R.: Aircraft Vibration and Flutter. New York: The Macmillan Comp. 1951.

Zu Kap. 2

15. Woernle, H.-Th.: Kinetische Nachgiebigkeit und Steifigkeit. Eine methodische Darstellung. Z. angew. Math. Mech. 42 (1962) 89.

16. Woernle, H.-Th.: Ein systematischer Weg zur Gewinnung der Schwingungsgleichungen. Ing.-Arch. 31 (1962) 140.

17. Holzer, H.: Die Berechnung der Drehschwingungen. Berlin: Springer 1921.

18. Gümbel, E.: Verdrehschwingungen eines Stabes mit fester Drehachse und beliebiger zur Drehachse symmetrischer Massenverteilung unter dem Einfluß beliebiger harmonischer Kräfte. Z. VDI 56 (1912) 1025.

19. Tolle, M.: Regelung der Kraftmaschinen, 3. Aufl. Berlin: Springer 1921.

20. Marguerre, K., Uhrig, R.: Berechnung vielgliedriger Schwingerketten I. Das Übertragungsverfahren und seine Grenzen. Z. angew. Math. Mech. 44 (1964) 1.

21. Hasselgruber, H.: Die Berechnung von erzwungenen gedämpften Drehschwingungsketten mit Hilfe von Übertragungsmatrizen. Forsch. u. Ing.-Wesen 26 (1962) 69.

22. Van Santen, G. W.: Einführung in das Gebiet der mechanischen Schwingungen. Philips Techn. Bibl. Amsterdam: N. V. Wed. J. Ahrend & Zoon 1954.

23. Bufler, H.: Berechnung von Drehschwingungsketten nach dem Übertragungsverfahren bei Zugrundelegung der Torsion zweiter Art. Forsch. Ing.-Wesen 31 (1967) 18.

Zu Kap. 3

24. Czerwenka, G.: Untersuchung über Lastannahmen an Stadtbahnwagen unter besonderer Berücksichtigung der Sicherheit der Fahrgäste. Ber. d. Inst. f. Leichtbau u. Flugzeugbau d. Tech. Univ. München, Januar 1970.

Zu Kap. 4

25. Fuhrke, H.: Bestimmung von Balkenschwingungen mit Hilfe des Matrizenkalküls. Ing.-Arch. 23 (1955) 329.

26. Fuhrke, H.: Bestimmung von Rahmenschwingungen mit Hilfe des Matrizenkalküls. Ing.-Arch. 24 (1956) 27.

27. Marguerre, K.: Matrices of Transmission in Beam Problems. Progr. in Solid Mech. Amsterdam: North Holland Publ. Comp. 1959.

28. Marguerre, K.: Vibration and Stability Problems of Beams Treated by Matrices. J. Math. Phys. 35 (1956) 28.

29. Falk, S.: Die Berechnung des beliebig gestützten Durchlaufträgers nach dem Reduktionsverfahren. Ing.-Arch. 24 (1956) 216.

30. Woernle, H.-Th.: Eine Matrizenmethode für mehrfeldrige Balken. Stahlbau 25 (1956) 140.

31. Thomson, W. T.: Matrix Solution for the Vibration of Non-Uniform Beams. J. Appl. Mech. 17 (1950) 337.

32. Myklestad, N. O.: New Method of Calculating Natural Modes of Uncoupled Bending Vibrations. J. Aeron. Sci. 11 (1944) 153.

33. Falk, S.: Biegen, Knicken und Schwingen des mehrfeldrigen geraden Balkens. Abh. d. Braunschw. Wiss. Ges. 7 (1955).

34. Pestel, E.: Ein allgemeines Verfahren zur Berechnung freier und erzwungener Schwingungen von Stabwerken. Abh. d. Braunsch. Wiss. Ges. 6 (1954).

Zu Kap. 5

35. Pestel, E., Schumpich, G.: Beitrag zur Schwingungsberechnung einfacher und gekoppelter Stabzüge. Schiffstech. 4 (1957) 55.

36. Pestel, E., Schumpich, G.: Berechnung des Schwingungsverhaltens gekoppelter paralleler Stabzüge mit Hilfe von Übertragungsmatrizen. VDI-Ber. 30 (1958) 41.

37. Pestel, E., Schumpich, G., Spierig, S.: Katalog von Übertragungsmatrizen zur Berechnung technischer Schwingungsprobleme. VDI-Ber. 35 (1959) 11.

38. Schmidt, B., Uhrig, R.: Linearkombinationen bei den Übertragungsgleichungen. Z. angew. Mech. 44 (1964) 475.

39. Falk, S.: Die Berechnung offener und geschlossener Rahmentragwerke nach dem Reduktionsverfahren. Ing.-Arch. 24 (1958) 81.

40. Kersten, R.: Das Reduktionsverfahren der Baustatik - Verfahren der Übertragungsmatrizen. Berlin/Göttingen/Heidelberg: Springer 1962.

41. Schumpich, G.: Beitrag zur Kinetik und Statik ebener Stabwerke mit gekrümmten Stäben. Österr. Ing.-Arch. 11 (1957) 194.

42. Schumpich, G., Spierig, S.: Zur Praxis der Berechnung von räumlichen Stabwerken mit Hilfe von Übertragungsmatrizen. Abh. d. Braunschw. Wiss. Ges. 13 (1961).

43. Petersen, Chr.: Die Übertragungsmatrix des kreisförmig gekrümmten Trägers auf elastischer Unterlage. Bautech. 44 (1967) 289.

44. Petersen, Chr.: Das Verfahren der Übertragungsmatrizen für den kontinuierlich elastisch gebetteten Träger. Bautech. 42 (1965) 87.

45. Myklestad, O.: A Tabular Method of Calculating Helicopter Blade Deflections and Moments. J. Appl. Mech. 15 (1948) 97.

46. Myklestad, O.: Fundamentals of Vibration Analysis. New York/Toronto/London: McGraw-Hill Book Comp. 1956.

47. Jäger, B.: Die Eigenfrequenz verwundener Schaufeln. Ing.-Arch. 24 (1960) 280.

48. Klöppel, K., Möll, R.: Das räumliche Stabilitätsproblem beliebig gelagerter Stabzüge mit doppelt- und einfach-symmetrischem, offenem dünnwandigen Querschnitt unter feldweise konstanter Momenten- und Normalkraftbeanspruchung. Stahlbau 32 (1963) 289 u. 336.

49. Klöppel, K., Möll, R., Wagner, G.: Ein Beitrag zur Bestimmung der Kippstabilität von gedrückten Durchlaufträgern. Stahlbau 31 (1962) 353.

50. Loewy, R. G.: A Matrix-Holzer Analysis for Bending Vibrations of Clustered Launch Vehicles. J. Spacecraft a. Rockets 3 (1966) 1625.

51. Wiedemann, J.: Das Kippen des I-Trägers mit elastischen Drillkopplungen nach Hertel. VDI-Z. 108 (1966) 1389.

52. Reuschling, D.: Beitrag zur Berechnung mehrfeldriger, beliebig gelagerter dünnwandiger Stäbe mit einfach- oder unsymmetrischem offenen Querschnitt unter Normalkraft- und Querbelastung als Verzeigungsproblem oder Spannungsproblem zweiter Ordnung nach dem Übertragungsmatrizenverfahren. Diss. Tech. Hochsch. Darmstadt 1969.

53. Stein, E.: Die Berechnung von Trägern mit in Stablängsrichtung um den Schwerpunkt verdrehtem Querschnitt. Stahlbau 36 (1967) 140.

54. Unger, B.: Elastisches Kippen von beliebig gelagerten und aufgehängten Durchlaufträgern mit einfach-symmetrischem, in Trägerachse veränderlichem Querschnitt unter Verwendung einer Abwandlung des Reduktionsverfahrens als Lösungsmethode. Stahlbau 39 (1970) 135.

55. Wlassow, W. S.: Allgemeine Schalentheorie und ihre Anwendungen in der Technik, Moskau 1949. Deutsche Übersetzung: Berlin: Akademie-Verlag 1958.

56. Wlassow, W. S.: Dünnwandige elastische Stäbe, Bd. 1 u. 2. Moskau 1959. Deutsche Übersetzung: Berlin: VEB Verlag f. Bauwesen 1963.

57. Uhrig, R.: Untersuchung des Einflusses der Querschnittsdeformation auf das Schwingungsverhalten eines Hubschrauberblattes mit Hohlquerschnitt. Ing.-Arch. 39 (1970) 159.

58. De Boer, R.: Der gerade Stab mit geschlossenem dünnwandigen Profil unter näherungsweiser Berücksichtigung der Schub- und Querschnittsdeformation. Ing.-Arch. 39 (1970) 53.

59. Pflüger, A.: Stabilitätsprobleme der Elastostatik, 2. Aufl. Berlin/Göttingen/Heidelberg/New York: Springer 1964.

60. Timoshenko, S. P., Gere, J. M.: Theory of Elastic Stability, 2. Ed. New York/Toronto/London: McGraw-Hill Book Comp. 1961.

61. Schnell, W.: Berechnung der Stabilität mehrfeldriger Stäbe mit Hilfe von Matrizen. Z. angew. Math. Mech. 35 (1955) 269.

62. Weiß, H.: Die Berechnung der Biegeschwingungen von Rotorblättern mittels Übertragungsmatrizen. Ber. Bölkow, München-Ottobrunn, FW 37 (1965).

Zu Kap. 6

63. Uhrig, R.: Zur Lösung von Balken- und Rahmenproblemen mit Differenzengleichungen. Diss. Techn. Hochschule Darmstadt 1963.

64. Fuhrke, H.: Eigenwertbestimmung mit Hilfe von abgeleiteten Übertragungsmatrizen. VDI-Tagung Schwingungstechnik 1958. VDI-Ber. 35 (1959) 31.

Zu Kap. 7

65. Girkmann, K.: Flächentragwerke, 4. Aufl. Wien: Springer 1956.

66. Timoshenko, S. P., Woinowsky-Krieger, S.: Theory of Plates and Shells, 2. Ed. New York/Toronto/London: McGraw-Hill Book Comp. 1959.

67. Lurje, A. J.: Räumliche Probleme der Elastizitätstheorie. Moskau 1955. Deutsche Übersetzung: Berlin: Akademie-Verlag 1963.

68. Flügge, W.: Statik und Dynamik der Schalen, 3. Aufl. Berlin/Göttingen/Heidelberg: Springer 1962.

69. Wolmir, A. S.: Biegsame Platten und Schalen. Moskau 1961. Deutsche Übersetzung: Berlin: VEB Verlag f. Bauwesen 1962.

70. Kantorowitsch, L. W., Krylov, W. I.: Näherungsmethoden der höheren Analysis. Moskau 1962. Deutsche Übersetzung: Berlin: VEB Verl. d. Wissenschaften 1956.

71. Bufler, H.: Der Spannungszustand in einem geschichteten Körper bei axialsymmetrischer Belastung. Ing.-Arch. 30 (1961) 417.

72. Bufler, H.: Der Spannungszustand in einer geschichteten Scheibe. Z. angew. Math. Mech. 41 (1961) 158.

73. Bufler, H.: Axialsymmetrisches Ausknicken kreisförmiger Verbundplatten. Ing.-Arch. 34 (1965) 385.

74. Bufler, H.: Die Druckstabilität rechteckiger Verbundplatten. Ing.-Arch. 34 (1965) 109.

75. Bufler, H.: Die Bestimmung des Spannungs- und Verschiebungszustandes eines geschichteten Körpers mit Hilfe von Übertragungsmatrizen. Ing.-Arch. 31 (1962) 229.

76. Bansemir, H.: Krafteinleitung in versteifte, orthotrope Scheiben. Ing.-Arch. im Druck.

77. Kuhn, P.: Stresses in Aircraft and Shell Structures. New York/Toronto/London: McGraw-Hill Book Comp. 1956.

78. Neuber, H.: Technische Mechanik 2. Teil, Elastostatik und Festigkeitslehre. Berlin/Heidelberg/New York: Springer 1971.

79. Schnell, W.: Zur Berechnung der Beulwerte von längs- oder querversteiften rechteckigen Platten unter Drucklast. Z. angew. Math. Mech. 36 (1956) 36.

80. Scheer, J.: Zum Problem der Gesamtstabilität von einfachsymmetrischen I-Trägern, 1. Teil: Allgemeine Herleitung. Stahlbau 28 (1959) 113. 2. Teil: Zahlenrechnungen. Stahlbau 28 (1959) 165.

81. Wiedemann, J.: Druckbeulwerte ebener sowie abgewinkelter und verzweigter Stab- und Plattenprofile mit quer zur Druckrichtung abgestufter Dicke bei gleich- und ungleichförmiger Spannungsverteilung. Fortschr.-Ber. VDI, Reihe 1, Nr. 10 (1967).

82. Wiedemann, J.: Die beulkritische Drucklast der Sandwichplatte mit orthotropem Kern und orthotropen Deckhäuten unterschiedlicher Stärke bei allseitig gelenkiger Randstützung. Luftfahrttech. 8 (1962) 150.

83. Wiedemann, J.: Druckbeulwerte der orthotropen Platte mit zusätzlichen Einzelsteifen. Fortschr.-Ber. VDI, Reihe 1, Nr. 6 (1966).

84. Wiedemann, J.: Untersuchung zum Randeinfluß und zur Anwendung von Übertragungsmatrizen bei der Beulwertberechnung von Sandwichplatten, Fortschr.-Ber. VDI, Reihe 1, Nr. 13 (1968).

85. Wurmnest, W.: Zur Theorie schubelastischer Platten, Stabilität von Rechteckplatten. Diss. Techn. Hochschule Darmstadt 1970.

86. Henning, G.: Zur genauen Berechnung konstruktiv orthotroper Platten. Diss. Techn. Hochschule Darmstadt 1970.

87. Raue, E.: Zur Berechnung von Platten mit unstetigen Belastungen und Randmomenten. Wiss. Z. d. Hochschule f. Architektur u. Bauwesen (1970) 509.

88. Bergmann, H. W., Pestel, E. C.: Die Anwendung von Übertragungsmatrizen auf die Untersuchung mehrzelliger Kastenträger. Z. f. Flugwiss. 9 (1961) 239.

89. Bergmann, H. W., Pestel, E. C.: Die Anwendung von Übertragungsmatrizen auf die Untersuchung von Deltaflügeln. Z. f. Flugwiss. 10 (1962) 73.

90. Neuber, H.: Die Grundgleichungen der elastischen Stabilität in allgemeinen Koordinaten und ihre Integration. Z. angew. Math. Mech. 23 (1943) 321.

91. Neuber, H.: Allgemeine Schalentheorie. Z. angew. Math. Mech. 29 (1949) 97 u. 142.

92. Koiter, W. T.: A Consistent First Approximation in the Theory of Thin Elastic Shells. Proc. IUTAM Symp. on Shells, Delft 1959. Amsterdam: North-Holland Publ. Comp. (1960) 12.

93. Budiansky, B., Sanders Jr., J. L.: On the Best First-Order Linear Shell Theory. Progr. Appl. Mech., The Prager Anniversary Vol., New York, 129 (1963) 129.

94. Günther, W.: Schalenstatik im räumlichen Cosseratschen Kontinuum. Miszelaneen d. angew. Mech. Berlin: Akademie-Verlag 1962.

95. Green, A. E., Zerna, W.: Theoretical Elasticity, 2. Ed. Oxford: Clarendon Press 1954.

96. Reißner, E.: On the Foundation of the Theory of Elastic Shells. Proc. of the II. IUTAM Kongr. of Appl Mech. München 1964. Berlin/Heidelberg/New York: Springer 1966. S. 20.

97. Schade, D.: Cosserat-Fläche und Schalentheorie. Diss. Techn. Hochschule Darmstadt 1966.

98. Schmieder, L.: Schalentheorie mit Schubverformung in allgemeinen Koordinaten. Z. f. Flugwiss. 17 (1969) 391 u. 493.

99. Zerna, W.: Herleitung der ersten Approximation der Theorie elastischer Schalen. Abh. Braunschw. Wiss. Ges. 19 (1967).

100. Zerna, W.: A new Formulation of the Theory of Elastic Shells. Bull. IASS 36 (1969) 61.

101. Krätzig, W. B.: Allgemeine Schalentheorie beliebiger Werkstoffe und Verformungen. Ing.-Arch. 40 (1971) 311.

102. Schnell, W.: Krafteinleitung in versteifte Kreiszylinderschalen. Teil 1: Die orthotrope Schale. Z. f. Flugwiss. 3 (1955) 385. Teil 2: Die Schale mit endlich vielen Spanten. Z. f. Flugwiss. 5 (1957) 1.

103. Czerwenka, G.: Theorie du calcul des cerces. Publ. Scientifique et Téchnique du Ministère de l'Air. B.S.T. Nr. 126 (1961).

104. Czerwenka, G.: Querkrafteinleitung in zylindrische oder abschnittweise konisch veränderliche Schalen. DVL-Ber. Nr. 274 (1964).

105. Ebner, H., Schnell, W.: Einbeulen von Kreiszylinderschalen mit abgestufter Wandstärke unter Außendruck. Z. f. Flugwiss. 9 (1961) 143.

106. Kalnins, A.: Analysis of Shells of Revolution subjected to symmetrical and non-symmetrical Loads. J. Appl. Mech. S.E. 31 (1964) 467.

107. Heinrichsbauer, F. J.: Beitrag zum Problem der Eigenschwingungen längsversteifter dünnwandiger Kreiszylinderschalen mit regelmäßigem Aufbau. Diss. Techn. Hochschule Aachen 1966.

108. Heise, O.: Ergebnisse von Spannungs- und Deformationsrechnungen an dünnwandigen axialsymmetrischen Schalen mit beliebiger Meridianform nach der Theorie zweiter Ordnung. Jahrbuch der WGLR (1965) 433.

109. Öry, H.: Krafteinleitung in glasfaserverstärkte Kunststoffbauelemente. Sitzung des Ausschusses Festigkeit und Aeroelastizität am 23.2.62 in Braunschweig. WGL-Ber. Nr. 4 (1962) 28.

110. Olk, Th. F.: Beanspruchungen von Höhenflugzeug-Druckkammern im Bereich der Versteifungsringe. Teil 1: Z. f. Flugwiss. 11 (1963) 45. Teil 2: Z. f. Flugwiss. 11 (1963) 93.

111. Wunderlich, W.: Zur Berechnung von Rotationsschalen mit Übertragungsmatrizen. Ing.-Arch. 36 (1967) 262.

112. Wunderlich, W.: Zwei halbanalytische Verfahren zur Berechnung von Tonnenschalen. H. Pfannmüller Festschrift, Hannover (1967) 217.

113. Öry, H., Hornung, E., Fahlbusch, G.: A Simplified Matrix Method for the Dynamic Examination of Shells of Revolution. AIAA Symp. on Structural Dynamics and Aeroelasticity, Boston, Mass. Aug. 30 - Sept. 1, 1965.

114. Löffler, K.: Die Berechnung von rotierenden Scheiben und Schalen. Berlin/Göttingen/Heidelberg: Springer 1961.

Zu Kap. 8

115. Pestel, E., Mahrenholtz, O.: Zum numerischen Problem der Eigenwertbestimmung mit Übertragungsmatrizen. Ing.-Arch. 28 (1959) 255.

116. Falk, S.: Eine Variante des Verfahrens der Übertragungsmatrizen. Vortrag an der Techn. Hochschule Darmstadt am 13.7.1961.

Zu Kap. 9

- -

Zu Kap. 10

117. Collatz, L.: Numerische Behandlung von Differentialgleichungen, 2. Aufl. Berlin/Göttingen/Heidelberg: Springer 1955.

118. Collatz, L.: Eigenwertaufgaben mit technischen Anwendungen. Leipzig: Geest & Portig 1963.

119. Zurmühl, R.: Praktische Mathematik für Ingenieure und Physiker, 5. Aufl. Berlin/Göttingen/Heidelberg: Springer 1965.

120. Zurmühl, R.: Matrizen und ihre technischen Anwendungen, 4. Aufl. Berlin/Göttingen/Heidelberg: Springer 1964.

121. Falk, S.: Ein übersichtliches Schema für die Matrizenmultiplikation. Z. angew. Mech. 31 (1951) 152.

122. Banachiewicz, T.: Zur Berechnung der Determinanten, wie auch der Inversen und zur darauf basierenden Auflösung der Systeme linearer Gleichungen. Acta Astron. 3 (1937) 41.

123. Cholesky, N.: Sur une méthode de résolution des équations normales. Bull. Géodésique 2 (1924).

Zu Kap. 11

124. Hessenberg, K.: Auflösung linearer Eigenwertaufgaben mit Hilfe der Hamilton-Cayleyschen Gleichung. Diss. Techn. Hochschule Darmstadt 1941.

125. v. Mises, R., Polaczek-Geiringer, H.: Praktische Verfahren der Gleichungsauflösung. Z. angew. Math. Mech. 9 (1929) 58 u. 152.

126. Koch, J. J.: Bestimmung höherer kritischer Drehzahlen. Verh. 2. intern. Kongr. Techn. Mech. Zürich (1926) 213.

Zu Kap. 12

127. Courant, R., Hilbert, D.: Methoden der mathematischen Physik I, II. Heidelberger Taschenbücher Nr. 30 u. 31. Berlin/Heidelberg/New York: Springer 1968.

128. Schäfer, H.: Die numerische Ermittlung von Übertragungsmatrizen. Stahlbau 39 (1970) 54.

14. Formelgrößen

a bezogene Federnachgiebigkeit des Stabes 23

a bezogene Biegesteifigkeit des Balkens 48, 69, 76

a bezogene Dehnsteifigkeit der Scheibe 90

a Länge der Dreigurtscheibe in x-Richtung 99

a Spantabstand bei der Kreiszylinderschale 112

a Hauptachsenlänge der Ellipse 156

a_j Amplitude der j-ten harmonischen Schwingung 3

a_1, a_2 bezogene Biegesteifigkeit des Doppelbalkens 61

$1/a$ Abkürzung beim Doppelbalken 66

a_i Element des Vektors der rechten Seite 140

a_i', a_i'' modifiziertes Element des Vektors **a** 149

a_{ik} Element der Matrix **A** 80, 140

a_{ik}', a_{ik}'' modifizierte Elemente der Matrix **A** 148, 149

$\mathbf{a}$ matrizieller Vektor 141

$\mathbf{a}$ Vektor des inhomogenen Teiles eines Systems von Differentialgleichungen 1. Ordnung 91, 173

$\mathbf{a}_i, \mathbf{a}_k$ Ausgangsvektoren, Anfangsvektoren 124

$\mathbf{a}_i^*, \mathbf{a}_k^*$ korrigierter Ausgangsvektor 125

A Funktionsabkürzung 63, 66

A Element der Balkensteifigkeitsmatrix 69

A^* Funktionsabkürzung bei der Deltamatrix 82

A Koeffizient der Ellipsengleichung 156

A_i Amplitude der harmonischen Schwingung 29

A_{ik} Unterdeterminanten 80, 146

A_{ik} Zählerdeterminante 147

$\mathbf{A}$ Matrix 140

$\mathbf{A}$ Trägheitsmatrix 9

$\mathbf{A}$ Differentialmatrix 21, 24

$\tilde{\mathbf{A}}$ Matrix mit eigenwertabhängigen Elementen 162

$\mathbf{A}_{ik}$ Untermatrizen der Übertragungsmatrix 131

$\mathbf{A}^T$ transponierte Matrix 142

$|\mathbf{A}|$ Determinante der Matrix **A** 145

$\mathbf{A}^{-1}$ Inverse der Matrix **A** 146

b bezogene Länge 48, 69, 76

b Abstand der Längssteifen 112

b Hauptachsenlänge der Ellipse 156

b_j Amplitude der j-ten harmonischen Schwingung 3

b_k Massenbeweglichkeit der k-ten Masse 4

b_{ik} Element der **B**-Matrix 10, 149

b_{ik} Element der Übertragungsmatrix 80

$\mathbf{b}$ matrizieller Vektor 143

B Funktionsabkürzung 63, 66

B Element der Balkensteifigkeitsmatrix 69

B Koeffizient der Ellipsengleichung 156

B_i Amplituden der harmonischen Schwingung 29

B^* Funktionsabkürzung bei der Deltamatrix 82

B_{ik} Unterdeterminante 80

$\mathbf{B}$ Matrix 143

$\mathbf{B}$ Matrix der Beweglichkeitseinflußzahlen 11

$\mathbf{B}$ obere Dreiecksmatrix 149

$\mathbf{B}_{ii}$ Untermatrizen der oberen Dreiecksmatrix 133

c Federsteifigkeit, Federkonstante 5, 48, 128

$\hat{c}$ Drehfedersteifigkeit, Drehfederkonstante 5, 48

c Rayleighfunktion 45, 126

c Bettungsziffer beim Doppelbalken 63

c Funktionsabkürzung bei der Dreigurtscheibe 99

c Produkt zweier matrizieller Vektoren 143

c_i Orthogonalisierungsbeiwert 35, 168

c_i Faktor der Eigenvektoranteile 167

c_I Modifizierte Rayleighfunktion 47

c_v Federsteifigkeit der Verbindungsfeder 61

c_1, c_2 Federsteifigkeiten der Stützfedern 61

$\hat{c}_1, \hat{c}_2$ Drehfedersteifigkeiten der Stützfedern 61

c_{ik} Element der **C**-Matrix 9, 148, 149

$\mathbf{c}$ Vektor der Integrationskonstanten C_i 170

$\bar{\mathbf{c}}$ Vektor der Integrationskonstanten $\bar{C}_i$ 171

C Rayleighfunktion 45, 126

C Funktionsabkürzung 63, 66

C Element der Balkensteifigkeitsmatrix 69

C $\cosh \beta y$ 90

C Koeffizient der Ellipsengleichung 156

$C_i, \bar{C}_i$ Integrationskonstanten 22, 45, 170

C_i Amplituden der harmonischen Schwingung 29

C_I, C_{II} Modifizierte Rayleighfunktionen 47

C_B, C_D Elemente der Knickübertragungsmatrix 76

C_m, C_r Funktionsabkürzung bei der Dreigurtscheibe 99

C_{pq}^{Δ} Element der Deltamatrix 81

$\mathbf{C}$ Matrix 143

$\mathbf{C}$ Krafteinflußmatrix 9

$\mathbf{C}$ untere Dreiecksmatrix der Multiplikationsfaktoren 150

$\mathbf{C}^{\Delta}$ Deltamatrix 81

1/d Abkürzung 66

det Determinante 145

D Funktionsabkürzung 63, 66

D Element der Balkensteifigkeitsmatrix 69

D Dehnsteifigkeit 87, 108

D Koeffizient der Ellipsengleichung 156

D_{sp} Spantdehnsteifigkeit 117

D_{11}, D_{22}, D_{44}, D_{55} Koeffizienten der Elastizitätsmatrix 102, 108, 112

$\mathbf{D}$ Diagonalmatrix 142

$\mathbf{D}_1, \mathbf{D}_2$ Differenzenmatrizen 93

$e^{\alpha x/l}$ Exponentialfunktion 22

e Abstand der Spantschwerlinie von der Schalenmittelfläche 118

$e^{\mathbf{A}t}$ **T**-Matrix 171

$\mathbf{e}_i, \mathbf{e}_k$ Einheitsvektoren 51, 124, 142

E Elastizitätsmodul 21, 38

$\bar{E}$ Bezugselastizitätsmodul 90

E^*	komplexer Elastizitätsmodul 27
E^*	Funktionsabkürzung bei der Deltamatrix 82
EF	Dehnsteifigkeit 21
$\overline{EF}$	Bezugsdehnsteifigkeit 23
EF_R, EF_M	Dehnsteifigkeit des Rand- bzw. halben Mittelgurtes 98
EI	Biegesteifigkeit des Balkens 38
$\overline{EI}$	Bezugsbiegesteifigkeit des Balkens 48
$\mathbf{E}$	Einheitsmatrix 14, 142
f_i	Koeffizient des Eigenwertpolynoms 163
f_j	Querschnittsabhängige Funktion 73, 95
$\overline{f}_j$	Tangentialkomponente der querschnittsabhängigen Funktion 73
$\overline{\overline{f}}_j$	Normalkomponente 73
f_k	Relativverschiebung der Ränder einer Stab- oder Balkenfeder 7, 39
f_{ik}	Elemente der **F**-Matrix 143, 165
f_{ni}	Koeffizienten des Eigenwertpolynoms 166
$\mathbf{f}$	Zweiervektor der Verrükkungsunterschiede beim Balken 41
F	Querschnittsfläche 21
F_L, F_φ	Querschnittsfläche der Längs- und Umfangssteife 112
F_i	Hauptabschnittsdeterminante der Hessenbergmatrix 165
$\mathbf{F}$	Matrix 143
$\mathbf{F}$	Matrix zur Berechnung des Eigenwertpolynoms 165
g_i	Querschnittsabhängige Funktionen 73, 95
G	Schubmodul 38, 87
GF_S	Schubsteifigkeit 38, 45
$\mathbf{G}_1, \mathbf{G}_r, \mathbf{G}^*$	Rechteckmatrizen bei verzweigten Gebilden 137

h	Federnachgiebigkeit $1/c$ 5
$\widehat{h}$	Drehfedernachgiebigkeit $1/\widehat{c}$ 5
$\overline{h}$	Bezugsfedernachgiebigkeit 23
h	Dicke der Scheibe, Platte, Schale 87, 102
$\overline{h}$	Bezugsdicke der Scheibe 90
$\tilde{h}_i$	kinetische Nachgiebigkeit 15
h_k	Nachgiebigkeit der k-ten Feder 40
$\widehat{h}_k$	Drehfedernachgiebigkeit der k-ten Feder 40
$\widehat{h}_M$	Nachgiebigkeit der Momentenfeder 49
$\overline{\widehat{h}}_M$	Bezogene Nachgiebigkeit der Momentenfeder 49
h_Q	Nachgiebigkeit der Querkraftfeder 49
$\overline{h}_Q$	bezogene Nachgiebigkeit der Querkraftfeder 49
h_S	Schubhöhe 102
h_x, h_φ	Ersatzdicken in Längs- und Umfangsrichtung der Schale 112
h_{ik}	Element der Verschiebungseinflußmatrix 13
$\mathbf{H}$	Verschiebungseinflußmatrix 13
$\mathbf{H}_D$	Diagonalmatrix der Federnachgiebigkeiten 11
$\mathbf{H}_k$	Nachgiebigkeitsmatrix des k-ten Balkenelementes 41
i	$= \sqrt{-1}$ 22
i_θ	Trägheitsradius der Drehmasse pro Längeneinheit 46
i_x, i_y, i_z	Trägheitsradien der Flächenträgheitsmomente 71, 72
I	Flächenträgheitsmoment des Balkens 38
I_y, I_z	Flächenträgheitsmomente 71, 72
I_T	Torsionsflächenträgheitsmoment 72
I_φ	Flächenträgheitsmoment 112
j	als Index Bezeichnung des Fourierreihengliedes 3

k	als Index Bezeichnung des Knotens 6
k	bezogene Federsteifigkeit der Verbindungsfeder 62
k	bezogene Krümmung 71
k_1, k_2	Konstanten der äußeren und inneren Dämpfung 26
k_k	Relativverdrehung der Ränder der Balkenfeder 39
k_1, k_2	Abkürzungen beim Doppelbalken 63
k_{Tm}	m-tes Fourierreihenglied des Temperaturgradienten 90
K	Element der Elastizitätsmatrix 112
K_{ik}	Element der Elastizitätsmatrix bei orthotropen Materialeigenschaften 102
K_{sp}	Spantbiegesteifigkeit 117
l, l_k	Länge des Stabes, des Balkens 21, 39
$\bar{l}$	Bezugslänge 23
L	Länge des Scheibenstreifens in x-Richtung 89
L_k	Länge des k-ten Trägheitsfeldes des Balkens 39
$\mathbf{L}_k$	Längenmatrix 41
$\mathbf{L}_k^{-1}$	Inverse der Längenmatrix 41
m	als Index: Ordnung des Fourierreihengliedes 89
m_k	Masse des k-ten Körpers 4, 40, 48, 61
$\hat{m}, \hat{m}_k$	Drehmasse 4, 40, 48, 61
m_{xx}, m_{yy}	Biegemomente pro Längeneinheit 100
$m_{\varphi\varphi}$	ebenfalls 106
m_{xy}, m_{yx}	Drillmomente pro Längeneinheit 100
$m_{x\varphi}, m_{\varphi x}$	ebenfalls 106
m_{xx0}, m_{xxn}	n-tes Fourierreihenglied der Momente 113
M, M_k	Schnittmoment, Biegemoment 5, 39
$\overline{M}, \overline{M}_k$	bezogenes Biegemoment 44, 45
$\overline{M}_y, \overline{M}_z$	bezogene Biegemomente um die y- bzw. z-Achse drehend 72
$M_T, \overline{M}_T$	Drillmoment und bezogenes Drillmoment 72
$\mathbf{M}_k$	Massenmatrix des starren Trägheitsfeldes 41
n	als Index: Ordnung des Fourierreihengliedes 113
n_{xx}, n_{yy}, n_{zz}	Normalkraftflüsse in x-, y-, z-Richtung 86
n_{xy}, n_{yx}	Schubflüsse 86
$n_{xxm}, n_{yym}, n_{xym}$	m-tes Glied der Fourierreihe der Normalkraft- oder Schubflüsse
$\bar{n}_{xxm}, \bar{n}_{yym}, \bar{n}_{xym}$	ebenfalls 89
$n_{xx0}, n_{yy0}, n_{xy0}$	nulltes Glied der Fourierreihenentwicklung 89, 113
$n^*_{xxm}, n^*_{yym}, n^*_{xym}$	bezogener Normalkraftfluß und Schubfluß 90
$n_{yy0}(x), n_{xy0}(x)$	Kraftflüsse an dem Scheibenrand $y = 0$ 96
n_{xxg}, n_{yyg}	große Normalkraftflüsse 104, 105
$n^*_{x\varphi}, n^*_{\varphi x}$	Ersatzschubfluß 110
$\mathbf{n}$	Vektor der Schnittkräfte 11
$\mathbf{n}_{yy}, \mathbf{n}_{xy}$	Vektor der Einzelkraftflüsse 93
N	Normalkraft 5
$\overline{N}$	bezogene Normalkraft 21
$\overline{N}_0$	bezogene Normalkraft am Rande $x = 0$ 22
N_{xR}, N_{xM}	Normalkraft im Randgurt und im halben Mittelgurt 98
$\mathbf{N}_{diag}$	Diagonalmatrix 161
p	äußere Linienbelastung 88
p	äußere Flächenbelastung 100
$\hat{p}_i, \hat{p}_k, \hat{p}_s$	Elemente der erweiterten Produktmatrix 55
$p_0, p_m, \bar{p}_m$	m-tes Fourierreihenglied der äußeren Belastung 89
p_x, p_φ, p_z	äußere Flächenbelastung in x-, φ-, z-Richtung 107

p_{ik} Elemente der Produktmatrix **P** 52, 125, 164

$\mathbf{p}_i, \mathbf{p}_k$ Spalten der Produktmatrix **P** 124

$\mathbf{p}_i^*$ modifizierter Spaltenvektor der Produktmatrix 125

P_0, P_1, P_2, P_3 Funktionsabkürzungen 115

$P_x, P_z, \widehat{P}$ äußere Kräfte in x- und z-Richtung, Drehkraft um die y-Achse drehend 68, 74

$\overline{P}_x, \overline{P}_z, \overline{\widehat{P}}$ bezogene äußere Kräfte und Drehkraft 69

$P_{xn}, P_{\varphi n}, P_{zn}$ Amplituden des n-ten Fourierreihengliedes einer Linienlast 118

$P_{\varphi n}^*$ Ersatzschubbelastung 118

P Produktmatrix aus den Übertragungsmatrizen 50, 120

P Hessenbergmatrix 163

q konstante Linienlast 56

$\overline{q}$ bezogene konstante Linienlast 56

q_x, q_y, q_φ Querkräfte pro Längeneinheit 100, 106

$q_x^*, q_y^*, q_\varphi^*$ Ersatzscherkräfte 104, 110

q_{x0}, q_{xn} nulltes, n-tes Fourierreihenglied der Querkraft 113

Q, Q_k Querkraft des Balkens 38, 39, 128

$\overline{Q}, \overline{Q}_k$ bezogene Querkraft des Balkens 44, 45

r Abkürzung bei der Übertragungsmatrix der Dreigurtscheibe 99

$2r$ Ordnung der zu einem physikalischen Problem gehörigen Differentialgleichung 85

$\mathbf{r}$ Vektor der Partikularlösung eines Systems von Differentialgleichungen 1. Ordnung 175

R Restgröße 18, 162

R Radius der Kreiszylinderschale 106

R_{sp} Radius des Kreisspantes 118

$\mathbf{R}$ Matrix 146

s Rayleighfunktion 45, 53, 120

s Koordinate in Querschnittsumfangsrichtung 73

s Funktion der Übertragungsmatrix der Dreigurtscheibe 99

s_I, s_{II}, s_{III} modifizierte Rayleighfunktionen 47

s_{41}^* Element der reduzierten Spantübertragungsmatrix 118

S Rayleighfunktion 45, 53, 120

S $\sinh \beta y$ 90

S Schubsteifigkeit der Scheibe und Schale 87, 108, 112

S^* Element der Deltamatrix 82

S_I, S_{II}, S_{III} modifizierte Rayleighfunktionen 47

S_B, S_D Elemente der Knickübertragungsmatrix 76

S_m, S_r, S_λ Funktion der Übertragungsmatrix der Dreigurtscheibe 99

$\mathbf{S}_{sp}$ Spantübertragungsmatrix 118

$\underset{\sim}{\mathbf{S}}_{11}$ Steifigkeitsmatrix eines Balkenabschnittes 132

t Zeitkoordinate 2

t_{ik} Element der Übertragungsmatrix **T** 133

T Periode 2

T Temperaturänderung 87

T Drillsteifigkeit 108, 112

$T_0, T_m, \overline{T}_m$ m-tes Fourierreihenglied der Temperaturänderung 89

T_{0m}, T_{1m} m-tes Fourierreihenglied der Temperatur am Rande $y=0$ und $y=Y$ 90

$\mathbf{T}$ Transmissions- oder Übertragungsmatrix 19

$\overline{\mathbf{T}}$ erweiterte Übertragungsmatrix 55

$\overline{\mathbf{T}}$ transformierte Matrix der Übertragungsmatrix 65

$\mathbf{T}_\infty$ Übertragungsmatrix des Balkens bei sehr großem λ 122

$\mathbf{T}^{-1}$ Inverse der Übertragungsmatrix 174

$\mathbf{T}_m$	Übertragungsmatrix der konzentrierten Masse 19
$\mathbf{T}_F$	Übertragungsmatrix des Federelementes 20
$\mathbf{T}_{St}$	Übertragungsmatrix der elastischen Stütze 128
u	Verschiebung in x-Richtung 2
$\tilde{u}$	periodische Verschiebung 2
$\tilde{u}_j$	j-te harmonische Verschiebung 3
u_0	Gleichwert, nulltes Glied der Fourierreihe 3, 89
$\dot{\tilde{u}}_j$	j-te harmonisch veränderliche Geschwindigkeit 4
$\ddot{\tilde{u}}_j$	j-te harmonisch veränderliche Beschleunigung 4
$u_m, \bar{u}_m$	m-tes Fourierreihenglied der u-Verschiebung 89, 113
u_m^*	bezogene m-te Verschiebung 90
u_1, u_k, u_{n+1}	Einzelfunktion auf den Parameterlinien 93
$u_0(x)$	Verschiebung am Rande y = 0 96
u_0	u-Verschiebung eines Punktes der Mittelfläche 101
u_R, u_M	Längsverschiebung im Randgurt und Mittelgurt 98
$\mathbf{u}$	Vektor der Verschiebungen, allgemein der Verrückungen 9, 41
$\mathbf{u}$	Vektor der Einzelfunktionen 93
U_j	Amplitude der j-ten harmonischen Bewegung 3
U_0	Verschiebungsamplitude am Rande x = 0 27
U_i	Längen- und zeitabhängige Ansatzfunktionen 73, 95
U^*	Längsverschiebung im abzweigenden Ast 137
$\mathbf{U}$	Transformationsmatrix 65, 157, 163
$\mathbf{U}^T$	Transponierte der **U**-Matrix 157
v	Verschiebung in y-Richtung 2
$\tilde{v}$	periodische Verschiebung 2
$v_0, v_m, \bar{v}_m$	nulltes, m-tes Fourierreihenglied der v-Verschiebung 89, 113
$v_m^* = -v_m$	bezogene m-te Verschiebung 90
v_1, v_k, v_{n+1}	Einzelfunktionen auf den Parameterlinien 93
$v_0(x)$	v-Verschiebung am Rande y = 0 96
v_0	v-Verschiebung eines Punktes der Mittelfläche 101
$\mathbf{v}$	Vektor der Einzelfunktionen 93
V	Vertikalkraft 75
V_j	Längen- und zeitabhängige Ansatzfunktionen 73, 95
V_{ni}	Integrationskonstanten der v-Verschiebung 115
w	Verschiebung in z-Richtung 2, 101, 38
$\tilde{w}$	periodische Verschiebung 2
$\bar{w} = -w$	bezogene Verschiebung 44
w_0, w_n	Amplitude des n-ten Fourierreihengliedes 113
w_{i0}, w_{k0}	Amplituden der Randgrößen 51, 124
$\mathbf{w}$	Zustandsvektor 19, 120
$\mathbf{w}$	Vektor des Partikularintegrals 55
$\bar{\mathbf{w}}$	erweiterter Zustandsvektor 55
$\bar{\bar{\mathbf{w}}}$	Vektor der transformierten Zustandsgrößen 65
$\mathbf{w}_1, \mathbf{w}_r, \mathbf{w}^*$	Zustandsvektoren 137
W_k	Amplitude der harmonisch veränderlichen Verschiebung 39
$\bar{\bar{W}}_i$	Verschiebung des Randes i 45, 128
W^*	Querverschiebung im abzweigenden Ast 137
x	Koordinatenrichtung 2
x_i	Vektorkomponente 140
$\mathbf{x}$	Vektor 141, 156
$\bar{\mathbf{x}}$	Vektor der transformierten Größen 157
$\dot{\mathbf{x}}$	zeitliche Ableitung des Vektors **x** 170

$\mathbf{x}_i$	zum i-ten Eigenwert gehöriger Eigenvektor 32, 122, 160
$\mathbf{x}_i^T$	Zeilenvektor des Eigenvektors $\mathbf{x}_i$ 32
$\widetilde{X}_k$	harmonisch veränderliche d'Alembertsche Trägheitskraft 4
X_k	Amplitude von $\widetilde{X}_k$ 4
$\widetilde{\hat{X}}$	harmonisch veränderliche Drehträgheitskraft 4
$\hat{X}$	Amplitude der harmonisch veränderlichen Drehträgheitskraft 4
$\mathbf{X}$	Modalmatrix 160
y	Koordinatenrichtung 2
$\mathbf{y}$	Linkseigenvektor 160
$\mathbf{y}_i$	zum i-ten Eigenwert gehörender Linkseigenvektor 35, 122, 160
$\mathbf{y}^T$	transponierter Linkseigenvektor 160
$\mathbf{y}$	zeitabhängiger Zustandsvektor 173
$\dot{\mathbf{y}}$	zeitliche Ableitung von $\mathbf{y}$ 173
Y	Ausdehnung des Scheibenstreifens in y-Richtung 90
$\hat{Y}$	Amplitude der harmonisch veränderlichen Drehträgheitskraft 39
$\mathbf{Y}$	Modalmatrix der Linkseigenvektoren 161
z	Koordinatenrichtung 2
z_{ik}	Element der $\mathbf{Z}$-Matrix 164
$\mathbf{z}$	Iterationsvektor 33, 166
$\mathbf{z}$	Zweiervektor der Trägheitskräfte 41
$\mathbf{z}_\mu$	Iterationsvektor nach dem μ-ten Iterationsschritt 34, 166
$\bar{\mathbf{z}}_\mu, \bar{\bar{\mathbf{z}}}_\mu$	modifizierter Iterationsvektor 168, 169
Z_k	Trägheitskraft 39
Z_k	Zwangskraft 9
$\mathbf{Z}$	Dreiecksmatrix 163, 164

α	Exponent der Exponentialfunktion e 22, 44
α	Orthogonalisierungsbeiwert 35, 168
α	Verhältnis Biegesteifigkeit zu Dehnsteifigkeit 71
α	linearer Temperaturausdehnungskoeffizient 87
α_{ik}	Element der Matrix $\mathbf{A}^{-1}$ 151
β	$m\,\pi/L$ 89
β	Verhältnis von Biege- zu Torsionssteifigkeit 71
γ	Schubwinkel, Gleitung 46
$\gamma, \gamma_i, \gamma_k$	Mittelwert 125, 127
$\gamma_{xy}, \gamma_{xz}, \gamma_{yz}$	Gleitungen der Ebenen xy, xz, yz 87, 101, 107
$\gamma_{x\varphi}, \gamma_{\varphi z}$	Gleitungen in den Ebenen $x\varphi$ und φz 107
Γ_Q, Γ_M	bezogene Federsteifigkeit, bezogene Drehfedersteifigkeit 49
$\mathbf{\Gamma}$	bei der Matrizeninversion auftretende Matrix 151
δ	Abkürzung 66
$\delta, \delta_1, \delta_2$	bezogene Schubnachgiebigkeit beim Balken und Doppelbalken 46, 122, 61
Δk	Abkürzung 66
Δx	Abstand der Parameterlinien 93
Δx	Ausdehnung des Spantes in x-Richtung 117
$\Delta\overline{W}, \Delta\overline{\Psi}, \Delta\overline{M}, \Delta\overline{Q}$	Differenzen der Zustandsgrößen 65
$\Delta\overline{W}_0, \Delta\overline{\Psi}_0$	Differenzen der Zustandsgrößen am Rande $x=0$ 67
$\Delta\overline{\Psi}_m, \Delta\overline{Q}_m$	Differenzen der Zustandsgrößen in Balkenmitte 67
ΔQ	Querkraftsprung 129
$\Delta\Psi$	Neigungssprung 130
ΔU_{ik}	Relativverschiebung der Schnittufer 11

ε	Dehnung 44
$\varepsilon_{xx}, \varepsilon_{yy}, \varepsilon_{\varphi\varphi}$	Dehnungen 87, 107
ϑ	Quadrat des bezogenen Drehträgheitsradius 46, 123
$\vartheta_x, \vartheta_y, \vartheta_z$	ebenfalls 71, 72
$\varkappa_1, \varkappa_2$	bezogene Bettungsziffern 63
$\varkappa_{xx}, \varkappa_{yy}, \varkappa_{\varphi\varphi}$	Verkrümmung der Mittelfläche 102, 107
$\varkappa_{xy}, \varkappa_{yx}$,	Verdrillung der Mittelfläche 102
$\varkappa_{x\varphi}, \varkappa_{\varphi x}$	Verdrillung der Mittelfläche 107
$\varkappa_{22}$	Steifigkeitsbeiwert der Schale 114
$\varkappa_{sp}$	Steifigkeitsbeiwert des Spantes 117
λ	Eigenwert 33, 159
λ^*	angenäherter Eigenwert 34, 167
λ	Schwingungsparameter des Balkens 44, 120
λ	Bettungsparameter des Doppelbalkens 63
λ	Scheibenparameter 99
λ, λ_1	Schalenparameter 115, 116
λ_y, λ_z	Schwingungsparameter des gekrümmten Balkens 71
λ_k	Knickparameter 75
λ_c	"kritischer" Schwingungsparameter des Balkens 53
λ_{max}	größter Eigenwert 33
$\Lambda_0, \Lambda_1, \Lambda_2$	Abkürzungen für die Übertragungsmatrix des schubweichen Balkens 47
μ	Masse pro Längeneinheit 21
$\hat{\mu}$	Drehmasse pro Längeneinheit 38
μ^*	komplexe Masse pro Längeneinheit 27
ν	als Index: laufender Index 12
ν	Querkontraktionsziffer 87
ξ	bezogene x-Koordinate 116
π	3,1415926... Ludolphsche Zahl
ρ	als Index: laufender Index 12
σ	Stabschwingungsparameter 21
σ_c	"kritischer" Stabschwingungsparameter 25
σ	Normalspannungen 44
$\sigma_{xx}, \sigma_{yy}, \sigma_{zz}$	Normalspannungen in x-, y-, z-Richtung 100
$\sigma_{\varphi\varphi}$	Normalspannungen in φ-Richtung 108
$\Sigma\overline{W}, \Sigma\overline{\Psi}, \Sigma\overline{M}, \Sigma\overline{Q}$	Summen der Zustandsgrößen 65
τ	Eigenwert der Übertragungsmatrix 24
τ_{max}	größter Eigenwert der Übertragungsmatrix 125
$\tau_{xy}, \tau_{yx}, \tau_{x\varphi}$, $\tau_{xz}, \tau_{yz}, \tau_{\varphi z}$	Schubspannungen 100, 108
φ_j	j-ter Phasenverschiebungswinkel 3
φ	Winkel zwischen zwei Koordinatensystemen 157
φ	spitzer Winkel des abzweigenden Astes gegen die Horizontale 137
χ	Abkürzung für die Spantbeziehungen 119
Ψ	Drehung des Querschnittes 39
$\Psi_x, \Psi_y, \Psi_z, \Psi_\varphi$	Drehung um die x-, y-, z- und φ-Achse 2, 101, 112

$\ddot{\tilde{\Psi}}_x$	Drehbeschleunigung 4
$\overline{\Psi}_i$	Drehung des Querschnittes i 45
ψ^*	Querschnittsdrehung im abzweigenden Ast 137
ω	Kreisfrequenz 3
ω_j	Kreisfrequenz der j-ten harmonischen Schwingung 3

Sonderzeichen

'	d( )/dx Ableitung nach der Länge x 21
$\cdot$	d( )/dt Ableitung nach der Zeit t 4
∂_1, ∂_2	Differentialoperatoren 87, 106

15. Sachverzeichnis